U0339396

第一推动丛书: 物理系列
The Physics Series

终极理论之梦
Dreams of a Final Theory

[美] 斯蒂芬·温伯格 著 李泳 译
Steven Weinberg

湖南科学技术出版社

THE
FIRST
MOVER

总序

《第一推动丛书》编委会

　　科学，特别是自然科学，最重要的目标之一，就是追寻科学本身的原动力，或曰追寻其第一推动。同时，科学的这种追求精神本身，又成为社会发展和人类进步的一种最基本的推动。

　　科学总是寻求发现和了解客观世界的新现象，研究和掌握新规律，总是在不懈地追求真理。科学是认真的、严谨的、实事求是的，同时，科学又是创造的。科学的最基本态度之一就是疑问，科学的最基本精神之一就是批判。

　　的确，科学活动，特别是自然科学活动，比起其他的人类活动来，其最基本特征就是不断进步。哪怕在其他方面倒退的时候，科学却总是进步着，即使是缓慢而艰难的进步。这表明，自然科学活动中包含着人类的最进步因素。

　　正是在这个意义上，科学堪称为人类进步的"第一推动"。

　　科学教育，特别是自然科学的教育，是提高人们素质的重要因素，是现代教育的一个核心。科学教育不仅使人获得生活和工作所需的知识和技能，更重要的是使人获得科学思想、科学精神、科学态度以及科学方法的熏陶和培养，使人获得非生物本能的智慧，获得非与生俱来的灵魂。可以这样说，没有科学的"教育"，只是培养信仰，而不是教育。没有受过科学教育的人，只能称为受过训练，而非受过教育。

　　正是在这个意义上，科学堪称为使人进化为现代人的"第一推动"。

近百年来，无数仁人志士意识到，强国富民再造中国离不开科学技术，他们为摆脱愚昧与无知做了艰苦卓绝的奋斗。中国的科学先贤们代代相传，不遗余力地为中国的进步献身于科学启蒙运动，以图完成国人的强国梦。然而可以说，这个目标远未达到。今日的中国需要新的科学启蒙，需要现代科学教育。只有全社会的人具备较高的科学素质，以科学的精神和思想、科学的态度和方法作为探讨和解决各类问题的共同基础和出发点，社会才能更好地向前发展和进步。因此，中国的进步离不开科学，是毋庸置疑的。

正是在这个意义上，似乎可以说，科学已被公认是中国进步所必不可少的推动。

然而，这并不意味着，科学的精神也同样地被公认和接受。虽然，科学已渗透到社会的各个领域和层面，科学的价值和地位也更高了，但是，毋庸讳言，在一定的范围内或某些特定时候，人们只是承认"科学是有用的"，只停留在对科学所带来的结果的接受和承认，而不是对科学的原动力 —— 科学的精神的接受和承认。此种现象的存在也是不能忽视的。

科学的精神之一，是它自身就是自身的"第一推动"。也就是说，科学活动在原则上不隶属于服务于神学，不隶属于服务于儒学，科学活动在原则上也不隶属于服务于任何哲学。科学是超越宗教差别的，超越民族差别的，超越党派差别的，超越文化和地域差别的，科学是普适的、独立的，它自身就是自身的主宰。

　　湖南科学技术出版社精选了一批关于科学思想和科学精神的世界名著，请有关学者译成中文出版，其目的就是为了传播科学精神和科学思想，特别是自然科学的精神和思想，从而起到倡导科学精神，推动科技发展，对全民进行新的科学启蒙和科学教育的作用，为中国的进步做一点推动。丛书定名为"第一推动"，当然并非说其中每一册都是第一推动，但是可以肯定，蕴含在每一册中的科学的内容、观点、思想和精神，都会使你或多或少地更接近第一推动，或多或少地发现自身如何成为自身的主宰。

再版序
一个坠落苹果的两面：
极端智慧与极致想象

龚曙光
2017年9月8日凌晨于抱朴庐

连我们自己也很惊讶,《第一推动丛书》已经出了25年。

或许,因为全神贯注于每一本书的编辑和出版细节,反倒忽视了这套丛书的出版历程,忽视了自己头上的黑发渐染霜雪,忽视了团队编辑的老退新替,忽视好些早年的读者,已经成长为多个领域的栋梁。

对于一套丛书的出版而言,25年的确是一段不短的历程;对于科学研究的进程而言,四分之一个世纪更是一部跨越式的历史。古人"洞中方七日,世上已千秋"的时间感,用来形容人类科学探求的速律,倒也恰当和准确。回头看看我们逐年出版的这些科普著作,许多当年的假设已经被证实,也有一些结论被证伪;许多当年的理论已经被孵化,也有一些发明被淘汰……

无论这些著作阐释的学科和学说,属于以上所说的哪种状况,都本质地呈现了科学探索的旨趣与真相:科学永远是一个求真的过程,所谓的真理,都只是这一过程中的阶段性成果。论证被想象讪笑,结论被假设挑衅,人类以其最优越的物种秉赋 —— 智慧,让锐利无比的理性之刃,和绚烂无比的想象之花相克相生,相否相成。在形形色色的生活中,似乎没有哪一个领域如同科学探索一样,既是一次次伟大的理性历险,又是一次次极致的感性审美。科学家们穷其毕生所奉献的,不仅仅是我们无法发现的科学结论,还是我们无法展开的绚丽想象。在我们难以感知的极小与极大世界中,没有他们记历这些伟大历险和极致审美的科普著作,我们不但永远无法洞悉我们赖以生存世界的各种奥秘,无法领略我们难以抵达世界的各种美丽,更无法认知人类在找到真理和遭遇美景时的心路历程。在这个意义上,科普是人类极端智慧和极致审美的结晶，是物种独有的精神文本，是人类任何其他创造 —— 神学、哲学、文学和艺术无法替代的文明载体。

在神学家给出"我是谁"的结论后，整个人类，不仅仅是科学家，包括庸常生活中的我们，都企图突破宗教教义的铁窗，自由探求世界的本质。于是，时间、物质和本源，成为了人类共同的终极探寻之地，成为了人类突破慵懒、挣脱琐碎、拒绝因袭的历险之旅。这一旅程中，引领着我们艰难而快乐前行的，是那一代又一代最伟大的科学家。他们是极端的智者和极致的幻想家，是真理的先知和审美的天使。

我曾有幸采访《时间简史》的作者史蒂芬·霍金，他痛苦地斜躺在轮椅上，用特制的语音器和我交谈。聆听着由他按击出的极其单调的金属般的音符，我确信，那个只留下萎缩的躯干和游丝一般生命气息的智者就是先知，就是上帝遣派给人类的孤独使者。倘若不是亲眼所见，你根本无法相信，那些深奥到极致而又浅白到极致，简练到极致而又美丽到极致的天书，竟是他蜷缩在轮椅上，用唯一能够动弹的手指，一个语音一个语音按击出来的。如果不是为了引导人类，你想象不出他人生此行还能有其他的目的。

无怪《时间简史》如此畅销！自出版始，每年都在中文图书的畅销榜上。其实何止《时间简史》，霍金的其他著作，《第一推动丛书》所遴选的其他作者著作，25年来都在热销。据此我们相信，这些著作不仅属于某一代人，甚至不仅属于20世纪。只要人类仍在为时间、物质乃至本源的命题所困扰，只要人类仍在为求真与审美的本能所驱动，丛书中的著作，便是永不过时的启蒙读本，永不熄灭的引领之光。

虽然著作中的某些假说会被否定，某些理论会被超越，但科学家们探求真理的精神，思考宇宙的智慧，感悟时空的审美，必将与日月同辉，成为人类进化中永不腐朽的历史界碑。

因而在25年这一时间节点上，我们合集再版这套丛书，便不只是为了纪念出版行为本身，更多的则是为了彰显这些著作的不朽，为了向新的时代和新的读者告白：21世纪不仅需要科学的功利，而且需要科学的审美。

当然，我们深知，并非所有的发现都为人类带来福祉，并非所有的创造都为世界带来安宁。在科学仍在为政治集团和经济集团所利用，甚至垄断的时代，初衷与结果悖反、无辜与有罪并存的科学公案屡见不鲜。对于科学可能带来的负能量，只能由了解科技的公民用群体的意愿抑制和抵消：选择推进人类进化的科学方向，选择造福人类生存的科学发现，是每个现代公民对自己，也是对物种应当肩负的一份责任、应该表达的一种诉求！在这一理解上，我们将科普阅读不仅视为一种个人爱好，而且视为一种公共使命！

牛顿站在苹果树下，在苹果坠落的那一刹那，他的顿悟一定不只包含了对于地心引力的推断，而且包含了对于苹果与地球、地球与行星、行星与未知宇宙奇妙关系的想象。我相信，那不仅仅是一次枯燥之极的理性推演，而且是一次瑰丽之极的感性审美……

如果说，求真与审美，是这套丛书难以评估的价值，那么，极端的智慧与极致的想象，则是这套丛书无法穷尽的魅力！

喝彩

温伯格在以他那令人惊奇的洞察自然奥秘的思想能力挑战读者，提出了许多令人目眩的已经成为现实的预言。他在思索一个理论因为什么而美，为什么美的理论似乎总是对的。他透彻地解释了为什么基本定律的追寻走进了泥潭。

Chet Raymo，洛杉矶时报

世界最重要的理论物理学家之一的温伯格表现着知识分子的近乎逼人的坦率。他在这本新书里抓住了许多基本粒子物理学周围的艰难而矛盾的问题，以鲜明有力的语言提出了他个人的一些结论。

Hans Christian von Baeyer，波士顿环球报

本书的故事、背景以及作者关于他个人的理论和结论的叙述，都很好地交织在一起，一般的读者也能通过这样的组织理解它、欣赏它。

科学新闻

这是一本精彩的书，一本煽动性的书。在近来由诺贝尔桂冠物理学家写的许多书中，它是最好的一本。

波士顿环球报

学过10年级的化学后，我对任何科学都没有研究。温伯格的书一个最大的好处是能沟通我这样的科学文盲。它能做到这一点，靠的是对主题的信念统摄在一起的热情、耐心和明晰。正如我们看到的，对温伯格来说……客观的美是他奉献的核心。

Mindy Aloof，大西洋月刊

《终极理论之梦》是一本好书，一本真诚的书。

Phillip Johnson，华尔街杂志

他没有简单地写实验家们如何为了证明或否定一个个理论而工作，而是向我们展开了一幅多姿多彩的科学家的实际工作图景。

Jon Van，芝加哥论坛报

物理世界注定会满怀热情地期待它的大名鼎鼎的公民温伯格的新书，《终极理论之梦》没有让大家失望……我读过一遍后又急切地想再读，读过第二遍我才深深感觉到它的微妙和真诚……对于爱思考的物理学家、哲学家，甚至爱思考的普通大众来说，它都值得一读再读。

Frank Wilczek，今日物理学

让你不得不跟着他去追寻"大自然的终极理论"。

Sharon Begley，新闻周刊

他满怀着信心，写得清澈明了，读者会感觉不可抗拒地被一个大物理学家的双手俘获了。

Michael White，星期天时报（伦敦）

前言

S. 温伯格
得克萨斯，奥斯汀
1992 年 8 月

　　本书讲的是一场伟大的、理性的历险，它是寻找大自然的终极理论之作。终极理论的梦想激发了今天许多高能物理学的研究，虽然还不知道那终极理论会是什么样子，也不知道还要过多少年才能找到它，但我们相信已经开始模糊地看到了它的轮廓。

　　终极理论的想法本身也是一个人们争论的问题，目前还在激烈地争论着，甚至还争到了国会会堂。高能物理学越来越费钱了，它需要公众的支持，部分原因是它担负着揭开终极理论的历史使命。

　　追寻终极理论不过是我们时代思想历程的一部分。首先，我就要在这样的观点下，向不懂物理或没有更高数学知识的读者展开我们的问题。这本书讲的确实是今天物理学前沿基础的关键思想，但它不是物理学教科书，读者不会看到单独的章节专门讲什么粒子、力、对称性或者弦。那些现代物理学概念我都编织在一起了，来讨论终极理论是什么意思，我们将如何发现它。在这里，我凭的是一个外行读者的经验——例如，我读历史的经验。历史学家总喜欢先讲一个故事，然后一章一章地讲人口、经济、技术等背景。而另一方面，让人们感到乐趣的那些历史学家，从塔西佗(Tacitus)和吉本(Gibbon)[1]到艾略特(J. H. Elliott)和莫里森(Morison)，总把故事与背景编在一起，而且随时找机会把他们想告诉读者的结论写出来。我写这本书时就在努力向他们学习，而不求规整统一。有些历史和科学的材料，不论学历史的还是学科学的读者可能已经很熟悉了，不过我还是会把它们写进来，如果觉得需要，我还会反复地讲。费米(Enrico Fermi)曾说过，永远不要忽略我们从熟悉的事物得来的乐趣。

本书大体分3个部分和1个尾声：第1至第3章提出关于终极理论的思想；第4至第8章讲我们如何能够向着那个理论前进；第9至第11章是猜想终极理论的形式，看它的发现会对人类产生什么影响；最后，在第12章里，我要讲超导超级对撞机的正反两方面的意见，那是高能物理学家渴望的一种昂贵的新机器，但未来的资金还没有落实。

读者可以看到，书后的一系列注释对正文的一些思想作了更完整的分析。有时，在正文里不得不过分简化某些科学概念，我在后面的注释中作了更准确的说明。注释也包括一些正文里引用过的参考文献。

我要感谢Louise Weinberg，他建议我重写原稿，而且指导我应该怎么做。

感谢Pantheon图书公司的Dan Frank，谢谢他热情的鼓励、精心

---

1. 塔西佗(55～120？)是大历史学家，他的《编年史》《历史》等著作，是大名鼎鼎的；在英国，吉本(1737～1794)在史家中的地位就像文学的莎士比亚，除开历史意义不说，在任何英语文学选本里也几乎都能看到他的《罗马帝国衰亡史》的片段。他们的书都有中译本(商务印书馆汉译世界学术名著丛书)。——译者

的指导和编辑；感谢 Hutchinson Radius 的 Neil Behon 和我的代理人 Morton Janklow，他们提出了很重要的建议。

　　我还要感谢对不同题目提出过批评和建议的人，有哲学家 Paul Feyerabend，George Gale，Sandra Harding，Myles Jackson，Robert Nozick，Hilary Putnam 和 Michael Redhead；历史学家 Stephen Brush，Peter Green 和 Robert Hankinson；法学家 Philip Bobbitt，Louise Weinberg 和 Mark Yudof；物理学史学家 Gerald Holton，Abraham Pais 和 S. Samuel Schweber；物理学家和神学家 John Polkinghomc；精神病学家 Leon Eisenberg 和 Elizabeth Weinberg；生物学家 Sydney Brenner，Francis Crick，Lawrence Gilbert，Stephen J. Gould 和 Ernst Mayr；物理学家 Yakir Aharonov，Sidney Coleman，Bryce De Witt，Manfred Fink，Michael Fisher，David Gross，Bengt Nagel，Stephen Orzsag, Brain Pippard，Joseph Polchinski，Roy Schwitters 和 Leonard Susskind；化学家 Roald Hoffmann；天体物理学家 William Press，Paul Shapiro 和 Ethan Vishniac；还有作家 James Gleick 和 Lars Gustafsson。他们帮我避免了好些错误。

目录

第1章
序幕

如果说我曾见过什么美丽，

是我渴望也拥有过的，

那只是梦中的你。

J.多恩，《早安》[1]

3 　　在即将过去的一个世纪里，我们从物理学看到了科学知识的前沿在令人眼花缭乱地延伸。爱因斯坦的狭义相对论和广义相对论永远改变了我们对空间、时间和引力的认识。量子力学则更彻底地与过去决裂，连我们用以描述自然的语言也改变了：我们学会了说波函数和概率，取代了具有确定位置和速度的粒子。相对论与量子力学的结合，产生了新的世界观，在这种观点下，物质失去了中心的地位，取代它的是对称性原理，有些原理还藏在今天的宇宙背后。在这样的基础上，

4 我们建立了成功的电磁学理论和基本粒子的强弱相互作用理论。我们常常感觉像西格弗里[2]那样，在饮了龙血后，惊奇地发现自己能听懂

---

1. J.多恩(1572～1631)在20世纪20年代成为英英现代主义（"玄学派诗"）的先驱，艾略特(T. S. Eliot)欣赏他的诗能将思想与感觉融为一体。有的诗意象新奇，反映了17世纪自然科学对文学的影响。《早安》(The Good-Morrow)是他有名的一首情诗。——译者

2. 西格弗里(Siegfried)是德国中世纪的英雄，恩格斯说他是"德国青年的代表"。关于他的传说很多。史诗《尼贝龙根之歌》(Nibelungenlied)第一部讲的就是他。关于龙血的故事，诗中只提到"这位英雄曾亲手屠戮过一头毒龙；他的皮肤因为浴过龙血，变得像坚甲一样。"(钱春绮译)——译者

鸟儿的鸣叫。

但是我们现在却被困住了。在20世纪70年代中叶以来的这些年里，基本粒子物理学经历了历史上最大的挫折。我们在为成功付出代价：理论远远走在了前头，未来进步所需要研究的物理过程，其能量超过了现有实验条件的极限。

为了走出困境，物理学家从1982年开始制订了一个空前巨大和昂贵的科学计划，那就是超导超级对撞机(SSC)。计划最终需要在达拉斯南部的某个地方挖掘一条53英里(1英里约为1.609千米，全书同)长的椭圆形隧道，数千个磁体将在隧道里引导两束带电粒子(如质子)流，在相反方向上沿隧道奔流数百万周，质子将被加速到很高的能量，比现有粒子加速器能达到的最高能量还高20倍。在环流的若干位置，粒子流中的质子将发生每秒几亿次的碰撞，无数的探测器(有的重达数万吨)会记录下碰撞中发生的事情。计划预算大约是80亿美元。

超级对撞机的建造遭到了强烈反对，节俭的国会议员反对，宁愿把钱花在自己领域的一些科学家也反对。这样的所谓"大科学"总会招来抱怨，而那些抱怨今天在超级对撞机上得到发泄了。同时，欧洲的团体，如CERN(欧洲核子研究中心)，也在考虑建造类似的机器：5巨型重子对撞机(LHC)。LHC比超级对撞机省钱，因为它将利用日内瓦附近侏罗山的现有地下隧道。不过，也因为省钱，它的能量还不到超级对撞机的一半。欧洲人也在争论是否该造LHC，在很多方面都像美国人争论SSC。

　　1992年，本书出版的时候，超级对撞机的资助仍然悬而未决。众议院在6月投票否决了它，而参议院在8月又同意了。超级对撞机的未来还将依赖于外来的巨大支持，但现在还没有。问题还很多，超级对撞机的经费即使在今年被国会批准了，在明年也可能被取消。而且，只要计划没完成，年年都可能这样。也许，在20世纪的最后几年，物理科学基础的追寻将暂时告一段落，多年以后大概才会重新开始。

　　本书不是谈论超级对撞机的专著，但围绕这个计划的争论，我不得不在公开的讲话或在国会的听政会上，力图向大家解释我们的基本粒子研究想要实现的东西。可能有人认为，像我这样做了30年研究的物理学家不会有什么困难，但事情没那么简单。

　　对我来说，做这种事情总是快乐的，应该做的。不论是在工作台前还是咖啡桌旁，我都演算着数学公式，就像浮士德在梅菲斯特进来时玩弄着五角星。[1]常常在不经意间，数学抽象、实验数据和物理直觉会在某个关于粒子、力和对称性的理论中走到一起。而常常在后来的某个时候，理论将被证明是正确的；有时实验会表明自然确实是像理论说的那样运行着。

　　但这不是全部。对同基本粒子打交道的物理学家来说，还有另外6 的动力，即使我们自己也很难说得清楚。

----

1. 歌德《浮士德》(Faust) 第一部写梅菲斯特 (Mephistopheles) 第一次来浮士德书斋的情景：梅走的时候承认，"我要走出门，有个小小障碍挡住了我"——那障碍就是门槛上的五角星。一般认为，五角星代表耶稣的5处伤，或耶稣名字的5个字母 (Jesus)，是他的象征，有驱邪的作用。也有人认为五角星是三位一体的三重象征，因为它可以分解为3个三角形。——译者

我们今天的理论只有有限的意义，是暂时的、不完备的。但是，我们总会隐约看到在它们背后的一个终极理论的影子，那个理论将有无限的意义，它的完备与和谐将完全令人满意。我们寻求自然的普遍真理，找到一个理论的时候，我们会试着从更深层的理论推出它，从而证明它、解释它。想象科学原理的空间充满着箭头，每个箭头都从一个原理出发，指向被解释的原理。这些解释的箭头表现出令人瞩目的图样：它们不是独立的科学所表现的单独分离的团块，也不是在空间随意指向 —— 它们都关联着，逆着箭头的方向望去，它们似乎都源于一个共同的起点，那个能追溯所有解释的起点，就是我所谓的终极理论。

当然我们现在还没有终极理论，而且也不大可能很快找到它。但我们总把握着一些线索，说明它并不太遥远。有时，物理学家在一起讨论，发现优美的数学思想实际联系着真实世界，我们会感觉到，在那写满数学公式的黑板背后藏着某个更深层的真理，一个让我们的思想显得那么美妙的终极理论。

说起终极理论，我脑海里会涌现出千百个问题和条件。一个科学原理"解释"另一个科学原理是什么意思？我们如何知道所有的解释都有一个共同的起点？我们能发现那个起点吗？现在离它多远？终极理论会像什么样子？我们现在的物理理论会有哪些能保留在那个终极理论中？它如何认识我们的生活和意识？如果有了终极理论，它对[7]科学和人类精神会产生什么影响？这一章只把问题提出来，留待后面的章节慢慢回答。

　　终极理论的梦想并不是从20世纪才开始的，在西方，它可以追溯到古希腊的米利都，门德河从那里流入爱琴海；在苏格拉底诞生前的100多年，那里曾活跃着一个极享盛誉的学派。关于那个苏格拉底以前的学派的思想，我们知道的不是太多，但从后来的一些材料和仅存的原始的零星片段来看，那时的米利都人已经在寻找用基本的物质组成要素来解释所有的自然现象了。他们的第一个人物泰勒斯(Thales)认为，那基本的物质是水；而在这个学派的最后一个人物阿那克西米尼(Anaximenes)看来，那是空气。[1]

　　今天看来，泰勒斯和阿那克西米尼的观点显得很奇怪。我们更欣赏100多年后在色雷斯海滨阿布德拉兴起的另一个学派。在那里，德谟克里特(Democritus)和留基波(Leucippus)告诉我们，所有物质都由他们称作原子的永恒的小粒子组成(原子论的根在印度的形而上学，比德谟克里特和留基波还早)。这些早期原子论者的成熟令人惊奇，不过在我看来，不论米利都人"错了"，还是原子论者在某种意义上"对了"，都无关紧要。这些前苏格拉底哲学，不论米利都的还是阿布德拉的，没有一点东西像我们今天对一个成功的科学解释的理解：对现象必须有定量的认识。就算我们听从泰勒斯或德谟克里特讲的，石头由水或原子组成，我们还是不知道如何计算它的密度、硬度和导电率，这对我们认识自然来说，进步了多少呢？当然，如果没有定量预言的能力，我们也不可能说泰勒斯和德谟克里特谁对谁错。

---

1. 想更多了解古希腊哲学和科学的读者，请参考有关哲学史著作。例如，罗素《西方哲学史》(上卷)、黑格尔《哲学史讲演录》(第一卷，第二卷)、丹皮尔(W. C. Dampier)《科学史》(第1章)等。——译者

在得克萨斯和哈佛时，我曾给文科学生讲过物理，我觉得最重要（当然也最困难）的是让学生们学会计算不同物理系统在不同条件下发生的事情。我让他们计算阴极射线的偏转和油滴的下落，不是说任 8 何人都需要计算这类事情，而是因为他们能在计算的过程中体会物理学原理的真实意义。我们关于那些决定事物运动的原理的知识，是物理科学的核心，也是人类文明的珍宝。

从这点说，亚里士多德的"物理学"并不比更早、更质朴的泰勒斯和德谟克里特的思想好多少。在《物理学》和《论天》(On the Heavens) 里，亚里士多德把抛射体的运动描述为部分自然的和部分非自然的。[1]自然的运动，跟所有重物一样，是向下的，趋向万物的中心；非自然的运动则是空气传递的，而空气的运动可以追溯到使抛射体运动的物体。然而，抛射体在路径上运动多快，在落地时运动了多远，亚里士多德一点儿也没说。他没说计算或测量太难，也没说对运动定律的知识还不够多，不能得到抛射体运动的细节。实际上，他没有提出什么答案(对的或错的)，因为他不知道那是该问的问题。

为什么该问那些问题呢？读者也许跟亚里士多德一样，不太关心物体下落多快 —— 我自己也不太关心，重要的是我们今天已经知道了那原理 —— 牛顿的运动和引力定律以及空气动力学的方程，它们的精确决定着物体任何时刻在飞行中的位置。这并不是说我们确实能够精确计算抛射体的运动。从不规则的石头或箭矢羽毛绕过的气流是很复杂的，我们的计算只能是近似的，特别当气流成为湍流的时候。9另外还有如何确定初始条件的问题。不管怎么说，我们可以用已知的物理原理解决一些简单的问题，如行星在没有空气的空间运动，稳恒的气流绕过球体或平板。这些问题的解决使我们相信，我们确实把握了决定抛射体运动的原理。同样，我们不能计算生命演化的历程，但我们现在很清楚是什么原理在发生作用。

这是很重要的一点，在关于自然终极理论的意义或终极理论是否存在的争论中，它往往混乱不清。我们说一个真理解释另一个真理，如决定电场中的电子的物理学原理(量子力学法则)解释化学定律，并不是说我们一定能导出我们认为解释了的那些真理。有时问题很简单，如氢分子的化学，我们确实能推导出来；但有时问题对我们来说则是太复杂了。在这种意义上谈科学解释，我们的头脑中并没有科学家确实导出的东西，而是认为那是自然存在的东西。例如，在19世纪，即使物理学家和天文学家还不知道如何在精确计算中考虑行星的相互吸引力，他们也理直气壮地相信行星那样运动完全是因为牛顿运动和引力定律，或者别的什么更精确的定律(牛顿定律不过是它的近似)在发生作用。今天，尽管我们还不能预言化学家可能观测到的一切事情，但我们相信，原子之所以在化学反应中表现出那样的行为，是因为决定原子内电子和电力的物理定律没有为原子的其他活动方式留下自由的空间。

这一点很难说清楚。部分原因是，如果没人确实导出什么原理，我们凭什么说一个事实解释了另一个呢？这令人困惑。但是我想我们不得不这样说，因为那正是我们科学所关心的：发现建立在自然的逻辑结构里的解释。当然，如果我们真能进行某些计算，并能把结果与观测对比，那么我们会更加自信。至少，氢原子化学是这样的，虽然蛋白质的化学还做不到。

尽管希腊人不去追求对自然的综合定量的理解，但古代世界当然也不会不知道精确的定量推理。千百年来，人们懂得了算术法则和平面几何，认识了日月星辰的周期性，还发现了岁差。[1] 除了这些，在亚里士多德以后的希腊化时代，[2] 即从亚里士多德的学生亚历山大(Alexander)的统治到希腊世界向罗马臣服的年代，数学科学开花了。在大学念哲学时，听人们把泰勒斯和德谟克里特等希腊哲学家称作物理学家，我总觉得有点儿痛苦；但当我们走进伟大的希腊化时代，听到叙拉古(Syracuse)的阿基米德(Archimedes)发现浮力定律，亚历山大里亚(Alexandria)的埃拉托色尼(Eratosthenes)测量地球的周长，我才感觉回到了科学家的家园。在17世纪，现代科学在欧洲兴起之前，世界上还没有哪个地方出现过希腊化时代那样的科学。

然而，尽管希腊化时代的自然哲学家有过那样的辉煌，他们却从来不曾想过一个能精确规范所有自然物的定律体系。实际上，"定律(law)"一词在古代用得很少(而亚里士多德从来不用)，[3] 我们只能看到它的原始意义：制约人类行为的人或神的法律。(不错，"天文学(astronomy)"一词源自希腊词astron(星)和nomos(律)，但在古代它很少用来描述关于天体的科学，用得更多的是"星占学(astrology)"。到了17世纪的伽利略(Galileo)、开普勒(Kepler)和笛卡儿(Descartes)出现，我们才有了自然律的现代概念。

---

1. 原文"precision of the equinoxes"(春秋分点的精度)可能印错了，根据书后的名词索引，应该是"precession of the equinoxes"(岁差)。——译者
2. 所谓"希腊化时代"(Hellenistic Era)，是从公元前323年亚历山大大帝之死到公元前31年奥古斯都建立罗马帝国那300年的文明被希腊化的历史。卒这一时期，过去的希腊文明结束了，兴起一种融合了希腊和东方因素的新文明。下面讲的"希腊(Hellenic)"则指更早的历史时期(公元前776~公元前323)。词根Hellen是传说的希腊始祖。——译者
3. E.Zilsel，The Genesis of the Concept of Physical Law，*Philosophical Review* 51(1942)：245.

　　古典学者格林(Peter S. Green)将希腊科学的局限性主要归因于希腊人固执的理性偏见：他们喜欢静止的，不喜欢动态的；喜欢思辨的，不喜欢技术的(军事技术除外)。[1]希腊化时代亚历山里亚的前3个国王都支持抛体的飞行研究，因为它能满足军事的需要。但是，把精确推理用于如球在斜面上滚动那样无聊的过程 —— 这是说明伽利略运动定律的例子 —— 在希腊人看来似乎是毫无意义的。现代科学也有自己的偏见 —— 生物学更多地关注基因，而不在乎脚趾头长出的肿瘤；物理学家更愿意研究20万亿伏特能量下的质子–质子碰撞，而不把20伏特放在心里。不过这都是战术的选择，基于一定的判断(正确或错误的) —— 如某些现象比别的现象更容易产生结果；而不是说他们相信有些现象比其他现象更重要。

　　现代终极理论的梦想是从牛顿开始的。定量的科学推理从来不曾消失，到了牛顿时代，特别是经过伽利略以后，它又获得了新生。不过，从行星和月球的轨道到潮汐的涨落和苹果的落地，牛顿能用他的运动定律和引力定律解释那么多的事实，因此他应该第一个感觉到可能存在一个真正综合的解释理论。牛顿的希望写在他那本巨著《原理》的第一版的前言："我愿我们能像对力学原理那样，用同类的推理导出其余的自然现象(即《原理》没考虑的那些现象)。许多原因促使我怀疑，它们可能都依赖于一定的力。"20年后，牛顿在《光学》里写了他想如何实现他的计划：[2]

1. Peter S. Green, *Alexander to Actium : The Historical Evolution of the Hellenistic Age*(Berkely and Los Angeles : University of California Press, 1990), pp.456, 475～478.
2. 感谢Bengt Nagel建议我引用这段话。

现在，最小的物质粒子被最强的吸引力黏在一起，组成效能较弱的大粒子，其中的很多还可以黏聚形成效能更弱的更大的粒子，如此多方地继续下去，最终形成化学作用和自然物体的颜色所依赖的最大粒子，而这些大粒子则通过黏结形成可以感觉的实体。于是在自然中存在一些原因，能通过强大的吸引力把物体的粒子黏结起来。实验哲学的任务就是去发现它们。[1]

因为牛顿的伟大典范，特别在英国形成了一种典型的科学解释风格：物质被认为由永恒不变的微小粒子构成；粒子通过"一定的力"（引力不过是其中的一种）相互作用；如果知道粒子在某一时刻的位置和速度，知道如何计算其中的力，那么就可以用运动定律来预言它们在下一个时刻会在什么地方。大学新生们现在还常常听到以这种风格讲的物理学。遗憾的是，这样的牛顿风格的物理学尽管还有更多的成功，却已经走到尽头了。

世界终归是复杂的。在18世纪和19世纪，当科学家们对化学、光、电和热有了更多的认识以后，还用牛顿路线去解释，那可能性就越来越渺茫了。特别是，在解释化学反应和亲和性时，把原子当作在相互吸引和排斥的力的作用下运动的牛顿粒子，物理学家不得不为原子和 13
力做出许多任意的实际上不可能出现的假定。

不过，到了19世纪90年代，在许多科学家中间却流行着莫名其妙

---

1. 牛顿在《光学》的最后一卷提出了31个著名的"疑问"，最后一个可以说是关于物质和运动的一般规律的——这里引用的话就在那个疑问的论述中。据我们看到的版本（伦敦第4版，Bell and Sons，Ltd.，1931），"于是"以下两句是本段话前一段的结束句。——译者

的满足感。在科学传说里，有一个不知谁杜撰的故事。故事说，在世纪之交，某个物理学家曾宣扬物理学差不多完成了，剩下的事情不过是把测量数据的小数点往后移动几位。故事大概是从美国实验物理学家迈克尔逊(Albert Michelson)1894年在芝加哥大学的一次讲话里传出来的："谁也不能保证物理科学未来的仓库里再没有比从前更令人惊奇的东西了，不过似乎可以说，多数物理学基本原理都牢固地建立起来了，将来的发展大概主要在于把这些原理严格地运用到我们关注的那些现象中去 …… 有个著名的物理学家讲过，物理科学未来的真理只有在小数点后面第6位去寻找。"迈克尔逊在芝加哥讲话时，还有一位美国实验物理学家密利根(Robert Andrews Millikan)也在场，[1]他猜迈克尔逊说的"著名的物理学家"是那位一言九鼎的苏格兰人威廉·汤姆森，开尔文勋爵(William Thomson，Lord Kelvin)。一个朋友[2]告诉我，他20世纪40年代在剑桥读书时，人们都在传说开尔文讲过那句话：物理学没有什么新东西可以发现了，剩下的事情只是把测量做得更精确。

我没有在开尔文的讲话里找到这句话，但有许多其他证据表明，在19世纪末，的确广泛(尽管不是普遍)流行着一种科学的满足感。[3]当年轻的普朗克在1875年走进慕尼黑大学时，物理学教授约里(Philip Jolly)劝他不要学自然科学。在约里看来，那儿已经没有东西好发现了。密利根也听到过类似的忠告。"1894年，"他回忆说，"我住在64

14

---

1. *The Autobiography of Robert A. Millikan*(New York:Prentice-Hall，1950)，p.23. 也见K. K. Darrow的笔记，*Isis* 41(1950):201。
2. 物理学家 Abdus Salam。
3. 伯克莱的历史学家 Lawrence Badash 收集了这些19世纪末的科学满足感的证据，见"The Completeness of Nineteenth-Century Science"，*Isis* 63(1972)：48～58。

号大街一座5层的公寓楼里，在百老汇的西边。同屋还有4个哥伦比亚大学的研究生，1个学医，另外3个学社会学和政治学。我呢，总被他们嘲笑走进了一个'完成了的'，是啊，一个'到头了的'学科，物理学就是那样的；而那个时候，一片崭新的社会科学'活的'天地正在展开。"

19世纪的那种满足，常被人提起来警告20世纪的我们当中那些敢言终极理论的人。这其实大大误会了那些自满的言论。迈克尔逊、约里和密利根的同屋伙伴们不可能想到物理学家能成功地解释化学的本质 —— 更不会想到化学家能成功解释遗传的机制。说那些话的人只能那么说，因为他们已经对牛顿及其追随者的梦想绝望了。他们不相信化学和其他所有科学能通过物理的力来理解；在他们看来，化学和物理学已经变得平等，各自都接近尾声了。不论19世纪末的人们在什么程度上感觉科学终结了，都不过是随雄心的消沉而出现的满足。

不过事情变得很快。对物理学家来说，新世纪随着伦琴(Wilhelm Roentgen)X射线的意外发现，从1895年就开始了。X射线本身倒没那么重要，重要的是它让物理学家相信，特别是通过研究各种辐射，还有许多新东西有待发现。发现真的接踵而来了。1896年，贝[15]克勒尔(Henri Becquerel)在巴黎发现了放射性。1897年，汤姆逊(J. J. Thomson)在剑桥测量了阴极射线在电磁场的偏转，并用一种基本粒子解释了这个结果；那粒子即电子，不单出现在阴极射线，而且存在于所有物质。1905年，爱因斯坦(那时还没有研究机构要他)在伯尔尼提出了狭义相对论的关于空间和时间的新认识，提出了一种证明原子存在的新方法，还以一种新的基本粒子解释了普朗克先前关于热辐射的研究结果，那就是后来所谓的光的粒子——光子。不久以后，在1911年，卢瑟福(Ernest Rutherford)根据他在曼彻斯特实验室的放射性元素的实验结果，推测原子的组成包括质量集中的一个小核和包围在核外的一团电子云。1913年，丹麦的玻尔(Niels Bohr)用他的原子模型和爱因斯坦的光子概念解释了最简单原子的光谱，即氢原子光谱。物理学家的自满现在被兴奋代替了，他们开始觉得，至少统一物理科学的终极理论很快就能找到。

还在1902年，那位自满的迈克尔逊曾讲过，"从众多表面相隔遥远的思想领域出发的路线会聚到……一片共同的土地上来的日子看来不会太远了。到那时，原子的本性，在原子的化学统一中起决定作用的力，原子间的相互作用，原子与表现在光电现象中的无差别以太间的相互作用，以原子为基本单位的分子和分子系统的结构，内聚力、弹性和引力的解释，等等，一切的东西都可以和谐地纳入单独的一个坚实的科学知识体系。"[1]如果说过去迈克尔逊认为物理学已经完成是因为他没想拿物理学去解释化学，那么现在他希望在不远的将来能实现一种迥然不同的圆满，不但包括物理学，还包括化学。

不过那还为时过早。第一个最终的统一理论的梦想，是在20世纪20年代中期随量子力学的发现而产生的。那是一个新的陌生的物理学框架，用波函数和概率取代了牛顿力学的粒子和力。量子力学一下子使人们不仅能计算单个原子和它们与辐射相互作用的性质，而且还能计算结合在分子里的原子的性质。至少，人们看清了化学现象之

16

---

1. A. A. Michelson, *Light Waves and Their Uses*(Chicago : University of Chicago Press, 1903), p.163.

所以那样，完全是因为电子与原子核相互作用的结果。

这倒不是说大学的化学课程从此该由物理教授来讲，也不是说美国化学会该申请加入美国物理学会。用量子力学方程来计算在最简单的氢分子中两个氢原子的束缚力就够困难的了，对于复杂的分子，特别是生物学里遇到的分子和它们在不同环境下的反应，还是需要化学家的特殊经验和洞察力。但是，量子力学在计算极简单分子的性质的成功，清楚表明了正是因为物理学定律的作用，化学才表现出那样的行为方式。新量子力学创立者之一狄拉克(Paul Dirac)在1929年胜利地宣布，"大部分物理学和整个化学的数学理论所需要的基本物理学定律就这样完全知道了，困难只是这些定律的应用带来了太复杂的方程，现在还没法解决。"[1]

没过多久，一个奇怪的新问题出现了。原子能量的第一个量子力学计算得到的结果与实验符合得很好。但是，如果量子力学不仅用于原子里的电子，还用于那些电子产生的电磁场，那么结果将是，原子具有无穷大的能量！在其他计算里还出现了另一些无限结果。40多[17]年来，这些荒谬的结果总是物理学进步的最大阻碍。后来发现，无限问题似乎不是什么灾难，反倒成了乐观向往终极理论的一个最好的理由。如果恰当考虑质量、电荷以及其他一些常数，所有的无限结果都会消除，不过，只有某些特殊类型的理论才能实现。这样，我们可以发现数学在引导着我们走向一个终极理论或那个理论的一角，那是避免无限的唯一道路。实际上，当我们协调相对论(包括广义相对论，

---

1. P. A. M.Dirac，"Quantum Mechanics of Many Electron Systems"，*Proceedings of the Royal Society* A 123 (1929)：713.

即爱因斯坦的引力论)与量子力学时，神秘的弦理论可能已经打开了那条避免无限的唯一的道路。如果真是那样，它将成为任何终极理论的一部分。

我并不是想说终极理论将从纯数学推导出来。是啊，我们为什么该相信相对论或量子力学是逻辑必然的呢？在我看来，我们最好的希望是，终极理论是一个刚性的理论，不能把它扭曲成哪怕稍微不同的什么样子，否则会产生像无穷大能量那样的逻辑荒唐的东西。

我们的乐观还有更深层的理由，那是一个奇特的事实：物理学的进步常常受着某种判断(大概只能叫美学判断)的指引。这真是很奇怪的。物理学家觉得一个理论比另一个理论更美，怎么能成为科学探索的指南呢？这可能有几点理由，但对基本粒子物理学，有一点是特别的：我们现在理论的美，也许"只是梦中的"[1]美，那真美还在终极理论里等着我们。

在20世纪里，最为明确地追寻终极理论目标的人是爱因斯坦。就像他的传记作者派斯(Abraham Pais)说过的，"爱因斯坦是个典型的旧约人物，抱着耶和华式的态度：有律在，必须发现它。"[2]爱因斯坦最后30年的大部分生命都献给了所谓的统一场论，那个能统一麦克斯韦(James Clerk Maxwell)电磁论和爱因斯坦广义相对论(也就是他的引力论)的理论。爱因斯坦的奋斗没能成功，据现在的观点，我

---

1. 别忘了，引号内的词是从本章题目下面的那句诗里来的。——译者
2. 引自S. Boxer《纽约时报书评》1992年1月26日，p.3 (A. Pais即《上帝难以捉摸——爱因斯坦的科学与生活》的作者，那是关于爱因斯坦最权威的传记)。——译者

们可以说他的构想是错误的。他不但拒绝了量子力学，他的奋斗目标 18
也太狭窄了。爱因斯坦年轻时只知道电磁力和引力，那恰好也是在日
常生活里显现的力，但自然界还存在其他类型的力，包括弱力和强力。
实际上，现在已经取得的向着统一的进步，是把电磁力的麦克斯韦理
论与弱核力的理论统一起来，而不是与引力理论统一起来，引力理论
的无穷大问题还很难清除。不过，爱因斯坦昨天的奋斗也是我们今天
的奋斗，那就是寻找终极理论。

　　谈终极理论也许会惹恼一些哲学家和物理学家。它很可能被斥责
为某个可怕的东西，如还原主义，或者物理帝国主义。在一定程度上，
这是对终极理论可能引发的形形色色荒唐论调的反映。例如，物理学
终极理论的发现可能让人感觉是科学走到了尽头的标志。一个终极理
论当然不可能终结科学研究，甚至不可能终结纯科学的研究，即使纯
物理学的研究也不可能终结。不管什么样的终极理论出现了，仍然有
好多奇妙的现象，如湍流，如思维，等着我们去解释。其实，物理学
终极理论的发现并不一定能为我们进一步认识那些现象带来多大帮
助(尽管会有某些帮助)。终极理论只能在某一个意义上说终极——
它把某一种科学探索引向终点：那是一种古老的探索，探索那些不可
能用更深层的原理来解释的原理。

第 2 章
一支粉笔

> 傻子：……为什么那七星是七颗，不多也不少，那道理真奇妙。
>
> 李尔：就因为它们不是八颗吗？
>
> 傻子：一点儿不错。你倒可以做一个很好的傻子。
>
> 莎士比亚，《李尔王》[1]

19　科学家发现了很多奇特的东西，还有许多美妙的东西；而他们发现的最美妙也最奇特的东西也许是科学本身的模式。我们的科学发现不是独立分散的事实；一个科学事实可以在另一个那里找到解释，而那解释本身还需要别的解释。追溯这些解释的箭头，我们发现它们在源头惊人地会聚在一起了 —— 这也许是我们迄今所知道的关于宇宙的最深刻的图景。

　　我们来考虑一支粉笔。粉笔这东西多数人都是熟悉的（喜欢通过黑板来交谈的物理学家当然更熟悉了），但我这里拿粉笔来做例子，是因为它曾是科学史上一次著名论战的主题。1868年，英国科学协
20　会在以大教堂闻名的诺里奇举行年会。对聚集到诺里奇来的科学家和

---

1. W. Shakespeare, *King Lear*, 第一场第五幕。有学者认为"那七星"说的是昴星团。傻子是一个逗国王笑的宫廷弄臣，在莎翁的戏里常有这样的角色。——译者

学者来说，那是令人兴奋的日子。公众关注科学，不仅因为他们看到了科学对技术的重要，还因为科学正在改变人们对世界和人类本身地位的认识。更重要的是，9年前出版的达尔文 (Charles Robert Darwin) 的《物种起源》直截了当地把科学摆在了当时普遍立场的对立面。在那次会上我们看到了赫胥黎 (Thomas Henry Huxley)，有名的解剖学家，犀利的辩论家，也是当时众所周知的"达尔文的角斗士"。像往常一样，他利用这个机会向城里的工人发表了讲话，讲话的题目是"谈一支粉笔"。[1]

我们可以想象，赫胥黎站在讲台上拿着的一支粉笔，可能是从诺里奇地下的白垩层里挖出来的，也可能是从哪个友好的木匠或教授手里借来的。他一开始就讲，地下几百米深处的白垩层，不仅埋在英格兰的广大地区，还延伸到欧洲、地中海以东的利凡特地区，直到亚洲中部。白垩的化学物质很简单，用现在的话讲就是碳酸钙。不过，在显微镜下，我们可以看到它有数不清的小动物的化石壳，那些小动物在古代就生活在覆盖着整个欧洲的汪洋大海中。赫胥黎生动地讲述了那些小动物的尸体如何在几百万年前漂流到海底，然后被压入白垩土；他还讲到了像鳄鱼那样的大动物如何会在白垩层这里或那里出现。白垩层越深的地方，出现的动物同它们今天的伙伴差别越大。因此，在白垩沉积的几百万年里，动物一定在演化着。

赫胥黎想让诺里奇的工人们相信，世界比圣经学者们讲的 6 000 年老得多，新生命的种类一开始就出现了，而且在不断演化。这些问

---

1. Thomas Henry Huxley , *On a Piece of Chalk* , ed. Loren Eisley(New York : Scribner , 1967).

21 题现在谁都明白 —— 任何有点科学头脑的人都不会怀疑地球的年龄和演化的事实。在这里，我并不是想说哪样具体的科学知识，而是想说那些科学联系的方式。所以，我还是像赫胥黎那样，从一支粉笔说起。

粉笔是白的，为什么？有人马上会说，它白是因为它不是其他颜色。这个答案会让李尔王的那个弄臣高兴，实际上离真正的答案也不太远。在赫胥黎的时代，人们已经知道，彩虹的每种颜色与一定波长的光有关 —— 较长的光波趋向光谱的红端，较短的光波趋向光谱的蓝端或紫端。白光是许多不同波长的光的混合体。光照在不透明物质（如粉笔）上时，只有部分被反射回来，其余的都被吸收了。具有确定颜色的物质，像许多青绿色的铜化合物（例如绿松石里的磷酸铝铜）或紫色的铬化合物，之所以显现那种颜色，是因为它们倾向于强烈吸收一定波长的光，我们通过从物质反射回来的光看到的颜色，是没有被强烈吸收的那些光的颜色。对组成粉笔的碳酸钙来说，强烈吸收正好只发生在不可见的红外和紫外波段，所以从粉笔反射回来的光简直就跟照射它的光在可见波段的分布一模一样。白色的感觉，不论来自云朵、雪花还是粉笔，都是这样产生的。

为什么？为什么有的物质在特殊波段强烈吸收可见光而另一些物质不会呢？答案与原子和光的能量有关。问题的认识是从爱因斯坦和玻尔在 20 世纪最初 20 年的研究开始的。1905 年，爱因斯坦首先认
22 识了光线是由无数粒子（后来叫光子）组成的粒子流。光子没有质量，也没有电荷，但每个光子都有一定的能量，与光的波长成反比。1913 年，玻尔提出原子和分子只能存在于某些确定的状态，也就是那些具有确定能量的稳定的组成形式。虽然原子常常被比作小小太阳系，但

还是存在关键的区别。在太阳系，如果一颗行星离太阳更远或更近一点，它的能量都会增加或减少一点。但是原子的状态却是离散的——原子的能量只能发生一定的有限的量的改变。原子或分子的正常状态是能量最低的状态。当原子或分子吸收了光，它将从一个能量较低的状态跳跃到一个能量更高的状态(如果是发射光子，则发生相反的过程)。总的说来，爱因斯坦和玻尔思想告诉我们，原子或分子只能吸收具有一定数值的波长的光。那些波长所对应的光子能量，正好等于原子或分子的正常状态与某个能量较高的状态之间的能量差。如果不是那样，那么当光子被原子或分子吸收时，能量就不守恒了。典型的铜化合物显现青绿色，是因为铜原子正好有一个比正常状态的能量高2伏特的状态，于是，铜原子很容易通过吸收1个能量为2伏特的光子发生跃迁。[1]那样的光子，波长为0.62微米，呈橘红色，它们被吸收以后，便留下青绿色的反射光。[1](这并不只是在笨拙地重复讲那些化合物是青绿色的；即使用电子束或其他方式来给铜原子增加能量，我们还是会看到相同的原子能量模式。)粉笔之所以是白的，因为组成它的分子碰巧没有一个状态能特别容易地通过吸收任何一种颜色的可见光来达到。

　　为什么？为什么原子和分子以离散的具有一定能量的状态出现？为什么是那样一些数值的能量？为什么光子一个一个地来，每一个还具有与光的波长成反比的能量？为什么原子或分子的有些状态特别容易通过吸收光子而达到？光、原子和分子的这些性质，等到20世

1.用伏特来作能量单位时，它定义为驱动1个电子通过1伏特电池的导线所需要的能量。(在这种情形，更恰当的名称是"电子伏特"，不过我还是像物理学中的普遍用法那样，只说伏特。)下面，1微米等于百万分之一米。

纪 20 年代中叶建立了一个新的物理学框架（即大家知道的量子力学）以后才可能为人们所认识。在量子力学里，原子或分子的粒子是用所谓的波函数来描述的。波函数的行为有点儿像光波或声波，但它的大小（准确说，是它的振幅的平方）给出的是在某个位置找到一个粒子的概率。原子或分子的波函数只能以一定的模式或量子态出现，每个态都有各自的能量；这就像风琴里的空气，只能以某些确定的模式振动，每种模式都有自己的波长。把量子力学方程用于铜原子，可以发现原子的高能外围轨道上电子束缚较松，容易吸收可见光而跳跃到下一个能量更高的轨道上去。量子力学计算表明，这两个状态的能量差是 2 伏特，等于一个橘红色光子的能量。[1] 另一方面，粉笔里的碳酸钙分子正好没有类似的能吸收任何特殊波长光子的松散电子。至于光子，以同样的方式对它们应用量子力学原理，其性质也能得到解释。结果发现，光子跟原子一样，也只能存在于具有确定能量的某些量子态。例如，波长为 0.62 微米的橘红色光只能存在于能量为 0，2，4 或 6 伏特 …… 的那些量子态，我们说那些态分别包含了 0，1，2 或 3 个光子 …… 每个光子的能量为 2 伏特。

为什么？为什么主宰原子中粒子的量子力学方程是那样的？为什么物质由那些粒子（电子和原子核）组成？还有，为什么存在光那样的东西？在 20 世纪二三十年代，当量子力学初次用于原子和光时，那些事情还很神秘。近 15 年来，随着所谓基本粒子和力的标准模型的成功，它们才得到了很好的认识。这种新认识的一个重要前提，是量子力学与 20 世纪物理学的另一伟大革命 —— 爱因斯坦相对论，在 40

---

1. 在金属中，这些外围电子离开单个原子而在原子间流动，因此，金属铜原子没有吸收橘红色光子的特别倾向，这也是它为什么不显青绿色的原因。

年代的结合。量子力学的原理与相对论的原理几乎是互不相容的，只有在极有限的某些理论中才可能共存。在20世纪20年代的非相对论量子力学里，我们可以想象在电子和原子核中存在任何形式的力。但是，正如我们将看到的，在相对论的情形，就不是那么回事：粒子间 25 的力只能来自其他粒子的交换。而且，所有那些粒子都是各种类型的场的能量束，或者叫量子。像电场或磁场那样的场，是空间的一种应力，跟固体中可能存在的各种应力差不多，不过场是空间本身的应力。每一类基本粒子只有一种场。在标准模型里，有电子场，它的量子是电子；有电磁场(由电场和磁场组成)，它的量子是光子；原子核或者组成原子核的粒子(我们知道的质子和中子)，没有相应的场；但被称作夸克的各种粒子(即组成质子和中子的粒子)却都有各自的场；另外还有些场，我在这里就不多讲了。在像标准模型那样的场理论中，方程不跟粒子打交道，而是跟场打交道；粒子是作为那些场的代表出现的。寻常物质由电子、质子和中子组成，只不过是因为所有其他有质量的粒子都是极不稳定的。我们说标准模型是一种解释，因为它不仅是计算机黑客所谓的杂牌电脑，把乱七八糟的零碎部件揉在一块儿胡乱地运行；实际上，只要确定了标准模型应该包括的场的类型和决定它们相互作用的一般原理(如相对论原理和量子力学原理)，它的结构也就基本上固定下来了。

为什么？为什么世界只有那么一些场：夸克的场、电子的场、光子的场……为什么它们具有标准模型归纳的那些性质？还有，为什么大自然遵从相对论和量子力学的原理？很抱歉——这些问题还没有答案。在评论当今物理学现状时，普林斯顿的理论家格罗斯(David Gross)提出了以下几个尚未解决的问题："现在我们知道了它是如何

26 发生作用的,我们于是要问,为什么有夸克和轻子?为什么物质的模式重复表现着三代夸克和轻子?为什么所有的力都来自规范对称性?为什么?为什么?为什么?"[1](这些"为什么"里的术语在后面的章节有解释。)令基本粒子物理学家如此兴奋的,正是他们有希望回答这些问题。

大家都知道,"为什么"是意思最模糊的一个词。哲学家纳格尔(Ernest Nagel)曾列举10个问题,[2] 每个问题里的"为什么"意思都不一样。例如,"为什么冰浮在水上?""为什么卡西乌斯[3]谋害恺撒?""为什么人类有肺?"随便还能想出些"为什么"的意思不同的问题,如"我为什么出生?"这里,我说"为什么"的意思跟它在"为什么冰浮在水上"里的意思差不多,而没有一点自我觉醒的意味。

即使如此,人们在回答那种问题时究竟在做什么,还难得说清楚。幸运的是,那没有必要。科学解释正如爱和艺术,是给我们带来愉悦的事情。理解科学解释的本质的最好办法,是切实去经历一番,当你自己成功解释了某件事情时,会感觉那是怎样特别的兴奋。我并不是说,追求科学解释可以像追求爱和艺术那样不顾任何约束。实际上,这3种情形都存在着我们需要尊重的真理标准,尽管真理在科学跟爱和艺术中当然有不同的意思。我也不是想说,一般地描绘科学如何作为没有一

---

1. D. J. Gross, "The Status and Future Prospects of String Theory", *Nuclear Physics B*(Proceedings Supplement) 15(1990):43.
2. E. Nagel, *The Structure of Science*: *Problems in the Logic of Scientific Explanation*(New York: Harcourt, Brace, 1961).(科学的结构:科学说明的逻辑问题,徐向东译,上海译文出版社,2002)
3. 卡西乌斯(Gius Cassius Longinus, 85?B.C.~42 B.C.)是谋害恺撒大帝(Julius Caesar)的3个主谋之一。更多的参见古罗马史学家阿庇安(Appian)《罗马史》(第14卷)或苏维托尼乌斯(Gaius Suetonius Tranquillus)的《帝王传》(第1卷)。——译者

点儿意思，只是在科学中，跟爱和艺术的情形一样，那是不必要的。

我已经讲过，科学解释显然关联着从一个真理导出另一个真理，[27] 但解释比推导意味着更多，或者更少。仅从一个论断导出另一个论断，不一定能构成一个解释，正如我们看到的，有时两个论断的任何一个都可以从另一个导出来。1905年，爱因斯坦推测光子的存在，靠的是5年前普朗克提出的成功的热辐射理论；19年后，玻色(Satyendra Nath Bose)证明普朗克的理论可以从爱因斯坦的光子理论推导出来。解释跟推导不同，它带着独特的方向的感觉。我们强烈感到，光子理论比其他任何关于热辐射的论断都更基本，因而是热辐射的解释。同样，尽管牛顿导出他有名的引力定律部分是根据更早的描写太阳系行星运动的开普勒(Kepler)定律，[2] 我们还是说牛顿定律解释了开普勒定律，而不是相反。

谈论更基本的真理令哲学家感到不安。我们可以说，更基本的真理是那些在某种意义上更综合的真理，不过这一点也很难说得准确。但是，假如科学家不得不将自己限定在哲学家所满足的概念上，他们就太不幸了。没有哪个物理学家会怀疑牛顿定律比开普勒定律更基本，爱因斯坦的光子理论比普朗克的热辐射理论更基本。

科学解释也可能比理论的推导说得更少，因为即使不能从原理导出什么来，我们还是可以说某个事实能用那个原理来解释。根据量子力学的法则，我们能导出简单原子和分子的各种性质，甚至还能估计像粉笔里的碳酸钙那么复杂的分子的能级。伯克利的化学家沙弗尔(Henry Shaefer)报告说，"对于许多涉及像萘那样的大分子的问题，[28]

如果人工的理论方法运用得巧妙，那结果同样可以看作可靠实验的结果。"[1] 但是，对于像蛋白质那样真正复杂的分子，实际上没人能解量子力学方程以得到具体的波函数或精确的能量。然而，我们一点儿也不怀疑量子力学的法则能够"解释"那些分子的性质。这部分是因为我们能用量子力学导出简单系统（如氢分子）的具体性质，另外还因为我们有现成的数学法则，它允许我们能以任何需要的精度去计算任何分子的一切性质，只要有足够强大的计算机和足够充分的计算时间。

　　甚至，即使有时候没有把握导出什么东西，我们还是可以说某个事实被解释了。眼下，我们不知道如何用我们的基本粒子标准模型去计算原子核的具体性质；即使有了任凭我们使用的具备无限计算能力的计算机，我们也说不准该如何进行计算。[3]（这是因为核力太强，原子和分子的计算技术没用了。）不管怎么说，我们相信，原子核的性质是因为已知的标准模型的原理才成为那样的。这个"因为"与我们实际的推导能力无关，只不过反映了我们对自然秩序的信念。

　　维特根斯坦（Ludwig Wittgenstein）不相信一个事实能以任何其他事实为基础来解释，他警告说，[2]"在整个现代世界观的基础存在着一种错觉，把所谓的自然定律作为自然现象的解释。"[4] 这话令我感到沮丧。对物理学家说自然定律不是自然现象的解释，就像告诉走近猎物

---

1. H. F. Shaefer Ⅲ，"Methylene : A Paradigm for Computational Quantum Chemistry"，*Science* 231（1986）：1100.

2. L. Wittgenstein，*Tractatus Logico-Philosophicus*，trans.D. F. Pears and B. F. McGuiness（London : Routledge，1922），p.181.维特根斯坦（1889～1951）是分析哲学的创始人，他的早期思想对逻辑实证主义有着决定性的影响，那也是极大影响了物理学的哲学。这里的话见《逻辑－哲学论》6.371节。（后面接着说，"所以，当代人们站在自然律面前，就像古代人们站在神和命运面前一样，把它视为某种神圣不可侵犯的东西。"）商务印书馆1996年出版了贺绍甲从作者所引英译修改本翻译的中文本。——译者

的老虎，所有的肉都是草。我们的科学家不知道怎样才能以哲学家认同的方式来表达他们为寻找科学解释所做的事情，这是事实，但它并不意味着我们做的事情是毫无意义的。物理学家能在专业哲学家的帮助下明白自己在做什么，但不论有没有那种帮助，我们都要一直做下去。

粉笔的每一种性质——它的脆性、它的密度、它的电阻，都可以像上面那样一路"为什么"地问下去。不过，还是让我们从另一道门走进那解释的迷宫——考虑粉笔的化学。正如赫胥黎讲的，粉笔差不多就是苏打，照现在的话说，也就是碳酸钙。赫胥黎没那么说，不过他可能知道这种由钙、碳和氧依照固定(质量)比例所组成的东西——3种元素的比例分别为40%、12%和48%。

为什么？为什么我们看到的化合物正好是钙、碳、氧依照那种比例组成的，而没有其他更多的元素，依照不同的比例？化学家在19世纪就根据原子理论找到答案了，那时还没有任何关于原子存在的直接证据呢。钙、碳、氧原子的质量比是40：12：16，而1个碳酸钙分子包含了1个钙原子、1个碳原子和3个氧原子，所以3种元素在碳酸钙分子里的质量比是40：12：48。

为什么？为什么不同元素的原子具有我们观测到的那些质量？为什么分子只能由每种元素的一定数目的原子组成？在19世纪人们就已经知道，分子(如碳酸钙)中每种元素的原子数原来决定于分子中原子之间的电荷交换。1897年，汤姆逊(J. J. Thomson)发现，这些电荷由名叫电子的带负电的粒子所携带。电子比整个原子轻得多，也是 30

通常以电流形式流过导线的那种粒子。仅靠原子里的电子数就能将一种元素与另一种元素区别开来：氢是1个，碳是6个，氧是8个，钙是20个，等等。把量子力学法则用于粉笔的组成，可以看到，钙原子和碳原子很容易分别"拿出"2个电子和4个电子，而氧原子很乐意"捡起"2个电子。于是，在每个碳酸钙分子里，3个氧原子捡起钙原子和碳原子拿出的那6个电子，电子数正好不多也不少。[5]分子能约束在一起，靠的正是由这些电子转移所产生的电力。那么原子的质量呢？自卢瑟福1911年的实验以来，我们已经知道原子的几乎所有质量（或重量）都集中在一个很小的带正电的核心，核的周围环绕着电子。在经过了模糊混乱的认识过程以后，人们终于在20世纪30年代发现原子核由质量接近的两种粒子组成：质子和中子。质子带正电荷，数量与电子电荷相等；中子没有电荷。氢原子核就是一个质子。为了保证原子是电中性的，质子数必须等于电子数；[6]另外还需要中子，因为质子与中子间的强大吸引力才能把原子核束缚起来。中子和质子几乎

31 一样重，电子则轻得多，所以，在很好的近似下，原子的质量正比于核内中子和质子的总数：氢为1（1个质子），碳为12，氧为16，钙为40，这些量在赫胥黎时代就知道了，但那时不知道为什么。

为什么？为什么会有中子和质子，一个中性，一个带正电，质量相近却比电子重得多？为什么它们会那么强烈地吸引在一起，形成一个比原子本身小10万倍的原子核？我们还是到今天的基本粒子的标准模型里去寻找解释。最轻的夸克叫 u 和 d（即上和下），电荷分别为 $+2/3$ 和 $-1/3$（以电子电荷为 -1）；质子包含着2个 u，1个 d，从而电荷为 $2/3+2/3-1/3=+1$；中子包含着1个 u，2个 d，从而电荷为 $2/3-1/3-1/3=0$。质子与中子的质量几乎相等，是因为它们的质量大部分来

自把夸克束缚在一起的强力，而那力对 u 夸克和 d 夸克来说是相同的。电子轻是因为它对强力没有感觉。所有这些夸克和电子都是不同场的能量束，它们的性质是由那些场的性质决定的。

于是，我们又来到标准模型。实际上，不论关于碳酸钙的什么化学和物理学性质的问题，都会领着我们走过一条"为什么"串联的路，然后落脚到同一个源头：今天的基本粒子的量子力学理论，我们的标准模型。物理学和化学还好说，但是，如果像生物学那样"更强硬"的科学，情况会怎样呢？

我们那支粉笔不是理想的碳酸钙晶体，但也不是空气那样杂乱的一堆分子。实际上，正如赫胥黎在诺里奇讲话里解释的，粉笔(也就是白垩)里藏着小动物的骨架，那些小动物从古海洋里汲取钙盐和二氧化碳，拿这些化学物质做原料，在柔软的身体外塑起一个小小的碳酸钙的躯壳。用不着想我们就知道那对它们是有好处的 —— 没有保护的蛋白质躯体在海洋里并不安全。不过，这事实本身还没有解释为什么动植物靠生长碳酸钙那样的硬壳来自我保护；它需要那样，但获取是另一回事。答案来自赫胥黎曾大力宣扬和捍卫的达尔文和华莱士(Wallace)[1]的研究。生命表现出遗传性的变化，有些有益，有些无益。不过，容易生存的却是那些偶然获得了好的变异的生命，它们又把那些特征传给下一代。但是，为什么会有那些变异，它们又为什么能遗

32

---

1. Alfred Russell Wallace(1823～1913)是生物地理学的创始人。1858年，当达尔文正在完善他的"自然选择"学说时，收到华莱士寄来的论文，里面包含着他的中心思想。为了不使华莱士的发现被埋没，达尔文把经过告诉了当时的两位大科学家 —— 第一次把理性带进地质学的赖尔(Sir Charles Lyell)和植物学家胡克(Sir William Jackson Hooker)，把那篇论文和自己更早的东西一同发表了。这是科学史上的一段佳话。—— 译者

传给后代呢？这个问题终于在20世纪50年代通过DNA的结构得到了解决。DNA是一种很大的分子，像一个模板，氨基酸靠它聚合成蛋白质。DNA分子是一个双螺旋，每根螺旋上的化学单元序列就是它包含的遗传信息的密码。双螺旋分裂时，每根螺旋都自我复制一回，遗传信息也就传递下去了；如果某个偶然事件破坏了构成螺旋的化学单元，遗传性的变异就可能发生。

只要落到化学的水平，其余的事情就相对更容易了。当然，DNA很复杂，不可能用量子力学的方程去解它的结构。不过，那个结构通过普通的化学法则就能很好地认识，而且，如果有足够强大的计算机，没人会怀疑我们原则上能解释DNA的一切性质 —— 那不过就是求解几个普通元素的原子核和电子的量子力学方程，而它们的性质却是标准模型解释的。于是，我们又来到解释箭头会聚的同一点了。

我掩盖了生物学与物理学间的一个重要区别：历史因素。如果我33 们说的是"多佛尔(Dover)海滨那白色的悬崖"[1]或者"赫胥黎手上的那样东西"，那么，白垩或者粉笔的组成，40％的钙、12％的碳和48％的氧，就能在普遍性和历史性的事件的混合里找到解释，在我们的行星或赫胥黎的生命历史中发生的偶然事件里得到解释。我们说可以希望用自然的终极定律来解释，实际上说的是一些普遍性。其中一个普遍性说，(在足够低的温度和压力下)存在一种精确依照钙、碳、氧的那个比例结合的化合物。我们认为这个论断在宇宙的任何地方和一切

---

1. 多佛尔海滨的白色悬崖证明在9000万年前存在着横过不列颠甚至俄罗斯的热带海洋，在那里的白垩中，我们可以看到大量海洋生物的化石，如海胆、海葵、海星，还有鲨鱼的牙齿和一些统称为"箭石"的头足类软体动物的化石。—— 译者

时间里都是正确的。同样，我们也可以对DNA的性质提出某个普遍的论断，但是，在地球上之所以能存在那些靠DNA把随机变异一代代传下去的生命，却是因为历史上的某些偶然事件：存在一个地球那样的行星，生命和遗传不知怎么在那里开始出现，而且有足够漫长的时间演化下去。

涉及历史因素的不止生物学一家。其他好多学科也是那样的，如地质学和天文学。我们还是再把那支粉笔拿起来，现在我们要问，为什么地球上会有那么多的钙、碳和氧的原材料来满足形成粉笔的化石硬壳？那很容易 —— 这些元素在整个宇宙的大多数地方都是很普通的。但那又是为什么呢？我们还得求助于演化历史和普遍原理。利用基本粒子的标准模型，我们很好地把握了"大爆炸"理论中的核反应过程，算出在宇宙的最初几分钟形成的物质大约3/4是氢，1/4是氦，其他元素也零星有一点儿，大概都是像锂那样很轻的元素。这些就是[34]后来在恒星中形成重元素的原料。对恒星的后续核反应过程的计算表明，产生最多的是那些核束缚最紧的元素，那样的元素包括碳、氧和钙。恒星通过各种方式，如恒星风和超新星爆发，把这些原料撒向星际空间；正是从这样的星际介质(它在粉笔的组成里也是很多的)生成了第二代星体，如太阳和它的行星。不过这幅图景仍然依赖于一个假想的历史 —— 曾经发生过大致均匀的大爆炸，每一个夸克伴随着100亿颗光子。各类假想的宇宙学理论正在努力解释这个假定，而那些理论也还在等着别的历史图景呢。

现在还不太清楚，我们科学中的这种普遍性和历史性的因素是不是一个永恒的特征。不论是在牛顿力学还是在现代量子力学，条件与定律都是明确分立的。条件告诉我们系统的初始状态（系统是整个宇宙呢抑或是它的一部分），而定律决定系统后来的演化。但是，初始条件最终也可能成为自然律的一部分。这怎么可能呢？一个简单例子是所谓稳恒态宇宙学，那是邦迪(Herman Bondi)和哥尔德(Thomas Gold)以及霍伊尔(Fred Hoyle)以不大相同的形式分别在 20 世纪 40 年代后期提出的。在这幅图景里，尽管星系相互在飞速离开（这一点常被人误会为宇宙在膨胀[1]），但新物质却在不断地生成来填补膨胀星系间的空间，物质的生成速率刚好让宇宙显得没有一点儿变化。我们没有可信的理论能说明那连续的物质创生是如何发生的。不过，假如我们有了那样一个理论，我们也许可以用它来证明宇宙膨胀会趋向于某个平衡速率，那时创生正好抵消了膨胀，这有点儿像通过物价来协调供求关系。这样的稳恒态理论中，没有初始条件，因为没有开始；反过来，我们却可以通过宇宙不发生改变的条件来导出它应有的表现。

原来形式的稳恒态宇宙学已经完全被各种天文学观测否决了，其中主要的是 1964 年微波背景辐射的发现，那些辐射似乎是过去更热更紧密的宇宙遗留下来的。也许在未来的某个宇宙学理论中，今天的宇宙膨胀不过是永久而持续波荡的宇宙的一个涨落，平均说来宇宙并没有改变。这样，在大尺度上，稳恒态的思想还可以保留下来。初始条件也许哪天还能通过某些更微妙的路线从终极定律推导出来。哈特尔(James Hartle)和霍金(Stephen Hawking)已经指出一个方向，如果把量子力学用于整个宇宙，就可能发现历史和物理会走到一起。量子宇宙学今天还是理论家们激烈争论的话题，不论概念的还是数学的问

35

---

1. 说宇宙在膨胀容易产生误会，因为太阳系和银河系没有膨胀，空间本身也没有膨胀。星系飞速离开是因为任何粒子云一旦开始彼此分离，就会一直那样远离下去。

题都很困难，我们似乎还得不出什么确定的结果。

不论怎样，即使自然定律最终能包容或者导出宇宙的初始条件，我们还是永远不可能清除像生物学、天文学和地质学里的那种偶然和历史的因素。古尔德(Stephen Gould)曾用不列颠哥伦比亚的伯吉斯(Burgess)页岩里的古怪化石来说明地球上生命演化的模式几乎没有什么必然性。[1]哪怕一个很简单的系统，也能表现出所谓混沌的现象，使我们预言它未来的努力化作泡影。在混沌系统里，几乎相同的初始条件可以在片刻引出全然不同的结果。实际上，在20世纪初，人们就已经知道简单系统可能出现混沌；那时数学家和物理学家庞加莱(Henri Poincaré)证明，即使像两颗行星的太阳系那么简单的系统，也会生成混沌。我们很多年前就懂得了，土星环的黑暗缝隙正好出现在轨道粒子被环的混沌运动所排斥的地方。混沌研究的新奇和动人不在于发现混沌的存在，而在于发现一定类型的混沌运动表现出了某些可以用数学来分析的普遍性质。

混沌的存在，不是说土星环那样的系统行为就完全不能由运动定律、引力定律和初始条件来决定，而只是说明有些事情的演化(如环间空隙的粒子轨道)不是我们实际所能计算的。说得更准确一点，混沌的出现意味着，不论以多大的精度决定初始条件，我们最终还是会失去预言系统行为的能力；但是另一方面，对于一个牛顿定律统治的

---

1. S. J. Gould，*Wonderful Life:The Burgess，Shale and the Nature，of History*(New York：Norton，1989).(东北美洲的伯吉斯页岩是约5.3亿年前的寒武纪地层。1909年秋，Charles Doolittle Walcott在那儿发现了大量软体动物化石。据后来几十年的研究，化石包括了120多种海洋无脊椎动物。最令人感兴趣的问题是，其中的10多个属还没能与已知的种属联系起来，它们似乎是不应该出现的。——译者)

物理系统，不管我们想预言它在多远的未来的行为，总可以在某个初始条件允许的精度下实现那个预言。(打比方说，不论我们给汽车加了多少油，它总有耗尽的时候；但不论我们想走多远，总还会有达到那里所需的油量。)换句话讲，混沌的发现并没有清除量子力学以前的物理学的决定论，但是，如果现在讲那种决定论的意义，混沌确实使我们不得不谨慎一些了。在同样的意义上，量子力学的决定论也不同于牛顿力学的；海森伯(Heisenberg)的不确定性原理警告说，我们不能同时精确测量粒子的位置和速度，而且，即使在某个时刻进行了所有可能的测量，我们所能预言的也只能是实验结果在后来任何时刻出现的概率。尽管如此，我们会看到，在量子力学里，仍然可以在某种意义上说任何物理系统的行为是由它的初始条件和自然律完全决定的。

当然，不管原则上存在什么样的决定论，在我们面对像股市或生命那样真正不那么简单的系统时，它帮不了我们多少。历史上偶然事件的发生，使我们总有永远也不可能解释的东西。关于现代地球生命形态的任何解释，都必须考虑6 500万年前的恐龙灭绝，现在人们流行用彗星的撞击来解释那灭绝，但谁也解释不了为什么彗星正好在那个时候撞上地球。科学最大的愿望是能将所有自然现象的解释都溯源到终极定律和历史事件。

偶然的历史事件钻进科学，还意味着我们必须小心认识我们需要那些终极定律来做什么样的解释。例如，当牛顿第一次提出他的运动和引力定律时，反对者们说，这些定律并没有解释太阳系的那个显著的规律：所有行星在同一方向上绕着太阳旋转。今天我们知道，那是历史的问题。行星沿相同方向围绕太阳旋转，源于太阳系特殊的形成方式——太阳是从一个旋转的气体盘"浓缩"出来的。我们不能指望单从运动和引力定律导出这个结果。定律与历史的分离是很难捉摸的事情，我们在前进的过程中一直在学着怎么做。

当然，我们今天认为很任意的初始条件可能最终能从普遍原理推导出来；反过来看，我们今天所谓的那些普遍原理的定律到头来也可能不过是偶然历史事件的表现。最近，许多理论物理学家正在考虑，我们通常说的宇宙，那个朝各个方向扩张了至少100亿光年的星系云团，不过是一个大得多的巨宇宙的一小部分——那个巨大的宇宙由许多这样的部分组成，在每一个部分里，我们所谓的自然常数(如电子的电荷、基本粒子的质量比，等等)可能具有不同的数值。甚至我们现在讲的自然定律也要从一个小宇宙变到另一个小宇宙。那样一来，我们发现的关于定律和常数的解释，也可能包含着一个不可能还原的历史因素：我们偶然地生在这样一个特殊的小宇宙。但是，就算这种思想是有意义的，我还是认为我们不必放弃寻找大自然终极定律的梦想；那将是一个大定律，决定着不同类型的小宇宙出现的概率。科里曼(Sidney Coleman)等人把量子力学用到整个大宇宙来计算那个概率，已经向前迈出了勇敢的几步。应该说，这些都还是悬想，还没树立完整的数学形式，到今天也没有任何实验支持。

以上我坦白了把我们引向终极定律的解释链中存在的两个问题：[39] 一个是偶然的历史事件，一个是复杂性——因为复杂性，即使只考虑普遍原理，不管那些历史因素，我们实际上也不可能解释所有的事情。还会遇到的另外一个问题，与那个老掉牙了的词儿"突现"有关。

从复杂性越来越高的水平看世界，会突然出现一些现象，在简单水平上(至少在基本粒子的水平上)找不到与它们对应的东西。例如，在单个的活细胞里，没有像智能的东西；在原子和分子水平也没有生命。物理学家安德森(Philip Anderson)在1972年的一篇题为《更多意味着不同》的文章里，[1]很好地把握了"突现"的精神。新现象在复杂性高的水平出现，最明显的表现在生物学和行为科学的领域，但应该认识到，这样的"突现"并不代表生命或人类行为有什么特殊的地方，它的发生还是物理学的。

在物理学历史上，最重要的"突现"例子是热力学，关于热的科学。卡诺(Carnot)、克劳修斯(Clausius)等人在19世纪建立热力学的时候，它还是一门"自治"的学科，不是从粒子和力的力学导出来的，而是在熵和温度等概念的基础上建立起来的，那些概念在力学里找不到相应的伙伴。只有热力学第一定律(能量守恒定律)，在力学和热力学间搭起一座沟通的桥梁。热力学的核心原理是第二定律，依照这个定律(在某个形式下)，物理系统不但有能量和温度，还有某个叫熵的量，[7]在任何封闭系统内，熵总是增大的，当系统处于平衡时达到最大。[8]正因为这个定律，太平洋才不会自发地将能量传给大西洋，让自己结冰，而让大西洋沸腾。这个过程没有违背能量守恒，它被禁止是因为它会把熵减少。

19世纪的物理学家一般都把热力学第二定律当作公理，它来自经验，是其他任何自然定律的基础。在当时，这不是没有道理的。人

---

1. P. Anderson，"More is Different"，Science 177 (1972)：393.

们看到，热力学在迥然不同的领域发挥着作用，从蒸汽的行为(那也是热力学的起点)到凝固和沸腾，到化学反应。[今天，我们还可以举出一些更奇特的例子：天文学家发现，在银河系和其他星系里，球状星团的星云的行为就像一团有特定温度的气体；贝肯斯坦(Jacob Bekenstein)和霍金的研究在理论上证明，黑洞具有正比于其表面面积的熵。]假如热力学就是那个普遍原理，那么如何能够逻辑地把它跟具体类型的粒子和力的物理学联系起来呢？

到了19世纪的下半叶，新一代的理论物理学家[包括苏格兰的麦克斯韦、德国的玻尔兹曼(Ludwig Boltzmann)和美国的吉布斯(Josiah Willard Gibbs)]通过他们的工作证明了，热力学原理实际上可以从数学推导出来。推导的方法是分析某些系统的组成形式的概率，在那样的系统里，能量在大量的子系统之间分配 —— 例如对气体来说，能量就在组成它的所有分子间分布。(纳格尔曾以此作为从一个理论导出另一个理论的典型例子。[1])在这样的统计力学中，气体的热能就是它的粒子的动能；熵是系统无序的度量；热力学第二定律表达了孤立 41 系统走向更无序的演化趋势。假如所有海洋的热量都流向大西洋，那意味着有序的增加，所以是不可能发生的。

19世纪八九十年代间，发生了一场论战，一方是新统计力学的支持者，另一方则坚持热力学的逻辑独立性，如普朗克和化学家奥斯瓦尔德(Wilhelm Ostwald)。[2]策默罗(Ernst Zermelo)走得更远，他说，因

---

1. E. Nagel, *The Structure of Science*, pp. 338~345.
2. 关于这场论战的故事，见 Stephen Brush, *The Kind of Motion We Call Heat*(Amsterdam：North-Holland，1976)，特别是1.9节。

为基于统计力学，熵不大可能但不是不能减小，所以统计力学赖以为基础的关于分子的假定一定是错的。20 世纪初，原子和分子的实在性被普遍承认了，统计力学也赢得了论战的胜利。不过，尽管热力学已经通过粒子和力的思想得到了解释，它仍然在同温度和熵那样突兀的概念打交道，在单个粒子的水平上，这些概念将失去意义。

热力学更像一种推理模式，而不太像一个普遍的物理学定律体系；不论它用在哪里，我们看到的都是同样的原理；但是，热力学为什么能用于任何特殊系统，却要根据系统包含的内容细节，用统计力学的方法以"导出"的形式来解释，这必然会把我们引到基本粒子的水平上来。[9] 以我前面用过的解释箭头的图景来说，我们可以把热力学看成一定的箭头组合，它们不断出现在不同的物理背景下，但是不论这种解释模式出现在哪里，箭头总能通过统计力学的方法追溯到更深的定律，最终到达基本粒子物理学的原理。这个例子说明，一个科学理论能解释众多不同的现象，并不意味着它有什么自治的能脱离更深的物理学定律的东西。

42　　　同样的道理也适用于其他物理学领域，如与混沌和湍流相关的题目。在这些领域工作的物理学家也发现了一些反复出现在迥然不同的背景下的行为模式，例如，对于各种类型的湍流 —— 不论普季特湾 (Puget Sound) 的洋流，还是过路星体产生的星际气体流 —— 不同尺度旋涡的能量分布似乎存在着某种普遍性特征。但是，并不是所有的流体运动都是湍流，而湍流发生时也不总是表现那些"普遍性"。不管解释湍流的普遍性的数学理由是什么，我们还得去解释为什么那些数学能用于任何特殊的湍流流体，这个问题不可避免地需要偶然因素

和普遍规律来回答 —— 偶然的是波浪的速度和水槽的形状；普遍的是流体的性质和运动的定律 —— 而它们必须由更深层的定律来解释。

生物学也是一样的。在这里，我们所看到的大多数事情都依赖于历史的偶然事件，不过还存在某些粗略的普遍性模式。例如，种群生物学的一个法则表明，不同性别的出生数趋于相等。[1930 年，遗传学家费歇尔 (Ronald Fisher) 曾经解释，假如某个物种出现了雄性多于雌性的出生趋势，那么任何使个体趋于产生更多雌性后代的基因就会在整个种群间扩散，因为携带这种基因的个体的雌性后代在寻求配偶时遭遇的竞争会少一些。] 这样一个法则适用于大量的物种，也许还适用于其他行星的生命，假如它们的出生也分性别的话。引出这些法则的理由，不论对人还是鸟或者地球外面的什么，都是一样的，不过那理由总依赖于一定的关于有机体的假设。如果问为什么那些假设是对的，我们必须从历史事件和 DNA 那样的普遍性 (在其他行星可能由别的什么来取代它) 去寻找答案，那反过来必然需要物理和化学来解释。因而还是离不开基本粒子的标准模型。

这一点可能有些模糊，因为，在热力学、流体力学或者种群生物学里，科学家在各自领域使用特殊的语言，他们说熵、旋涡或者生殖的适应性，而不说基本粒子的语言。这不仅是因为我们不能用第一原理去实际计算复杂的行为，也反映了我们关于这些现象有不同的问题类型。即使我们拥有一台巨型计算机，能跟踪潮汐或果蝇的每个基本粒子的历史，那堆积如山的计算结果也没多大用处，我们仍然不知道那水是不是湍流，那果蝇是否还活着。

　　没有理由认为科学解释的会聚必然导致科学方法的合流。不论我们从基本粒子那儿学会什么，热力学、混沌和群落生物学还将继续说自己的语言，遵从各自的法则。正如化学家霍夫曼 (Roald Hoffman) 说的，"大多数有用的化学概念 …… 是不精确的。当归结到物理学时，它们都将趋于消失。"[1] 普里玛斯 (Hans Primas) 在批评那些想把化学还原为物理学的人时，曾列举了一些可能在那种还原中失去的有用的化学概念：化合价、键结构、定域轨道、芳香性、酸性、色、味和防水性。[2] 如果化学家们认为这些东西有用或者有趣，我不知道有什么理由不让他们继续那样说下去。但是，他们能继续那么做，也不能怀疑这样的事实：一切化学概念之所以那样，原因在于背后的关于电子、质子和中子的量子力学。像泡林 (Linus Pauling) 讲的，"从基本理论说，化学没有哪个部分不依赖于量子理论。"[3]

　　我们想用解释的箭头把所有经验领域与物理学原理联系起来，但是在人类的意识问题上，我们遭遇了最大的困难。我们能直接知道自己的意识活动，不需要凭借任何感觉的中介，那如何能够把它带进物理学和化学的领地呢？在剑桥大学做过卡文迪什 (Cavendish) 讲座教授 (那曾是麦克斯韦的讲席) 的物理学家皮帕尔德 (Brian Pippard) 这样说过："要理论物理学家从物理学原理导出某个复杂结构知道其自身的存在，即使有了无限能力的计算机，也肯定是不可能的。"[4]

1. R. Hoffman, "Under the Surface of the Chemical Article", *Angewandte Chemie* 27 (1988)：1597~1602.
2. H. Primas, *Chemistry, Quantum. Mechanics, and Reductionism*, 2nd ed(Berlin:Springer-Verlag, 1983).
3. L. Pauling, "Quantum Theory and Chemistry", in *Max Plank Festschrift*, ed. B. Kockel, W. Mocke, and A. Papapetrou (Berlin：VEB Deutscher Verlag der Wissenschaft, 1959), pp.385~388.
4. Brian Pippard, "The Invincible Ignorance of Science", 1988年1月28日在剑桥所做的爱丁顿纪念演说, *Contemporary Physics* 29 (1988)：393.

　　我得承认，这个问题在我看来是很可怕的，我对这种事情没有一点儿专门的经验。不过，我想我不同意皮帕尔德和其他同样立场者们的观点。显然存在着某种与意识相关的东西，文艺批评家可能称之为客观；当我的意识思想发生改变时，我发觉头脑和身体里会有相关的物理学和化学的变化（可能是原因，也可能是结果）。高兴的时候我想笑；激动的时候我热血沸腾；一觉醒来，我的大脑会出现跟睡时不同的电波；有时候我还讲自己的思想。这些本身都不是意识，我不可能用微笑或脑电波或荷尔蒙或语言来表达什么东西感觉起来像幸福或悲伤。不过，暂时把意识放到一边，我们有理由假定这些与意识相关的客体可以用科学的方法来研究，最终也能用大脑和身体的物 45 理学和化学来解释。（我说"解释"，不一定意味着我们能预言每一件事情，但我们能明白为什么微笑，为什么脑电波和荷尔蒙是那样活动的——这就像我们尽管不能预言下个月的天气，但还是知道天气为什么是那样的。）

　　在皮帕尔德自己的剑桥，有一个以生物学家布雷纳(Sydney Brenner)为首的生物学家小组，他们已经完成了一种小线虫(C. Elegans)的神经系统网络图，因此，在一定意义上他们也有了理解那种小虫的一切行为的基础。（到现在我们还缺少一样东西，就是以这个网络图为基础的能产生我们观察到的线虫行为的模型。）当然，虫不是人。但在虫与人之间，包括昆虫、鱼、老鼠和猿，动物的神经系统是连续地从简单趋向复杂的。哪里是它们的界线呢？[10]

　　假如我们要从物理学（包括化学）认识与意识相关的客体，而且还会懂得它们如何演化成现在的样子，那么，我们有理由希望，在这些与意识相关的客体得到解释以后，我们会在解释的某个地方发现某个生成信息的物理系统，那信息正好相应于我们对意识的感觉，也就是赖尔 (Gilbert Ryle) 所谓的"机器里的魔鬼"。[1] 那可能不是意识的解释，但离解释也很近了。

关于基本粒子的任何新发现未必能够促进其他科学领域的进步。但是，我在这里并不太关心科学家做了什么，因为那不可避免地反映了人类的极限和人们兴趣的局限；我更多关心的是建立在自然本身的逻辑秩序(这一点我已经说过了，现在重复一遍；以后还要说)。正是在这个意义上，我们才能说物理学的分支(如热力学)跟其他科学(如化学和生物学)都建立在更深层的定律之上，特别是在基本粒子物理学的定律上面。

我这里说自然的逻辑秩序，是站在哲学史家所谓的"实在论者"的立场 —— 那当然不是现代意义的现实主义者，只讲现实，没有幻想；而是一个古老的信念，相信抽象概念的实在性。[2] 中世纪的实在论者相信柏拉图形式的共相实在性，[3] 而反对像奥卡姆的威廉 (William of Ockham)[4] 那样的唯名论者；唯名论者认为概念不过只是名字而已。(我的"实在论者"的用法，也许会令我喜欢的一个作者高兴 —— 维多利亚时代的吉辛，他曾希望"除了经院哲学的作家们所赋予的恰当意义而外，*realism* 和 *realist* 大概不会再被人使用

---

1. G. Ryle, *The Concept of Mind* (London : Hutchinson, 1949).
2. 在英文里，"实在论者"与"现实主义者"是同一个词(realist)，所以作者需要区别。—— 译者
3. 共相(universal)简单说就是普遍性的真理所具有的那个"本相"。—— 译者
4. 奥卡姆的威廉就是以"奥卡姆剃刀"闻名的奥卡姆(Occam,1285？~1349？)，是中世纪唯名论哲学的代表。—— 译者

了。"[1]）我当然不想站到柏拉图一边去争论。我这里讲的是为了自然定律的实在性 —— 与现代实证论者相反，他们认为只有直接观察到的东西才是实在的。

当我们说一样东西是实在的，那只不过表达了某种尊重。我们的意思是，那样的东西必须认真看待，因为它可能以我们不能完全控制的方式影响我们；而且，如果不付出超乎想象的努力，我们不可能认识它。举一个哲学家们喜欢的例子，如我坐着的椅子，对它来说正是那样；当我们说"椅子是真实的"时，只不过表达了我们的某个意思，并不构成椅子是实在的证据。作为物理学家，我认为科学解释和科学定律本来就是那样，并不能随我的脚步构造出来。所以，我与这些定律的关系跟我与椅子的关系没有多少不同，于是我说自然定律 47 （我们现在的定律只是它的近似）也是实在的。当某个自然定律不是我们想的那样时，这种说法会更有力量，就像我们发现那椅子不在原来的地方。不过我承认，我对"实在"的情愿，有点儿像劳埃德·乔治(Lloyd George)喜欢高贵的头衔；[2] 从这里可以看出，在我看来一个名称不会产生多少差别。

如果我们跟遥远行星的其他智慧生命联络 —— 他们也发现了自然现象的解释 —— 那么关于自然定律的实在性的讨论也许会变得不那么有学术味儿。地外生命会发现跟我们一样的自然律吗？不论他们

1. G. Gissing, *The Place of Realism in Fiction*, *Selections Autobiographical and Imaginative from the Works of George Gissing*(London：Jonathan Cape and Harrison Smith,1929)，p.217.［吉辛(George Robert Gissing，1857～1903)一生穷困潦倒，写过20多本书，最有名的是《新格鲁勃街》(*New Grub Street*)，而最令人难忘的是《赖伊克罗夫特的笔录》(*Private Papers of Henry Ryecroft*)。—— 译者］
2. Lloyd George(1863～1945)在第一次世界大战期间任英国首相(1916～1922)，他的称号是1st Earl of Dwyfor。—— 译者

发现什么样的定律，当然都以不同的语言和概念来表达，但我们还是要看他们的定律与我们的定律是否存在某种对应。如果有，那就很难否定这些定律的客观实在性了。

当然我们不知道会是什么答案，不过我们已经看到了类似的问题在地球上有了小尺度的证明。我们所说的现代物理科学恰好是 16 世纪末在欧洲兴起的，怀疑自然律的实在性的人可能以为，既然世界不同地域的人有各自的语言和宗教，那么他们也应有自己的科学传统，从而最终产生完全不同于欧洲的物理学。当然不是那么回事：现代日本和印度的物理学同欧洲、美洲的物理学是一样的。我承认，这点论证不能完全令人满意，因为不论是军队组织还是牛仔裤，整个世界在其他方面都受过西方文明的重大影响。然而，我在筑波和孟买的研讨班听过量子场论和弱相互作用的讨论，那经历使我深深地感到，物理学定律有其自身的存在形式。

科学解释最终要会聚到一起，这个发现对科学家以外的人也有着深远的意义。在科学主流的两岸，孤零零地散布着一些小池塘，中庸一点，我大概可以说它们是"潜科学"，如看星相的、算命的、隔墙取东西的、心灵感应的以及特创宇宙之类的东西。如果其中哪样东西得到了证实，那将是世纪大发现，比如今进行的任何一样普通的物理学工作都更重要，也更激动人心。那么，假如有什么教授、电影明星或者时尚图书宣布某个"潜科学"找到证据了，思想健全的公民该得出什么结论呢？

现在，一般的答案是，那些证据必须以开放的思维来检验，而不能拿预先的理论概念来评判。我认为这个答案没什么作用，不过这种观点似乎很普遍。我在一次电视访谈中说过，相信占星术就背离了一切现代科学。[1] 后来，我收到一封礼貌的来信，写信的曾是新泽西的化学家和冶金学家，他来信批评我，说我没有研究占星术的证据。安德森最近也有同样的遭遇。[2] 他不相信什么"千里眼"和心灵感应，结果受到普林斯顿的同事贾汉(Robert Jahn)的反驳——那时正在做他所谓的"与意识有关的反常现象"的实验。[11] 贾汉抱怨说，"尽管他(安德森)的办公室离我只有几百米，他却没来过我们的实验室，没跟我直接讨论过他的想法，甚至显然没有用心读过一篇我们的专业论文。"[3]

　　贾汉和新泽西的那位化学家以及他们的同路人忽略了一样东西，[49] 那就是科学知识的关联。我们并不是什么都懂了，但我们懂的东西足以使我们相信在我们的世界里没有心灵感应或占星术的落脚点。什么样的从头脑发出的信号能移动遥远的物体却不能影响附近的科学仪器？占星术的捍卫者们有时提出不容置疑的产生潮汐的日月效应，但其他行星的引力场效应却太小了，不可能在地球海洋产生可观测的效应，更不可能影响像人那样的小东西(我不想对此多说什么，不过同样的话也适用其他用标准科学去解释那些"潜科学"的尝试)。[12] 不论什么情形，占星家们所预言的不是那种来自某些微妙的引力效应的关系；占星家们不但宣扬行星的一定排列形式影响地球生命，而且宣扬它们对不同出生年月和时刻的人有着不同的影响！实际上，我想大多数相信占星术的人也不会认为它那样活动是因为引力或者其他物

1. B. Moyers , *A World of Ideas* , ed.B.S.Flowers(New York : Doubleday , 1989) , pp.249 ~ 262.
2. P. Anderson , "On the Nature of Physical Law" , *Physics Today* , December 1990 , p.9.
3. R. G. Jahn , letter to the editor , *Physics Today* , October 1991,p.13.

理的原因；我想，他们相信占星术是一门独立自主的科学，有自己的基本定律，不需要物理学或别的东西来解释。我们发现的科学解释图景的一大功绩就在于它向我们证明了，没有那样的自主的科学。

不过，我们难道不应该检验占星术、心灵感应或其他诸如此类的东西吗？—— 那样我们才能确信真没有与它们相关的东西。我一点儿也不反对别人去检验任何他喜欢的东西，但我不想解释为什么自己不做，也不向别人推荐那些事情。我们时刻会遇到许多新奇的可以追求下去的思想：不单是占星术之类的东西，还有许多离科学主流更近的思想以及其他堂堂正正在现代科学研究领域内的东西。说所有这些思想都必须彻底检验是没有意义的；没那么多时间。我每个星期会收到大约 50 篇粒子物理和天体物理的文稿，还有些文章和信件是关于各种"潜科学"的。即使我什么事情也不做，也不可能公正地评判这些思想。那我该怎么做呢？不光科学家，其实每个人都会遇到类似的问题。对所有的人来说，最好的判断只能是有些(也许是大多数)思想是不值得探究的。我们这样判断的最大帮助还是来自我们发现的科学解释的模式。

16 世纪，在墨西哥的西班牙殖民者开始向北进入得克萨斯，他们听说那里有几个满地黄金的城市 —— Cibola 七城。那时这话并不是没有道理。很少有人去过得克萨斯，每个人都可能以为那里有数不清的奇遇。但是，如果今天谁报告说在现代的得克萨斯的某个地方有 7 座黄金城，你会当真去探险，寻遍红河和里奥格兰德之间的每个角落，去找那些城市吗？我想，你会做出决断的：我们对得克萨斯已经了解得够多了，许多事情都探寻过、明白了，根本不值得去找那些神秘的黄金城。同样，我们发现的那幅连通和会聚的科学解释图景告诉我们，在大自然没有占星术，没有心灵感应，也没有特创的宇宙或其他任何迷信的东西。

第 3 章
为还原论欢呼

亲爱的，

你我都知道为什么夏日的天空那么蓝，

也知道为什么林间的小鸟唱得欢。

——M. 威尔逊《你和我》

也许你喜欢问为什么事情是那样的，根据某个科学原理你能得 51
到一个解释，然而你还问，为什么那原理是对的？像个淘气的孩子，
你总喜欢问为什么？为什么？为什么？那么迟早有人会说你是一个
还原论者。对不同的人，这个词有不同的意思，不过我想每个人讲的
还原论都有一点共同的东西，那就是层次的意义。一些真理不像能导
出它们的真理那样基本，如化学可以从物理学导出来。在科学政治里，
还原论成了标准的坏东西；最近，加拿大科学理事会批评加拿大农业
事务协调委员会被还原论者垄断了。[1]（大概科协认为协调委员会过分 52
强调了植物的生物学和化学。）基本粒子物理学家特别容易被说成还
原论者，他们跟其他科学家的关系常常因为人们对还原论的厌恶而
恶化。

---

1. *Science*, August 9, 1991, p.611.

还原论的反对者们来自不同的意识形态领域。最合理的一端是那些反对还原论的原始形式的人。我同意他们的观点。我想自己是一个还原论者,但我不认为基本粒子物理学的问题就是科学甚至物理学中唯一有趣和重要的问题;我不认为化学家就该放下他们手中的事情而投入到解决不同分子的量子力学方程;我不认为生物学家该忘却整个植物和动物而只考虑细胞和DNA。对我来说,还原论不是研究纲领的指南,而是对自然本身的态度。它多少不过是一种感觉:科学原理之所以那样是因为更深层的原理(以及某种情形的历史事件),而所有那些原理都能追溯到一组简单连通的定律。[1] 在科学历史的今天,接近那些定律的最佳途径似乎就是通过基本粒子物理学,不过那只是历史的巧合,而且是可以改变的。

在意识形态的另一端,是那样一些还原论的反对者,他们为自己所感觉的现代科学的荒芜而感到沮丧。不论他们和他们的世界在多大程度上还原为物质粒子和场及其相互作用,他们都觉得被那知识糟蹋了。陀思妥耶夫斯基(Dostoevsky)的地下人想象一个科学家告诉他,"大自然不需要向你请教,它才不管你想什么,不管你是不是喜欢,事实上你都必须接受它的定律 ……"他回答说,"老天!如果我因为某种理由不喜欢它们 …… 我还管它什么自然定律和算术?"[1] 最极端的是那些头脑里灌满整体论的人,他们对还原论的反应是相信灵魂的能量和生命的力量,那是不可能用寻常的非生命的自然定律来描写的。我不想拿现代科学激动人心的美妙来回答那些批评。还原论者的世界观的确是冷漠而没有人情味的,但事实上我们必须接受它,不是因为

---

1. 陀思妥耶夫斯基虚构了一个地下人,"这样的人不但可能而且一定存在于我们的社会"(作者题记),那人的日记就是《地下手记》(Notes from Underground)。这里引自第1部分第3章。—— 译者

我们喜欢，而是因为世界本来就是那样的。

在反还原论者中间，还有一群虽不那么公正却重要得多的人物。他们是科学家，但很厌恶谁说他们的科学分支有赖于更深层的基本粒子物理学的定律。

我为还原论跟一个好朋友争论过多年，他是进化论生物学家迈耶(Ernst Mayr)，曾提出了一个极好的生物物种的工作定义。争论始于1985年，他突然对我1974年为《科学美国人》写的一篇文章[1](关于别的事情)发难。我在那篇文章里提出，我们希望在物理学中发现几个简单的普遍定律，它们能解释为什么自然是那样的，而我们目前离那统一自然观最近的是基本粒子及其相互作用的物理学。迈耶在文章里说这是"一个可怕的物理学家思维方式的例子"，还说我是一个"极端的还原论者"。我在《自然》的一篇文章里回答了他，说自己不是极端的还原论者；我是一个中庸的还原论者。[2]

接下来是一封令人沮丧的信，迈耶在来信中列举了不同类型的还原论，我的特殊还原论也被列为异端。[3] 我不懂分类；他那些类型在　54我听来都差不多，而且没有一个说明了我的观点。另外，(在我看来)他似乎不理解我做出的区别：一个是充当科学进步的普遍描述的还原论，那不是我的观点；一个是作为自然秩序描述的还原论，我认为那当然是正确的。[2] 迈耶和我还是好朋友，但谁也不想试着改变对方了。

---

1. S. Weinberg，"Unified Theories of Elementary Particle Interactions"，*Scientific American* 231(July 1974)：50.
2. S. Weinberg，"Newtonianism"。
3. 关于这场争论，见 E. Mayr，"The Limits of Reductionism"和我的回答：*Nature* 331(1987)：475。

　　对国家研究计划来说，最严重的是来自物理学内部的反还原论。还原论者对基本粒子物理学的宣扬伤害了其他领域(如凝聚态物理学)的物理学家，他们觉得基本粒子物理学家在跟自己竞争国家基金。在粒子加速器上花几十亿美元造超级超导对撞机的提议，使这场争论更令人不快。1987 年，美国物理学会公共事务办公室主任指出，超级对撞机"也许是物理学会遇到过的最能引发纠纷的问题"。[1]那时，我在超级对撞机项目的监事会，我们一帮委员常常得做好多事情向公众 55 解释项目的目的。一个委员告诉我们，不应该让人觉得我们在认为基本粒子物理学比其他学科更基本，那会激怒其他物理学领域的朋友。

　　我们认为基本粒子物理学比其他物理学分支更基本，给人留下这样的印象，是因为它真是那样的。如果不坦率承认这一点，我不知道该如何为那么多的费用辩护。不过，我说基本粒子物理学更基本，并不意味着它在数学上更深刻，或其他科学领域的进步更离不开它，只不过说它离我们所有的解释箭头会聚的那一点更近些罢了。

　　有些物理学家对粒子物理学家的自负不以为然，贝尔实验室和普林斯顿的安德森是他们的一个代表。他是理论物理学家，提出过许多普遍深入的作为现代凝聚态物理学(关于半导体和超导体等物质的物理学)基础的思想。在 1987 年我参与的那个国会听证会上，他反对超导超级对撞机计划。他感到(我也有同感)国家科学基金会对凝聚态物理学的研究的资助太少了，他觉得(我也一样)许多研究生被粒子物理学的魔力迷惑了，他们本来可以在凝聚态和相关领域从事更有科

1. R. L. Park, *The Scientist*, June 15, 1987(原是 1987 年 5 月 20 日在美国物理学会年会"大科学与小科学"讨论会上的谈话)。

学意义的职业。但他接着说，"……它们(粒子物理学的结果)一点儿也不比图灵(Alan Turing)在计算机科学的发现更基本，也不比克里克(Francis Crick)和沃森(James Watson)发现的生命奥秘更基本。"[1]

一点儿也不更基本吗？这是安德森和我产生分歧的地方。我不 56 想谈图灵的工作和计算机科学的开端，在我看来，那更多的属于数学和技术，而不属于通常的自然科学框架。数学本身永远也不可能是任何事物的解释——它只是我们用其中一组事实解释另一组事实的方法，是我们表达解释的一种语言。不过，安德森说克里克和沃森发现的DNA分子(它提供了遗传信息保存和传递的机制)的双螺旋结构揭示了生命的奥秘，倒为我的反击提供了新的弹药。对DNA发现的那种评说，在某些生物学家看来，就像安德森眼里的粒子物理学家的主张一样，正是顽固的还原论。例如，哈里·鲁宾(Harry Rubin)在几年前写道，"DNA革命引导了一代生物学家去相信生命的全部奥秘都藏在DNA的结构和功能里。这个信念放错了地方，而这种还原论的纲领需要新的概念框架来补充。"[2]我的朋友迈耶多年来一直在反击生物学中的还原论思潮，他怕那思潮会把我们所有关于生命的认识都归结到DNA的研究。他指出，"确实，经典遗传理论中的大量黑箱的化学本质由DNA、RNA和其他发现填补了，但这并不以任何方式影响传递的遗传学的本质。"[3]

我不想走进生物学家的论战，更不想站在反还原论的一边。DNA

1. P. W. Anderson，致纽约时报的信，1986年6月8日。
2. H. Rubin，"Molecular Biology Running into a Cul-de-sac？"letter to *Nature* 335 (1988): 121.
3. E. Mayr, *The Growth of Biological Thought*: *Diversity Evolution*, *and Inheritance*(Cambridge, Mass.: Harvard University Press, 1982), p.62.

无疑在生物学的许多领域都是极其重要的，但仍然有一些生物学家，他们的研究并不直接受分子生物学发现的影响。例如，种群生态学家要解释热带雨林的植物多样性，生物化学家要认识蝴蝶的飞翔，对他们来说，DNA 结构的发现几乎没有任何帮助。我想说的是，即使生物学家在他们的工作中没有得到任何来自分子生物学发现的帮助，从某个很重要的意义上说，安德森仍然能够大谈生命的奥秘。问题不在于 DNA 的发现是一切生命科学的基础，而在于 DNA 本身是一切生命的基础。有生命的事物之所以那样，是因为经过自然选择以后它们演化成了那样，而演化之所以可能是因为 DNA 和相关分子的性质允许生物体把它们的遗传蓝图传递给后代。在完全相同的意义上，不论基本粒子物理学的发现是否对其他物理学家有用，基本粒子物理学的原理对整个自然来说都是基本的。

反还原论者常常依据这样一个论点：基本粒子物理学的发现对其他领域的科学家似乎没有多少作用。历史不是这样的。20 世纪上半叶，基本粒子物理学在很大程度上就是电子和光子的物理学，它们对我们认识所有形态的物质有着巨大而确定无疑的影响。基本粒子物理学在今天的发现正对宇宙学和天文学发生着重大影响 —— 例如，我们根据基本粒子的清单来计算化学元素在宇宙最初几分钟的产生。没人能说这些发现还有什么别的结果。

但是，我们设想一下（只是为了论证），不再有基本粒子物理学的发现来影响其他领域的科学家的工作。这时基本粒子物理学的研究仍然有着特别重要的意义。我们知道生物演化的实现是因为 DNA 和其他分子的性质，而任何分子的性质之所以那样是因为电子、原子核和电力的性质。那么微观事物为什么会那样呢？这可以部分用基本粒子的标准模型来解释。现在我们想走下一步，去解释标准模型、相对论原理和它所依赖的其他对称性。我不明白，人们为什么对世界充满了那样的好奇，然而除了基本粒子物理学可能有的对其他科学家的作用以外，他们怎么没发觉那下一步是一个重要的使命呢？

实际上，基本粒子本身并不是很有趣，至少不像人那样有趣。除了动量和自旋，宇宙的每个电子跟别的电子都是相似的 —— 见过一个电子，也就见过了所有的电子。但这种简单性说明电子不像人那样由大量更基本的要素组成，它们本身就是某种近乎万物的基本组成的东西。正是因为基本粒子那么单调无聊，它们才有趣；它们那么简单，意味着它们的研究会把我们引向一个综合统一的自然。

在特殊和有限的意义上，基本粒子物理学比其他物理学分支更基本，这一点可以从高温超导的例子得到说明。现在，安德森等凝聚态物理学家正感到迷惑：某些铜、氧和其他奇异元素的化合物能在远高于我们想象的温度上持续地保持超导电性。同时，基本粒子物理学家也在努力认识夸克、电子和其他标准模型粒子的质量起源。(这两个问题碰巧在数学上有联系；我们将看到，它们都可以归[59]结为这样一个问题：基本方程的某些对称性如何在方程的解中消失了。)当然，凝聚态物理学家不靠基本粒子物理学的任何直接帮助，最终也能解决高温超导问题；在基本粒子物理学家认识质量的起源时，似乎也不会从凝聚态物理学那儿得到什么直接的数据。两个问题的区别在于，当凝聚态物理学家最终解决高温超导问题时 —— 不管出现什么辉煌的新思想，最后的解释一定是那样的数学形式：从已知的电子、光子和原子核的性质推出超导电性的存在；[3]反过来，当粒子物理学家最终在标准模型中认识质量的起源时，那解释将依赖于标准模型里我们今天还没有把握的某些方面，如果没有超级对撞机那样的设备提供的数据，我们不可能理解那些方面(尽管可以猜想)。这样，基本粒子物理学代表了我们认识的前沿，而凝聚态物理学却不是这样的。

不过，这解决不了如何分配研究基金的问题。做科学研究有许多动机 —— 如医药和技术的应用、国家的威望、数学的美妙、理解奇妙现象的快乐 —— 这些动机不但处处体现在基本粒子物理学上，也存在于其他科学(有时还更强烈)中。粒子物理学家并不认为研究的独一无二的基本特征为他们从大众的钱袋里赢得了头筹，但他们相信那的确是决定科学研究资助的一个不可忽略的因素。

有人想为这类决策立一个标准，最有名的例子大概是阿尔文·温伯格(Alvin Weinberg)。[1]在1964年的一篇文章里，他提出一个方针："于是我要通过一个原则来明确科学价值的判别标准：在其他条件相同的情况下，具有最大价值的科学领域是那些为邻近学科带来最多贡献和最大光明的领域"(他自己强调的)。[2]读过我关于这些问题的一

---

1. 阿尔文跟我是朋友，但不是亲戚。1966年，我第一次去哈佛，在教工俱乐部午餐时，碰到了伏雷克(John Van Vleck)，他是一个脾气暴躁而很高贵的老物理学家，在20世纪20年代末首次将量子力学的新方法应用于固体。他问我跟"那个"温伯格是不是亲戚。我有点儿疑惑，不过我明白他的意思；我那时还是小字辈的理论物理学家，而阿尔文是橡树岭国家实验室主任。我有点儿放肆地回答他，我是"这个"温伯格。我想伏雷克那时没留下什么印象。
2. A. M. Weinberg, "Criteria for Scientific Choice", *Physics Today*, March 1964, pp. 42~48. 也见 A. M. Weinberg, "Criteria for Scientific Choice", *Minerva* 1 (Winter 1963): 159~171; 和 "Criteria for Scientific Choice II: The Two Cultures", *Minerva* 3 (Autumn 1964): 3~14.

篇文章后，[1]他写信提醒我回想一下他的建议。我没忘记，但我不同意他的说法。我在给阿尔文的回信里告诉他，这样的理由可以用来判断把几十亿美元的钱花在得克萨斯的蝴蝶分类上，因为它能为俄克拉荷马的蝴蝶分类、为全世界的蝴蝶分类带来光明。这个荒唐的例子只不过拿来说明，一个无聊的科学计划无论对其他无聊的科学计划有多重要，都不能为它自己增加任何重要性。（我现在大概还在鳞翅类昆虫学家的麻烦里，他们想用几十亿美元来进行得克萨斯的蝴蝶分类。）不过在阿尔文的科学选择标准中，我真正感到遗憾的是它缺乏还原论的眼光；某些科学研究之所以有意义，在于它能使我们接近所有解释交汇的那一点。

作家格莱克(James Gleick，混沌的物理学就是通过他走向广大读者的[2])有效地提出了物理学领域里还原论的争论中的一些问题。在最近的一次谈话中，[3]他指出：

> 混沌是反还原论的。这门新科学对世界有着强烈的要求：就是说，当它成为最有趣的问题时，如有序和无序问题，衰亡和创生问题，模式形成和生命本身问题，整体不能拿部分来解释。
>
> 存在关于复杂系统的基本定律，不过那是一些新类型的定律。它们是关于结构、组织和标度的定律，当你专注于复杂系统的各个局部时，它们会消失得无影无踪——

61

---

1. S. Weinberg，" Newtonianism "。
2. J. Gleick, *Chaos : Making a New Science*(New York : Viking，1987)。(此书有几个中译本，如张淑誉译、郝柏林校，《混沌：开创新科学》，上海译文出版社，1990。——译者)
3. 1990 年 10 月格莱克在 Gustavus Adolphus 学院诺贝尔会议上的闭幕讲话。

就像当你走近集会的每一个人时，群体的意识将不复存在。

　　我的第一反应是，不同问题有不同的趣味。创生与生命的问题当然有趣，那是因为我们在生活着，而且愿意拥有创造性。不过，还有些问题之所以有趣是因为它们将把我们带到我们的解释会聚的地方。尼罗河源头的发现不能说明埃及农业的问题，但谁能说它没有意思呢？

　　另外，说起那些"拿部分"来解释整体的问题，它也不得要领。夸克和电子之所以基本不是因为寻常一切物质由它们构成，而是因为我们认为通过对它们的研究能弄懂一些关于统领万物的原理的事情。（关于4种基本自然力中的弱力和电磁力的现代统一场论，就是通过拿电子轰击原子核里的夸克的实验确立起来的。）其实，基本粒子物理学家今天把更多的注意力都放在不见于寻常事物的奇异粒子上，而不在常见的夸克和电子上，因为我们认为当前需要回答的问题可以更好地通过那些奇异粒子的研究来说明。当爱因斯坦在他的广义相对论里解释引力的本性时，不是在"拿部分"来解释，而是拿空间和时间的几何来解释。也许，21世纪的物理学家会发现黑洞和引力辐射的研究将比基本粒子物理学揭示更多的关于自然律的东西。我们现在关注基本粒子基于一个战术性的判断——在物理学历史的这个时候，它是一条走向终极理论之路。

　　最后，还有一个关于"突现"的问题：真的有什么统治复杂系统的新定律吗？当然，在不同经验水平上需要用不同的方法来描述和分析，从这个意义说，是有新的定律。不论在混沌还是化学，这都是正确的。但是，那些新定律基本吗？格莱克的群体心理提供了相应的例子。我们可以把知道的群体行为以定律的形式建立起来(例如，老人看到革命总是吞噬下一代)。但是，如果要问这些定律为什么成立，我们大概不会满足于说那些定律是基本的，不需要拿别的东西来解释。实际上，我们还要寻求完全以个体的心理学来做还原论的解释。对于混沌的出现，也是这样的。近些年在混沌领域的激动人心的进步，并不完全是观测到的混沌系统的现象，也不都是描写这些现象的经验定律；更重要的是，混沌的定律可以从产生混沌的系统的微观物理学定律数学地推导出来。

　　我怀疑，所有工作中的科学家(也许还有大多数的群众)在实践中都跟我一样是还原论者，尽管有些人也像迈耶和安德森那样，不喜欢这样说自己。例如，医学研究面对的是一些急迫而艰难的问题，因此一个新的疗法通常不得不依赖大量的医学统计，而管不了它是怎么成功的；但是，即使新疗法已经通过许多患者的经历证实了，如果不知道如何根据诸如生物化学和细胞生物学的理论去解释，它可能仍然会遭到怀疑。设想一下，如果一个医学杂志同时发表两篇报告淋巴结核新疗法的文章：一个是通过注射营养汤，另一个是让国王抚摩。即使两个疗法的统计结果相同，我想医学界(包括每个人)对两篇文章也会有迥然不同的反应。对于营养汤，我想多数人会有一个开放的心理，他们会等着它经过独立实验的证明。营养汤混合了许多好东西，谁知道哪种成分能影响诱发淋巴结核的分枝杆菌呢？另一方面，不论统计证据如何证明国王的抚摩对治疗淋巴结核有什么好处，读者都会怀疑受到了愚弄，或者认为那不过是毫无意义的巧合，因为他们看不出有什么原理能解释这种疗法。抚摩患者的人，不管是加了冕的、涂了油的还是前国王的大儿子，与分枝杆菌有什么关系呢？[即使在中世纪人们普遍相信国王的抚摩能治愈淋巴结核时，国王们自己似乎都很怀疑。就我所知，在中世纪的王朝更替的斗争中，如金雀花 (Plantagenet) 与瓦罗亚 (Valois)，约克 (York) 与兰开斯特 (Lancaster)，还没有谁通过他的抚摩的疗效来证明自己的王位。[1]] 如果今天哪位生物学家坚持认为国王的抚摩不需要什么解释，说那疗效是跟其他定律一样基本的独立自主的自然律，可能不会得到他的同行的鼓励，因为他们也抱着还原论的自然观，不相信有那样的自主的定律。

　　所有的科学都是这样的。我们不会太关心一个不能用个体行为来解释的假想的自治的宏观经济学定律，也不会关心某个不能用电子、光子和原子核的性质来解释的关于超导电性的假说。还原论的态度仿佛一个有用的过滤器，使所有领域的科学家不会浪费时间去追寻一些毫无价值的思想。从这个意义上说，我们现在都是还原论者了。

---

1. 因为据说国王的抚摩能治淋巴结核，所以那病在英文里也叫 "King's evil"。这个风俗先在法国流行，后来传到英国。查理二世 (1630～1685) 时达到高潮，据说他抚摩过 100 000 人，而在 1682 年就抚摩了 8 500 人。威廉三世 (1689～1702) 说它是"愚昧的迷信"。——译者

第 4 章
量子力学和它的遗憾

> 击球者把球放在桌上，用球杆打出去。汤普金斯先生盯着那滚动的球，惊奇地发现球开始"散开了"。他只能说球"散开了"，因为那情景太奇怪了，在绿绿的桌面上穿过的球，似乎越来越散，没有了原来的模样。在台上滚动的仿佛不是一个球，而是好多相互穿透着的球。汤普金斯先生以前也常常看见这么古怪的事情，但今天他一滴威士忌也没喝，他不明白眼前的事情是怎么发生的。
>
> ——G.盖莫夫，汤普金斯先生奇遇[1]

20世纪20年代中叶的量子力学的发现，是自17世纪现代物理学 65 诞生以来最深刻的革命。前面我们解释粉笔的性质时，曾一次又一次地被引向量子力学的回答。近些年来，物理学家追寻的奇特的数学理论——量子场论、规范场论、超弦理论——也都建立在量子力学的框架内。如果说，我们今天对自然的什么认识还可能在未来的终极理 66 论中保留下来，那就是量子力学。

量子力学的历史意义主要不在于它回答了许多关于自然的老问

---

1. *Mr. Tompkins in Wonderland* 是盖莫夫(G. Gamow)的一本有名也有趣的书，有过中文译本(《物理学奇遇记》)，他另一本更有名(也更"正经"一些)的书是《从一到无穷大》。——译者

题——更多的还在于它改变了我们关于问题的观念。对牛顿的后继者们来说，物理学理论应该提供一个数学机器，让物理学家能够根据任何系统的粒子在某一时刻的位置、速度数值的完备知识（当然实际是做不到的），去计算它们在未来任何时刻的数值。但是，量子力学引来了一种崭新的描述系统状态的方式。在量子力学中，我们谈的是所谓波函数的数学结构，它只能告诉我们各种可能位置和速度的概率。这是一个巨大的变化，于是我们看到物理学家现在用"经典(classical)"一词，既不是"希腊－罗马式的经典(Greco-Roman)"，也不是"莫扎特(Mozart)式的古典"，而是说"量子力学之前"。[1]

　　如果说有一个日子标志着量子力学的诞生，那就是年轻的海森伯(Werner Heisenberg)在1925年的一个假日。那年，海森伯得了花粉热，离开哥廷根附近百花盛开的原野，来到北海的一个孤独的霍尔戈兰岛。那时他和他的同事已经同玻尔(Niels Bohr)1913年提出的问题斗争好多年了：原子里的电子为什么只能以确定的能量占据一定的允许的轨道？海森伯在霍尔戈兰岛找到了一个新起点。因为谁也没能直接在原子中观测到电子轨道，他决定只考虑能够测量的量——具体说，考虑所有处于允许轨道的电子的量子态的能量，以及原子通过发出一个光的粒子(光子)自发地从其中一个量子态跃迁到任何其他量子态的概率。海森伯根据这些概率做成他所谓的"表"，并在表中引进数学运算，从而对每个物理量(如电子的位置、速度或速度平方)得出一个

67

---

1. 查英文字典我们会看到"classical"是与古希腊和罗马相连的："of or relating to the ancient Greek and Roman …"而莫扎特(Wolfgang Amadeus Mozart, 1756～1791)是古典时期的音乐大师。("古典"一词在音乐中有几种不同用法，这里是狭义的说法，指以海顿和莫扎特为代表的维也纳古典乐派，时间在1770～1830年。)就物理学而言，"经典的"未必是"牛顿的"，例如汤川秀树的《经典物理学》和朗道的《经典场论》就包括了爱因斯坦的相对论。——译者

新表。[1] 如果知道一个简单系统中的粒子能量如何依赖于速度和位置，海森伯可以用这个方法来计算系统在不同量子态的能量表，就像牛顿物理学中根据行星的位置和速度计算能量。

如果读者对海森伯做的事情感到迷惑，那不要紧，很多人都有同感。我试着读过几回海森伯从霍尔戈兰回来以后写的文章，虽然我以为自己是懂量子力学的，但我从来不理解海森伯在文章里的数学动机。理论物理学家在他们最成功的事情里似乎可能扮演两个角色：要么是圣人，要么是魔术师。圣人物理学家以对自然本性的基本观念为基础，有序地思考物理学问题。例如，爱因斯坦在创立广义相对论时就像一个圣人：他有确定的问题 —— 如何让引力理论适应他1905年提出 68 的作为狭义相对论的新的空间和时间的观念？他有一些重要的线索，特别是伽利略发现的小物体在引力场中的运动与物体性质无关的事实 —— 令他想到引力可能是时空本身的一个性质。他还有现成的关于弯曲空间的数学，那是黎曼(George Friedrich Bernhard Riemann)和别的数学家在19世纪发展起来的。今天学广义相对论还可以完全跟着爱因斯坦1915年最后完成他的理论时所走过的思路。那么，魔术师物理学家呢，他们似乎没经过一步步的推理，而是跳过所有中间步骤，来到自然的新发现。写物理学教科书的人常常得重做魔术师物理学家们的事情(否则就没人能读懂物理学了)，这样他们仿佛还是圣人。普朗克1900年创立热辐射理论时就像一个魔术师，而爱因斯坦在1905年提出光子概念时，也有点儿魔术师的样子。(也许这也是为什么他后来说光子理论是他做过的最革命的事情。)通常，读懂圣人的文章并不难，难的是理解魔术师的东西。从这个意义说，海森伯1925年的文章真是一篇魔术符号。

也许，我们不必那么认真地看待海森伯的第一篇文章。海森伯那时在跟许多天才的物理学家往来，包括德国的波恩 (Max Born) 和约当 (Pascual Jordan)，英国的狄拉克 (Paul Dirac)。1925 年底，他们把海森伯的思想写成容易理解的系统的量子力学形式，就是我们今天说的矩阵力学。1926 年 1 月，海森伯在汉堡的老同学泡利 (Wolfgang Pauli) 用新的矩阵力学解决了原子物理学的一个典型问题：氢原子量子态的能量计算，也证明了玻尔早先特设的结果。

泡利做的氢原子能级的量子力学计算是数学辉煌的表现，是对海森伯法则和氢原子特殊对称性的神奇运用。尽管海森伯和狄拉克可能比泡利更富创造性，但那时没有哪位物理学家比他更聪明了。不过，泡利还是没能把他的计算推向下一个简单原子：氦原子，比起重原子和分子来，它算是很轻的了。

今天在大学课程里讲的、化学家和物理学家天天用的量子力学，实际上不是海森伯、泡利和他们的伙伴的矩阵力学，而是一种在数学上等价然而方便得多的形式 —— 那是薛定谔 (Erwin Schrödinger) 在不久以后提出的。在薛定谔的量子力学里，系统的每个可能状态都由一个叫系统波函数的量来描述，有点儿像把光描述为电磁场。波函数的方法在海森伯之前就在量子力学中出现了，那是德布罗意 1923 年的一篇文章和 1924 年的博士论文。德布罗意猜想，电子可以看作某种类型的波，它的波长关联着电子的动量，形式上跟光的波长与光子动量的联系一样：根据爱因斯坦的理论，在两种情形下，波长都等于一个叫普朗克常数的基本自然常数除以动量。德布罗意对这个波的意义还没多少认识，也没提出过任何形式的动力学方程；他只是假定，氢原子中允许的轨道应该正好能够满足一定数目的完整的波环绕在轨 ⁷⁰ 道上：一个波长的状态能量最低，两个波长的状态能量高一级，等等。值得注意的是，这个简单而目标不那么明确的猜想，也同样成功地得到了玻尔10年前计算的氢原子电子轨道的能量。

　　有那样的博士论文背景，可能人们以为德布罗意接下来会去解决物理学的所有问题。实际上，他一生再没做过别的有重大科学意义的事情。是苏黎世的薛定谔在1925～1926年间把德布罗意模糊的电子波思想变成了精确而和谐的数学形式，能用于任何原子和分子的电子或其他粒子。薛定谔还能证明他的"波动力学"等价于海森伯的矩阵力学；在数学上两者可以相互推导出来。[1]

　　薛定谔方法的核心是动力学方程(从那时起就叫薛定谔方程)，方程决定了任何给定的粒子波随时间变化的方式。原子中的电子的薛定谔方程的有些解以一个单一的频率振荡，像理想音叉产生的声波。这类特殊的解对应着原子或分子的某个可能的稳定的量子态(像音叉的某个稳定振动的波)，态的能量决定于波频率与普朗克常数的乘积。这些能量通过原子吸收或发射的光的颜色而呈现在我们眼前。

　　在数学上，薛定谔方程跟19世纪以来用以研究声波和光波的方程(所谓的偏微分方程)是一样的。20世纪20年代的物理学家已经很 ⁷¹ 熟悉这种波动方程了，他们能立即投入来计算各类原子和分子的能量和其他性质。那是物理学的黄金年代。别的成功也接踵而来，围绕原

1. 当年物理学家曾对两者的等价感到疑惑，哥廷根的大数学家希尔伯特(David Hilbert)告诉他们，数学家在解波动方程时就要用矩阵。这大概又是一个数学家"先知"的有趣例子。——译者

子和分子的一个个疑惑似乎都烟消云散了。

　　尽管成功了，但不论德布罗意还是薛定谔或其他什么人，起初都没能认识在电子波里振荡着的是什么物理量。任何一种波在任何一个时刻都由一列数来描述，每个数代表波通过的一个空间点。[2]例如，在声波里，那些数表示空间每一点的空气压力。在光波的情形，数代表光经过的空间每一点的电磁场的强度和方向。任何时刻的电子波也可以描述为一列数，每个数代表原子周围和原子内空间的一个点，每个数叫波函数的一个值。[3]但是当初大家只能说波函数是薛定谔方程的一个解；没人知道这些数描写的是什么物理量。

　　量子理论家在 20 世纪 20 年代中叶的处境跟物理学家在 19 世纪初研究光的处境是一样的。衍射（光在靠近物体或通过小孔时，不再走原来的直线）等现象的发现，使杨（Thomas Young）和菲涅尔（Augustin Fresnel）猜想光是某种类型的波，波被迫从小孔穿过时，因为孔小于波长，它将不再沿原来的直线传播。但是，19 世纪初，没人知道光属于什么波；等到 19 世纪 60 年代麦克斯韦理论的出现，人们才清楚光原来是变化的电磁场的波。那么，电子波里变化着的是什么呢？

　　答案来自一个理论研究：自由电子轰击原子时会有怎样的表现？穿过虚空空间的电子可以自然地描述为一个波包，也就是一起传播的一小束电子波，像瞬间打开的探照灯发出的光脉冲。薛定谔方程表明，这样的波包打在原子上会破裂，破碎的波将沿各个方向散开，就像花园里水龙头喷出的水打在石头上，水花四溅。[4]这令人疑惑，因为打在原子上的电子，不论从哪个方向飞出，总还是一个电子。1926 年，哥廷根的波恩提出用概率来解释这种奇特的波函数行为。电子不会破裂，但它可以朝不同方向散射；哪个方向的波函数值最大，电子在那个特殊方向散射的概率就最大。换句话说，电子波不属于任何事物的波，它的意义仅在于任何一点的波函数值代表了电子在那点或其附近的概率。

薛定谔和德布罗意都不满意电子波的解释，这大概也说明了为什么两人都没能对量子力学的进一步发展有过重大贡献。不过，电子波的概率解释在海森伯第二年的引人瞩目的论证里找到了依据。海森伯考虑了物理学家在测量电子的位置和动量时需要面对的问题。为了精确测量位置，需要用短波长的光，因为衍射总会使尺度小于光波长的物体变得模糊。但是短波的光由高动量的光子组成，而当我们用高动量的光去观测一个电子时，电子必然会因碰撞而反冲，从而带走光子的一部分动量。这样，如果我们想更精确地测量电子的位置，那么在测量以后，我们对电子动量将知道得更少。这一法则就是著名的海森伯不确定性原理。[5]电子波函数在某个位置达到顶峰，代表那电子具有相当确定的位置，然而它的动量却几乎可以是任意的数值。反过来，如果一个电子波在多个波长的范围内具有光滑的等间隔的波峰和波谷，说明电子具有相当确定的动量，但它的位置却是高度不确定的。[6]更典型的电子，如原子和分子内的电子，既没有确定的位置，也没有确定的动量。

物理学家在熟悉求解薛定谔方程后，还为量子力学的解释争论了好多年。爱因斯坦异乎寻常地在自己的工作中拒绝量子力学；而大多数物理学家只是想着去理解它。在玻尔的领导下，许多辩论还在哥本

74　哈根大学的理论物理研究所继续着。[7]玻尔特别关注量子力学的一个奇异特征，即他所谓的互补性：系统一个方面的知识确定了，其他方面的知识就不能确定。[1]海森伯的不确定性原理提供了互补性的一个例子：知道了粒子的位置（或动量），就不能知道粒子的动量（或位置）。[8]

　　1930 年左右，玻尔研究所的讨论，用比单个电子的波函数更一般的概念形成了正统的量子力学的"哥本哈根"形式。一个系统，不论由一个或多个粒子组成，它在任意时刻的状态都由一列代表波函数的值的数来描述，每一个数对应于系统的每一个可能的构形(configuration)。[2]同样的状态也可以通过以不同方式刻画的系统构形的波函数的值来描述 —— 例如，通过系统所有粒子的位置，或者系统所有粒子的动量，或者其他各种方式，当然，不能同时通过系统所有粒子的位置和动量。

　　哥本哈根解释的核心是把系统本身和用来测量系统构形的仪器
75　截然区别开了。正如波恩强调的，在一次次测量的间隙，波函数的值以一定推广形式的薛定谔方程所规定的方式完全连续而确定地演化着。在演化中，不能说系统具有任何确定的构形。当我们测量系统的构形（例如，通过测量所有粒子的位置或动量 —— 当然不是同时测量这两个量）时，系统将以测量前构形波函数值的平方所决定的概率，跃入具有某个确定构形的状态。[9]

---

1. N. Bohr, *Atti del Congresso Internazionale dei Fisici*, Como, Settembre 1927, reprint in *Nature* 121(1928)：78，580。
2. 在物理学和其他学科里常常能见到 configuration 一词，它表示系统的不同组态，如粒子不同状态的组合形式。"构形"在中文里显然比"组态"意思更多一些，所以我选择了它。—— 译者

仅凭语言来描述量子力学，难免只能产生模糊的印象。量子力学本身并不模糊；尽管乍看起来它似乎不可思议，但它为计算能量、跃迁速率和概率提供了精确的框架。我想引导读者走得更远一点儿，为此，让我们考虑一个最简单的系统，它只有两个可能的构形。我们可以把系统想象成一个虚构的粒子，它只有两个（而不是无限多个）位置——例如，这里和那里。[10]于是系统在任何时刻的状态由两个数来描述：波函数在这里和那里的值。

在经典物理学中，我们那个虚构粒子的描述很简单：它要么在这里，要么在那里，当然，它也可以照某个动力学定律所规定的方式，从这里移动到那里。在量子力学里，事情要复杂得多。当我们没有观察粒子时，系统的状态可以是纯粹的这里，这种情况下，波函数在那里的值为零；或者，状态是纯粹的那里，这时，这里的波函数值为零。但是，也可能（而且更常见）两个值都不是零，粒子既不肯定在这里，也不肯定在那里。如果我们想看看粒子是否在这里或那里，我们当然可以发现它在某个位置；发现它在这里的概率由测量之前这里的波函 76 数值的平方决定，发现它在那里的概率则由那里的波函数值的平方决定。[11]根据哥本哈根的解释，当我们观测粒子是否处于这里或那里的构形时，波函数将跃迁到一个新数值，要么这里的值变为1而那里的值为0，要么相反。但是，我们并不能根据波函数的知识预言哪种情况会发生，只能预言它发生的概率。

只有两个构形的系统太简单了，它的薛定谔方程不需要符号就能描述。在测量的间隙，波函数在这里的值的变化率是一定常数乘以这里的波函数值加上另一个常数乘以那里的波函数值；那里的波函数值的变化率是第三个常数乘以这里的波函数值加上第四个常数乘以那里的波函数值。这 4 个常数集合起来叫作这个简单系统的哈密尔顿量。哈密尔顿量刻画的是系统本身,而不是系统的任何特殊状态;它告诉我们关于系统状态从给定初始条件演化的一切东西。量子力学本身并不告诉我们哈密尔顿量是什么 —— 它只能从我们对所考虑的系统性质的理论和实验的知识推导出来。[12]

　　考虑同一个粒子的状态的其他描述方式,这个简单系统正好可以拿来说明玻尔的互补性思想。例如,有这样一对状态,像确定动量的那些态,我们可以称之为停和走,[13] 对这两个态,这里的波函数值分别等于那里的值或那里的值的负值。只要愿意,我们可以拿停和走的值取代这里和那里的值来描述波函数:停的值等于这里的值和那里的值的和,走的值等于两者之差。如果我们碰巧知道粒子确定在这里,那么那里的波函数一定为零,于是停和走的波函数值必然是相等的,意味着我们对粒子的动量一无所知,两种可能性都有 50% 的概率。反过来,如果我们知道粒子动量为零,确定地处于停的状态,那么走的波函数值为零;而且,因为走的值是这里和那里的值的差,所以这里和那里的波函数值肯定相等,意味着我们对粒子的位置在这里和那里一无所知。两个概率都是 50%。我们看到,在这里和那里与停和走的测量之间,存在着完全的互补性:我们可以进行任意一种测量,但不论我们选择哪种测量,假如我们测量了一个,那么在测量另一个时,我们对结果将一无所知。

　　谁都同意该如何运用量子力学,但我们在用它做什么呢?这一点就有许多不同的想法了。对那些感觉被还原论和牛顿决定论伤害了的人来说，量子力学似乎有两点为他们带来了几丝安慰。在牛顿物理学里，人没有特殊的地位，而在量子力学的哥本哈根解释中，人扮演着基本的角色，通过他们的测量行为，波函数才被赋予意义；牛顿物理学家讲精确预言，量子力学现在只提供了概率的计算，这似乎又为人的自由意志或神圣干预留下了空间。

有些科学家和作家像卡普拉 (Fritjof Capra) 一样，[1] 欢迎这个他们认为协调科学精神和人类那部分温和本性的机会。如果这真是一个机会，我大概也会喜欢，可是我想它不是。量子力学对物理学来说是绝对重要的，但我在量子力学里看不出有什么跟牛顿物理学迥然不同的与人类生活相关的东西。 [78]

这些问题还在争论着，我请了两个有名的人物来这里讨论它们。[2]

关于量子力学意义的对话

小提姆 (TINY TIM)　我想量子力学真是太奇妙了。我从来不喜欢牛顿力学的那个样子，知道每个粒子在一个时刻的位置和速度，就能预言未来的每件事情，一点儿没留

---

1. F. Capra, *The Tao of Physics* (Boston : Shambhala, 1991).（《物理学之道》，20世纪80年代四川人民出版社 "走向未来" 丛书有编译本《现代物理学与东方神秘主义》；1999年1月北京出版社出了全译本 (朱润生译)。"物理学之道可以说是一条具有核心的轨道，是通向精神知识与自我实现的道路。" —— 译者)

2. 两个人物都是狄更斯 (Charles Dickens)《圣诞颂歌》(A Christmas Carol) 里的角色。斯克鲁奇 (Scrooge) 是主人公，小提姆是他伙计的小儿子。圣诞前夜，怪老头斯克鲁奇从前的伙伴的鬼魂来访问，让他看到了自己的过去、现在和未来，还看到自己可能怎么死 —— 除非他能很快改变自己的恶行。圣诞清晨醒来，斯克鲁奇真的变成了一个好老头 (不过在文学史上，斯克鲁奇还是以吝啬鬼形象出名的)。—— 译者

下自由意志的空间，人类也显不出什么特殊作用。现在好了，量子力学里的所有预言都是模糊的、概率的，如果没人去观察，任何东西都没有确定的状态。我想，一定有哪位东方神秘主义者讲过这样的话。

斯克鲁奇(SCROOGE) 呸！我可能改变了对圣诞节的看法，但我听到它时，还觉得是骗人的。[1]完全正确，电子在同一时刻没有确定的位置和动量，但这只不过意味着我们没有恰当的量可以用来描述电子。一个电子或任何粒子集合在任何时刻所具有的是一个波函数。假如有人来观测这些粒子，那么整个系统连同那人一起的状态，都由那波函数来描述。波函数的演化跟牛顿力学里的粒子轨道一样，也是确定的。实际上，它更加确定，因为告诉我们波函数如何在时间上演化的方程特别简单，不会产生混沌的解。[14]那么你的自由意志在哪儿呢？

79

小提姆 我很惊讶你会以这样不科学的方式回答我。波函数没有客观实在性，因为它不能被测量。举例来说，如果我们看到一个粒子在这儿，我们不能凭这一点说观测前的波函数在那儿的值为零；它在这儿和那儿都可能有任意的值，只不过我们在观测的时候粒子碰巧出现在这儿，而不在那儿。假如波函数不实在了，你又凭什么说那么多确定性演化的东西呢？我们能够测量的只是像位置、动量或自旋那些量，而关于它们，我们只能预言概率。如果没有人进来测量这些量，我们根本不能说粒子有什么确定的状态。

1.在《圣诞颂歌》里，"他说过圣诞节是骗人的，真的！"(第3章)。——译者

斯克鲁奇　亲爱的年轻人，你好像生吞了19世纪那个叫实证论的教条，它就说科学应该只关心能实际看到的东西。我同意，在任何实验中都不能测量波函数。那又怎么样呢？对相同的初始状态重复多次测量，你可以得出那波函数该是什么，然后用它来检验我们的理论。你还想做什么呢？你真该让你的思想走进20世纪。我们知道夸克和对称性是实在的——因为我们的理论需要把它们包括进来；根据同样的理由，波函数是实在的。不论谁在观测，不论是否有人在观测，任何系统都处于一定的状态；描述那状态的不是位置和动量，而是波函数。

小提姆　我才不跟夜里与鬼魂一道散步的人讨论什么东西是不是实在的。我提醒你，如果你把波函数想象成实在的东西，你会陷入一个大难题。那个问题，爱因斯坦在1933年布鲁塞尔的索尔末会上反驳量子力学时提出来，后来在1935年又跟波多尔斯基(Boris Podolsky)和罗森(Nathan Rosen)合作写进一篇著名的论文里。[1]我们来看由两个电子组成的系统，在某个时刻，两个电子分开一个确定的大距离，而且具有已知的总动量。(这并不违反海森伯的不确定性原理。例如，只要你愿意，分开的距离可以这样来测量：从一个电子向另一个电子发射波长很短的光；虽然这样会干扰每个电子的动量，但是因为动量守恒，总动量不会改变。)假如现在有人来测量第一个电子的动量，第二个电子的动量也立刻

80

---

1. 这篇看起来很简单的短文发表在1935年5月15日的 *Physical Review* 47：777～780，题目就是那个问题："物理实在性的量子力学描述能认为是完备的吗？"(Can Quantum Mechanical Description of Physical Reality Be Considered Complete?) 它引发了数不清的论战，物理学史上称它为EPR猜想。读者可以在《爱因斯坦文集》第2卷(商务印书馆，1979)找到它。——译者

能够计算出来，因为它们的和是已知的。另一方面，假如谁来测量第一个电子的位置，第二个电子的位置也能立刻算出来，因为它们分开的距离是知道的。但是这样一来，通过观测第一个电子，你可以瞬时地改变波函数，使第二个电子具有确定的位置或确定的动量，虽然你从没到过第二个电子附近的任何地方。如果波函数能这样改变，你真的还愿意认为它是实在的吗？

斯克鲁奇 我能那么想。狭义相对论的原则不允许发射比光更快的信号，我不会为那原则担心，因为这儿没有与它矛盾的东西。测量第二个电子动量的物理学家没有办法知道他测出的值已经被第一个电子的观测改变过了。就他所知道的事情而言，电子在他测量以前可能有确定的动量，同样也可能有确定的位置。就算是爱因斯坦，也不能用这种测量方法从一个电子向另一个电子发射他的瞬时信号。（当你在那儿忙乎时，大概还提起过贝尔(John Bell)的结果。[1]那是更加奇异的量子力学结果，涉及原子的自旋；实验物理学家已经证明，[2]原子系统里的自旋行为确实跟量子力学希望的一样，不过世界本来就是那样的。）在我看来，这些都不能阻止我认为波函数是实在的；只是我们还不习惯它的行为方式，包括影响整个宇宙波函数的瞬时变化。我想你用不着在量子力学里去寻找什么深沉的哲学信

1. 在关于爱因斯坦实在论的一本书(Arthur Fine, *The Shaky Came*, *Einstein Realism and the Quantum Theory*, Chicago and London : The University of Chicago Press, 1986.)里，有一章的题目是"贝尔定理为爱因斯坦的统计解释敲响丧钟了吗？"那个定理（"贝尔不等式"）在形式上比EPR的思想难懂一些，作者不讲，我更不可能用一两句话说清楚。——译者
2.特别应该注意的是 Alain Aspect。

息，还是让我继续运用它吧。

小提姆　真令我佩服！我得说，你连在整个空间瞬时变化的波函数都能接受，我想什么事情你都能接受了吧。不过，你还得原谅我，我看你不是那么前后一贯的。你说过，任何系统的波函数以完全确定的方式演化，概率只有在我们做测量时才会出现。但是根据你的观点，不仅电子，包括测量仪器和使用它的观测者一起，是一个大系统，由一个有许多值的波函数来描述，即使在测量过程中它也在确定地演化着。这样，既然所有事情都是确定发生的，测量结果怎么会出现不确定性呢？测量的时候，概率又是从哪儿来的呢？

对争论的两方，我都怀有某种同情，不过对实在论的斯克鲁奇我的同情更多一些，而对实证论的小提姆要少一点儿。我让小提姆说最后一句，是因为他最后提出的问题是量子力学解释中最大的疑难问题。迄 82 今为止，我讲的正统的哥本哈根解释的基础是，把物理系统跟用来研究它的仪器截然分开；系统由量子力学的法则决定，而仪器则是用经典的即量子力学以前的法则描述的。我们那个虚构的粒子的波函数可以有两个值(这里和那里)，但当我们观测它的时候，它不知怎么，以我们根本不能预言的方式(除了概率而外)变得确定了，要么在这里，要么在那里。但是，被观测系统与测量仪器的处理方式的这种差别，实际上不是真实的。我们相信量子力学主宰着宇宙的一切事物，不仅一个个的电子、原子和分子，也包括实验仪器和用仪器的物理学家。如果波函数不但描述被观测的系统，也描述观测的仪器，而且在观测中也遵从量子力学的法则确定地演化，那么，正如小提姆问的，概率从哪儿来？

　　因为不满意哥本哈根解释人为地把系统和观测者分开，许多理论家提出了迥然不同的观点：量子力学的多世界或多历史解释，它第一次出现在普林斯顿埃弗雷特(Hugh Everett)的博士论文里。照这个观点，我们的虚构粒子在这里或那里的测量，包含着粒子与仪器之间的某种相互作用，这样，联合系统的波函数正好生出两个可能构形的值，一个值对应的构形是，粒子在这里，仪器读数在这里；另一个值则对应粒子在那里、仪器读数在那里的概率。这仍然是一个确定的波函数，通过粒子与测量仪器的相互作用，根据量子力学的法则，以完全确定的方式而产生。然而，波函数的两个值对应着能量不同的两个状态；因为测量仪器是宏观的，能量差很大，所以两个值以非常不同的频率振荡。在测量仪器上读粒子的位置，就像胡乱收听两个广播电台，这里的或那里的；只要两个广播频率分得开，就不会相互干扰，你听到哪个电台的概率，正比于它们的强度。两个波函数值之间没有干涉，说明世界的历史实际上被分割成两个历史，其中一个历史，粒子在这里；另一个历史，粒子在那里；两个历史从此展开，相互之间没有任何作用。[15]

　　把量子力学法则用于粒子与测量仪器组成的联合系统，确实可以证明，发现粒子在这里、仪器读数指向这里的概率，正比于粒子与仪器发生相互作用前一时刻这里的波函数值的平方，恰好同哥本哈根提出的量子力学解释一样。然而，这个论证并没真正回答小提姆的问题。在计算粒子与测量仪器组成的联合系统处于任何构形的概率时，我们实际上加入了一个观察者来读仪器上的数，看它在这里还是那里。尽管在这个分析里，我们以量子力学观点来看待测量仪器，但观察者却是经典的；他发现读数一定要么在这里，要么在那里，除了概率而外，是不能预言的。我们当然可以拿量子力学的眼光来看观察者，但代价是再请一个观察者来检验第一个观察者的结论，例如读他发表在物理学杂志上的文章，等等。

许许多多的物理学家，为了澄清任何有关概率或其他区分系统和观察者的解释的量子力学基础，付出了巨大的努力。[1]我们需要的那样一个量子力学模型，它的波函数不但能描述所研究的系统，还能描述某些代表有意识的观察者的东西。假如有了这样的模型，我们将拿它来证明，经过观察者与各个系统反复的相互作用，联合系统的波函数一定会演化到一个最终的波函数，那时，观察者会相信每一次测量的概率正是哥本哈根解释预言的那个概率。我不相信这个纲领现在已经完全成功了，但我想它最终会成功的。如果真的那样，斯克鲁奇的实证论就彻底解放了。

奇怪的是，这一切竟几乎没产生什么影响。大多数物理学家在他们每天的工作中运用量子力学，并不需要担心解释的基本问题。自己的问题和数据都没时间一一追寻，而且并不一定要关心那些基本问题，[85]有判断力的人也不替它们担心了。大概一年前，菲力普·坎德拉斯(Philip Candelas，得克萨斯大学物理系的)和我等电梯交谈时，说起一个年轻的理论家，曾是一名很有希望的研究生，后来不见了。我问老菲那同学的研究遇到了什么麻烦，老菲遗憾地摇摇头说，"他想去弄清量子力学。"

---

1. 这儿举个例子：J. B. Hartle，"Quantum Mechanics of Individual Systems"，*American Journal of Physics*(1968)：704；B. S. De Witt and N. Graham，in *The Many-Worlds Interpretation of Quantum Mechanics*(Princeton：Princeton University Press，1973),pp.183～186；D.Deutsch，"Probability in Physics"，Oxford University Mathematical Institute preprint，1989；Y. Aharonov，论文在准备中。

　　量子力学的哲学对量子力学的应用来说更是无关紧要，所以，有人开始怀疑，所有关于测量意义的问题实际上都是空洞的，是我们的语言强加在我们身上的，而那语言却是在几乎由经典物理学定律统治的世界里演化的。不过我倒承认，把自己的整个生命投入到一个没人能完全理解的理论框架中去，是不太令人舒服的。而且，在量子宇宙学里，我们确实需要更好地理解量子力学 —— 把量子力学用于整个宇宙，不可能想象这时还会有什么外面的观察者。宇宙太大了，量子力学现在还不可能带来什么影响；不过，根据大爆炸理论，过去曾有那么一个时刻，粒子相距很近，因而量子力学效应一定也很显著。今天甚至还没人知道该以什么法则在这种背景下运用量子力学。

　　在我看来，更有趣的问题是，量子力学是否一定正确？在解释粒子、原子和分子的性质中，量子力学获得了非凡的成功，所以我们相信它是真理的一个很好的近似。于是，那个问题变成是否存在其他逻辑可能的理论，它的预言接近但不完全等同量子力学的预言？如果想小小改变一个物理学理论，那方法是很容易想到的。例如，牛顿的引力定律说，两个粒子间的引力随它们之间的距离的平方而反比例减小。稍微改一下，我们可以假定引力随距离的其他某次方反比例地减小，接近但不完全是平方反比的。为了在实验上检验牛顿理论，可以拿太阳系的观测结果跟一个随距离的未知次方减小的力做比较，从而为它对平方反比的偏离确定一个极限。广义相对论也可以做小小的修改，例如，让场方程包括更复杂的小项，或者在理论中引进相互作用微弱的新场。令人惊讶的是，直到今天，除了量子力学本身而外，我们还没能找到一个接近它的逻辑一致的理论。

几年前，我也试着构造过这样的理论。我的目的倒不是真要为量子力学找个替身，不过是想找一个预言跟它接近但不完全相同的理论，也好有个可以拿实验来检验对比的东西。我想通过这样的办法为实验物理学家贡献一点思想，哪些实验能为量子力学的有效性带来有趣的定量的证明。一个人要想检验量子力学本身，而不是任何一个特殊的量子力学理论(如标准模型)，以便从实验上区别量子力学和它的替代者，他必须检验任何量子力学理论都可能具有的某个普遍特征。在构造量子力学的替代理论时，我特别抓住了一个似乎比其他东西显得更加随意的普遍特征，那就是量子力学的线性特征。

在这里，需要说明线性的意思。回想一下，任何系统的波函数值的变化率不仅依赖于那些值，也依赖于系统及其环境的性质。举例来说，我们的虚构粒子波函数在这里的值是一个常数乘以这里的值加上另一个常数乘以那里的值。这种类型的动力学法则称为线性的，因为，如果我们在任何时刻改变波函数的一个值，然后，将波函数在以后任何时刻的值与对应的改变了的值点在图上，在其他条件相同的情况下，那图形将是一条直线。简单地说，系统对任何状态改变的响应正 87 比于那个改变。线性特征的一个很重要的结果是，正如斯克鲁奇指出的，量子系统不可能出现混沌；初始条件的微小改变只能产生后来任意时刻的波函数的微小变化。[1]

从这个意义说，有许多经典系统是线性的，但经典物理学里的线性是不可能精确的。相反，量子力学在一切背景下都可以认为是精确

---

1. 有人提出，当考虑薛定谔方程解的空间整体性质(如相干态波包的演化)时，非线性问题就出现了。就是说，线性的量子力学方程也可能产生运动状态相对于初始条件的不稳定性。——译者

线性的。如果有人想寻求改变量子力学的途径，他自然应该检查一下，也许他的波函数的演化根本不是完全线性的。

经过一番努力，我得到了有一点儿非线性特征的量子力学替代者，似乎有点儿物理学意义，而且，通过检验线性特征的一个普遍结果（任何类型的线性系统的振荡频率与系统的激发方式无关），不难在很高的精度上检验它。例如，伽利略曾注意到，单摆来回摆动的频率与摆长无关。这是因为，只要摆动的幅度足够小，摆就是一个线性系统，它的位移和动量的变化率分别正比于它的位移和动量。所有钟表，不论摆的、弹簧的，还是石英晶体的，都以线性系统的振荡特征为基础。几年前，在同国家标准局的温兰德（David Wineland）谈话后，我发现他们用来做时间标准的自旋核为量子力学的线性特征提供了极好的检验。在我的那个有点儿非线性的替代物中，核的自旋轴随磁场进动的频率稍微依赖于自旋轴跟磁场方向的夹角。在标准局没有看到这个效应，这立刻使我明白了，在这里用的原子核（铍的一种同位素）中，任何非线性效应对核能量的贡献还不到一千亿亿亿分之一。过后，温兰德与哈佛、普林斯顿和其他实验室的几个实验家一起改进了测量，所以我们今天知道，非线性的贡献实际上比那个值还要小。量子力学的线性特征，如果说是近似的，也应该说是非常好的近似。

这没有什么特别令人惊讶的。即使量子力学有小小的修正，也没有理由相信那个修正就大得足以在我们为它设计的第一轮实验中就能表现出来。我真正感觉失望的，是那个非线性的量子力学替代物有着完全内在的困难。一个难题是，我没办法把这个量子力学的非线性形式推广成一个以爱因斯坦狭义相对论为基础的理论。接着，在我的理论发表以后，日内瓦的吉辛(N.Gisin)和我在得克萨斯大学的同事波尔琴斯基(Joseph Polchinski)分别独立指出，在小提姆提起的EPR猜想实验里，这个推广的理论的非线性特征可以用来在大距离间瞬时发送信号，那原是狭义相对论禁止的行为。[16] 至少，我在这个问题上暂时失败了；我简直不知道如何小小改变量子力学而不整体地破坏它。

　　没能在理论上找到一个合理的量子力学替代者，这个失败比起线性特征的精确实验证明，在我看来，更说明了量子力学之所以这样是因为它的任何微小的修改都可能带来逻辑的荒谬。如果真是这样，量子力学可能是物理学的一个永恒的组成部分。实际上，量子力学不仅能像牛顿引力理论作为爱因斯坦广义相对论的近似而存在那样，它作为某种近似在未来更深层的理论中留下来，而且还代表着终极理论的一个精确有效的特征。

第 5 章
理论和实验的故事

当我们老了，

世界更加陌生，复杂了

生与死的花样。

那隔绝的没有从前和以后的

不是激情的瞬间，

而是每一刻都在燃烧的一生。

　　　　　　　　——T. S. 艾略特，《东科克》。[1]

90　　　现在，我要讲20世纪物理学进展的3个故事。故事里有一个令人惊奇的事实：物理学家一次次靠美的感觉发展新理论，也一次次靠美的感觉来判决那些理论的有效性。仿佛我们一直在学习如何在最基本的水平期待自然的美。最激动人心的是，我们确实正在以那样的方式走向终极理论。

　　　我要讲的第一个故事关系着广义相对论，也就是爱因斯坦的引力

---

1. 原诗是 T. S. Eliot 著名的《四个四重奏》(The Four Quartets) 的第 2 个，东科克 (East Coker) 是一个小村庄的名字，作者的祖先就是 1669 年从那儿走向新世界的。从诗的首尾两句，读者可以领略原诗的思想和情感：" 在我的开始里是我的结束 "，" 在我的结束里是我的开始 "。——译者

理论。爱因斯坦发展这个理论是在1907～1915年，向世界公开它的是 91
1915～1916年的一系列论文。简单地说，广义相对论把引力描述为物
质和能量产生的时空曲率的效应，从而取代了牛顿的两个有质量的物
体相互吸引的引力图景。到20世纪20年代中叶，这个革命性的理论
成了公认的正确的引力理论；从此以后，它一直占据着那个地位。这
是如何发生的呢？

　　还在1915年，爱因斯坦就立刻意识到，他的理论解决了太阳系
观测与牛顿理论之间的一个老矛盾。从1859年开始，水星轨道在
牛顿理论框架下总是难以理解。照牛顿的力学和引力理论，假如宇
宙除了太阳和一颗行星以外没有别的东西，那么行星将围绕太阳
在一个理想的椭圆轨道上运行。椭圆的方向 —— 长轴和短轴的指
向 —— 永远不会改变；行星轨道仿佛就固定在空间。因为太阳系实
际上包含着大量不同的行星，它们对太阳的引力场会有小小的干扰，
所有行星轨道都在进动 —— 就是说，在太空缓慢地摆动。[1] 19世
纪，人们已经知道水星轨道的方向在100年里会产生约575秒的角度
改变(1度等于3 600秒)。但牛顿理论预言水星的轨道应该在100年进
动532秒，差43秒。换一种说法，你等待225 000年后，会看到那个
椭圆轨道摆过360度，绕一圈回到原来的方向；而照牛顿理论的预言，
你得等244 000年 —— 这原不是什么可怕的差别，但天文学家为它
困惑了半个多世纪。爱因斯坦1915年得出新理论的结果时，发现它能 92
解释水星轨道那多余的每个世纪43秒的进动。(在爱因斯坦的理论中，
多余进动的来源之一是引力场本身的能量产生的引力场。在牛顿理论
中，引力只是质量产生的，没有那个能量的引力场。)爱因斯坦后来
回忆，他曾为这场胜利狂喜了好多天。

第一次世界大战以后，天文学家让广义相对论经历了进一步的实验检验。在1919年的日食中，他们测量了光线经过太阳的偏转。在爱因斯坦的理论中，光线里的光子会被太阳的引力场偏转。光子仿佛一颗遥远的彗星，进入太阳系，在绕过太阳时，在太阳的引力场中拐一个弯，然后远远离去，回到星际空间。当然，光线的偏转比起彗星来要小得多，因为光飞行太快；如果彗星跑得更快，偏转也会小一些。假如广义相对论是正确的，掠过太阳的光线应该偏转1.75秒，即万分之五度。(只有等日食来了，天文学家才能观测光线的偏转。因为他们需要寻找来自遥远恒星的光线从太阳近旁掠过时的偏转，而太阳附近的恒星，只有等日食的时候月亮遮住太阳，才容易看见。于是，天文学家在日食前6个月测量几颗恒星在天球的位置，那时太阳在天球的另一端；等日食来了，他们测量从太阳身边经过的光线偏转了多少，这可以从恒星在天空显现的位置的移动看出来。)1919年，英国天文学家分别远征去巴西东北的一座小城和几内亚湾的一个小岛观测日食。他们发现几颗恒星的光线的偏转，在实验不确定性的范围内，等于爱因斯坦预言的数值。于是，广义相对论赢得了世界的欢呼，成了鸡尾酒会和街谈巷议的话题。

那么，广义相对论取代牛顿引力论不是很显然了吗？广义相对论解释了一个老的反常现象，那多余的水星轨道进动；成功预言了一个惊人的新效应，光线经过太阳的偏转。还需要说什么吗？

水星轨道的反常和光线的偏转，不过是故事的一部分，当然也是重要的部分。但是，跟科学史上的任何事情一样(我想，其他任何历史也是这样的吧)，如果走近去看，就没有那么简单了。

　　我们来看牛顿理论与观测的水星运动之间的矛盾。假如没有广义相对论，它是不是就不能清楚地说明牛顿的引力理论存在某种问题呢？未必。任何一个像牛顿引力理论那样有着广泛应用的理论，总是被实验的反常困扰着。没有哪个理论不面对这样那样的实验矛盾。太阳系的牛顿理论的历史就是不断从各种天文学观测的矛盾中走出来的。到1916年，它面对的问题不仅有水星轨道的异常，哈雷彗星和恩克彗星运动的反常，还有月亮运动的反常。所有这些都表现出不符合牛顿理论的行为。我们现在知道，对彗星和月亮运动的反常的解释，与引力理论的基础没有一点儿关系。哈雷彗星和恩克彗星不像牛顿理论的计算所预想的那样运动，是因为彗星从太阳旁边经过而加热，气体从飞行的彗星逃逸出来，而我们不知道怎么正确地把那些气体所产生的压力包括到计算中去。同样，月亮运动之所以复杂，是因为月亮很大，从而受各种复杂的潮汐力的影响。在今天看来，牛顿理论在这些现象的应用一定会遇到困难，那是一点儿也不奇怪的。同样，如何在牛顿理论下解释水星运动的反常，也有几个不同的建议。20世纪初人们当真的一种可能是，在水星和太阳之间存在某种物质，对太阳引力场产生了小小的干扰。在任何一次理论与实验的碰撞中，都看不到有什么东西站出来摇旗呐喊："我就是那重要的反常。"19世纪末和20世纪初的10年里，科学家们也没有可靠的办法去审视那些数据，从太阳系那些反常中找出重要的东西。哪些观测重要，还需要理论来解释。

　　到了1915年，爱因斯坦的计算证明，广义相对论赋予水星轨道的多余进动等于观测到的每百年43秒时，它才理所当然地成了他的理论的重要证据。实际上，我在后面要讲，它本可能受到更多重视的。也许因为可能存在其他形式的水星轨道的扰动：也许因为人们不喜欢用以前的数据来证明新的理论，也许仅仅因为那场战争 —— 不管怎么说，爱因斯坦水星进动的解释一点儿也不像1919年的日食远征报告那么轰动 —— 那报告证明了爱因斯坦预言的光线经过太阳所发生的偏转。

所以，我们现在来看光线经过太阳的偏转。1919年后，天文学家
95　继续通过后来的大量日食检验爱因斯坦的预言。1922年在澳大利亚，1929年在苏门答腊，1936年在苏联，1947年在巴西，这些日食观测里有些似乎确实得到了跟爱因斯坦理论一致的结果，但其他几个结果却严重偏离了爱因斯坦的预言。而且，尽管1919年的远征基于10多颗恒星的观测所报告的偏转有10%的实验不确定性，大约在90%的精度上符合爱因斯坦的理论，但后来的几次日食远征虽然观测了更多的恒星，却连那个精度也没达到。当然，1919年的日食在这类观测中确实起着异乎寻常的作用。不管怎样，我还是愿意相信1919年的远征队员们在分析数据时，被广义相对论的激情淹没了。

实际上，那时有些科学家也怀疑1919年的日食数据。1921年，阿里留斯(Svante Arrhenius)在给诺贝尔委员会的报告里曾提到许多对光线弯曲结果的批评。[1]在耶路撒冷，我遇到过一位老教授萨穆布尔斯基(Sambursky)，1919年曾是爱因斯坦在柏林的同事。他告诉我，在柏林的物理学家和天文学家都怀疑英国科学家真的能那么精确地检验爱因斯坦的理论。

---

1. 这里关于诺贝尔奖报告和提名引自派斯(A. Pais)那部卓越的爱因斯坦科学传记，*Subtle is the Lord：The Science and Life of Albert Einstein*(New York：Oxford University Press，1982)，chp. 30.（那书的中译本是《上帝难以捉摸 —— 爱因斯坦的科学与生活》，方在庆、李勇译，广东教育出版社，1999。——译者）

　　这一点儿也不是想说那些观测里混进了什么不老实的东西。你可以想象，测量光线被太阳偏转有多少恼人的不确定性。在天空寻找出被月亮遮住的太阳圆盘边缘的恒星，在照相图版上比较那颗星相隔6个月的位置；两次观测时望远镜的焦点可能不同，相片本身在那半年里也可能扩张或者收缩；等等。所有实验都一样，需要所有类型的校正。天文学家总是尽最大可能做那些校正。不过，如果知道答案，这些校正当然会一直做下去，直到出现那个"正确"答案。实际上，人们曾批评1919年日食远征的天文学家，说他们带着偏见抛弃了可能跟爱因斯坦预言发生矛盾的一张照片的数据，他们怨那结果是因为望远镜换了焦距。[1] 现在看来，我们可以说英国天文学家做对了，但如果他们一直校正下去，经过校正的结果最终符合爱因斯坦的理论，我也一点儿不会觉得惊讶。

　　一般认为，一个理论的真正检验在于它的预言与实验的对比。不过，从今天的观点看，我们可以说，爱因斯坦1915年对从前测得的水星轨道反常的成功解释，比起他的光线偏转的计算被1919年和后来的日食观测所证实的，是广义相对论更为坚实得多的检验。就是说，在广义相对论情形，实际上"追认"[2] —— 计算闻名已久的水星运动的反常，比真正的预言 —— 光线在引力场中偏转的新现象，提供了更可靠的理论检验。[3]

---

1. 关于这一点的讨论，请参考 D. G. Mayo，"Novel Evidence and Severe Tests"，*Philosophy of Science* 58 (1991)：523。
2. 作者造了一个与"prediction(预言)"相对的词：retrodiction，它应该有比"追认"更好的译法，可惜我想不出来。——译者
3. 1984年在哥伦比亚大学的一个演讲中曾提出过这个观点。后来，我高兴地看到科学史家 Stephen Brush 也独立得出相同的结论，见他的文章《从光线弯曲看预言与理论评估》。"Prediction and Theory Evaluation：the Case of Light Bending"，*Science* 246 (1989)：1124.)

我想，人们在检验理论时强调预言，是因为过去科学评论家们的权威态度是不相信理论家。他们怕理论家为了迎合所有已知实验事实而调整自己的理论，所以理论与那些事实的符合不能作为理论的可靠检验。

97　　但是，就算爱因斯坦1907年就知道了水星轨道多余的进动，任何知道广义相对论是如何发展起来的人，只要完全跟随爱因斯坦的逻辑，都不可能认为他是为了解释那个进动才创立广义相对论的。(过一会儿我再来讲爱因斯坦自己的思路。)其实，成功的预言才常常是不该轻信的。对一个真正的预言，如爱因斯坦关于光线被太阳偏转的预言，理论家在提出它的时候的确不知道实验结果。但另一方面，实验家在做实验的时候却知道那个理论结果。这样，有可能真的在历史上导致许多像我们过分相信成功"追认"的情况。我再重复一遍：这并不是说实验家们在伪造数据。据我所知，在物理学中还从没发生过公然伪造数据的重大案例。但是，知道理论猜想结果的实验家，在没得到结果时难免会不停地去寻找观测误差，在得到结果时却难得再去寻找误差。然而，实验家并不总能得到他们期待的结果，这恰好成为他们品格力量的证明。

讲了这么多，总的说来，我们看到，广义相对论的早年实验证据归结为一个成功的追认和一个新效应的预言。[2]它追认了水星运动的反常，预言了光线经过太阳的偏转；那追认也许没能受到应有的重视，预言的成功则产生了巨大的轰动，尽管它实际上并不像那时一般认为的那样是决定性的，而且至少遭到过某些科学家的怀疑。等到第二次世界大战结束后，新的雷达和射电天文学的技术才为这些广义相

对论的实验检验精度带来了显著的进步。[1]我们现在可以说，广义相 98
对论的预言 —— 光经过太阳的偏转(和时间的延迟)，水星、伊卡鲁
斯(Icarus)小行星以及其他自然或人造天体的轨道运动 —— 都在1%
的实验不确定性之内得到了验证。不过，它们姗姗来迟了。

　　不论广义相对论当年的实验证据多脆弱，爱因斯坦的理论从20世
纪20年代开始直到今天，还是标准的引力理论的教科书，尽管20年代
和30年代的日食没有给理论带来更肯定的证据。我记得，我在50年代
学广义相对论时，雷达和射电天文学还没有为理论提供新的动人的证
据，我理所当然地认为广义相对论多少总该是对的。也许我们那时都太
天真，也很侥幸，不过我想不是那样的。我相信，大家接受广义相对论
的主要原因是理论本身的吸引力 —— 简单地说，就是它的美。

　　爱因斯坦创立广义相对论时走过的思想路线，还指引着打算学那
理论的后代物理学家，它那诱人的特色仍像当年首先吸引爱因斯坦那
样吸引着他们。我们的故事可以回溯到1905年，爱因斯坦惊天动地
的一年。那一年，在解决光的量子理论和小颗粒在液体中的运动问题
的同时，[3]爱因斯坦提出了一个关于空间和时间的新观点，就是现
在所说的狭义相对论。这个理论很好地符合了公认的电磁理论：麦克
斯韦的电动力学。以不变速度运动的观测者会看到因他的运动而改变
了的空间、时间间隔和改变了的电磁场 —— 改变的方式恰好使麦克 99
斯韦方程在任何运动状态下都依然成立(这一点儿不奇怪，因为狭义
相对论就是为了满足这个要求发展起来的)。但是，狭义相对论跟牛

---

1. 特别是Irwin Shapiro的工作，那时他在麻省理工学院(MIT)。

顿的引力理论符合得不好。首先的一点，在牛顿理论中，太阳与行星间的引力依赖于两者同时的位置，而在狭义相对论中，没有绝对意义的同时性 —— 它取决于运动状态，一个事件与另一个事件是否同时发生，或者哪个在前，哪个在后，不同观测者会有不同的判断。

　　牛顿理论可以通过几种方式的修正来符合狭义相对论，爱因斯坦在得到广义相对论之前，至少试验过一种方法。[1] 1907 年引他走上广义相对论长路的线索，是引力的一个众所周知的特殊性质：力的大小正比于它所作用的物体的质量。爱因斯坦发现，这正如我们以变化的速度或方向运动时，作用在我们身上的所谓惯性力 —— 就是飞机在跑道上加速时把乘客推回座位的那个力。使地球不致落向太阳的离心力也是一种惯性力。所有这些惯性力都跟引力一样，正比于它所作用的物体的质量。我们在地球上感觉不到太阳的引力场，也感觉不到地球绕太阳运行所产生的离心力，因为两个力彼此抵消了，但是假如一个力正比于它所作用的物体的质量，而另一个力不是，则那平衡将被打破，有些物体将脱离地球飞向太阳，还有些物体将被抛出地球进入星际空间。一般说来，引力和惯性力都正比于被作用物体的质量而与物体其他性质无关，这个事实使我们有可能在任何引力场中的任何一点，确定一个"自由下落的参照系"，在这个参照系里，感觉不到引力和惯性力，因为对所有物体而言它们都是完全平衡的。假如真的感觉到引力或惯性力，那是因为我们不在自由下落的参照系里。举例来说，地面上自由下落的参照系以大约 9.81 米／秒^2 的加速度向着地心落下，我们只有恰好在以相同加速度下落的时候才可能感觉不到引力。爱因

100

---

1. 专家知道，我这儿指的是无质量标量理论。

斯坦在逻辑上跳跃了一步，猜想引力与惯性力在本质上是同一样东西。他把这一事实称作引力与惯性等效的原理，或者简称等效原理。根据这一原理，任何引力场都完全通过自由下落的参照系来描述 —— 它告诉我们在空间和时间的每一点，哪个参照系是自由下落的。

1907年后，爱因斯坦花了几乎10年的时间为他的那些思想寻找恰当的数学框架。最后，他找到了他需要的东西，原来引力在物理学中的角色，跟曲率在几何里的角色存在着深刻的相似。在引力场中任何一点附近的小区域里，通过引进一个恰当的自由下落参照系，可以消除那里的引力，这一事实恰似曲面的性质，不管曲率多大，我们都可以画一张地图来正确反映任何一点邻近的距离和方向。假如是一个曲面，没有哪一个地图能正确表现所有地方的距离和方向；任何大区域的地图都不过是中庸的做法，以这样或那样的方式扭曲了距离和方向。大家熟悉的地图常用的麦卡托(Mercator)投影，在赤道附近保持了很好的距离和方向，但在两极却产生了可怕的扭曲，如格陵兰岛比实际大了好多倍。同样，假如没有一个能处处消除引力和惯性力效应 101 的自由下落参照系，那就说明我们处在某个引力场中。[4]

从引力与曲率的这点类比出发，爱因斯坦得到一个结论：引力恰好就是空间和时间的曲率效应。为实现这个思想，他需要一个曲率空间的数学理论，它超出了我们熟悉的地球表面的二维球面几何。爱因斯坦是牛顿以来世界上最伟大的物理学家，他跟那时大多数物理学家一样了解很多数学，但他自己不是数学家。最后，在黎曼和其他数学家在19世纪建立的弯曲空间理论中，他发现自己需要的东西原来早就准备好了。广义相对论的最终形式，不过就是以引力重新解释了弯曲空间的数学，以一个场方程决定一定物质和能量产生的曲率。值得注意的是，在太阳系的小密度低速度情况下，广义相对论得出的结果跟牛顿引力理论恰好是一样的，两者的差别仅在于一些小效应，如行星轨道的进动和光线的偏转。

关于广义相对论的美，在后面我还要讲更多的东西。现在，我想已经说得够多了，你也一定感觉到了那些思想的魅力。我相信，正是因为这些内在的魅力，在日食远征的证据一次次令人失望的那几十年里，物理学家还能一直抱着对广义相对论的信心。

当我们回过头来看 1919 年日食远征前，广义相对论在最初几年被人接受的情景，会对刚才讲的有更深的印象。最重要的是爱因斯坦自己如何看他的广义相对论。日食远征 3 年前，1916 年 2 月 8 日，在给老理论家索末菲 (Arnold Sommerfeld) 的一张明信片里，爱因斯坦写道，"只要你研究它，你会相信那个相对论的一般理论的，所以我不用为它多说一句话。"我无从了解水星轨道计算的成功在多大程度上增强了爱因斯坦 1916 年对广义相对论的信心，但在那之前，在他计算之前，一定已经有过什么东西给他带来了足够的对广义相对论基本思想的信心，才使他能坚持为它奋斗下去，而那样的东西只能是理论本身的魅力。

我们不要低估这初始的信心。在科学史上有数不清那样的例子：科学家有过好的思想，但他们当时没有追寻下去；等到多年以后，（常常是其他人）发现这些思想产生了重大的进步。通常人们错误地认为科学家一定是自己理论的热烈鼓吹者。更多的时候，第一个相信某个新思想的科学家总让它经受毫无根据和过分的批评，因为，他需要经过很长时间的艰苦工作，而且(也更重要)，假如这个思想值得认真追求下去，他不得不放弃其他的研究。

事实上，物理学家确实被广义相对论震惊了。还在1919年日食以前，在德国和其他地方的专家们听说广义相对论时，就认为它有希望而且很重要。那些专家不仅包括慕尼黑的索末菲，哥廷根的波恩、希尔伯特(David Hilbert)，莱顿的洛伦兹(Hendrik Lorentz)——爱因斯坦在战争年代有过交往的人，还包括法国的郎之万(Paul Langevin)和英国的爱丁顿(Arthur Eddington，1919年鼓动日食远征的人)。自1916年以来关于爱因斯坦的诺贝尔奖提名也有助于我们的讨论。1916年，埃伦哈夫特(Felix Ehrenhaft)因他的布朗运动理论和狭义相对论提名；1917年，哈斯(A.Haas)因他的广义相对论提名(以水星轨道进动的成功计算为依据)；同年，瓦尔堡(Emil Warburg)因他的各种贡献(包括广义相对论)提名。1918年，以相同原因的提名更多。到了1919年日食远征前4个月，现代物理学奠基者之一的普朗克也因广义相对论提名爱因斯坦，评价他"迈出了超越牛顿的第一步"。

我并不是说全世界的物理学家从一开始就都一致无保留地相信广义相对论的有效性。例如，1919年的诺贝尔委员会报告就建议等到5月29日的日食后再来评价广义相对论，而即使在1919年以后，爱因斯坦最终获得1921年诺贝尔奖的时候，也不是特别因为狭义和广义相对论，而是"因为他对理论物理学的贡献，特别是光电效应定律的发现"。

什么时候有多少物理学家相信广义相对论，75％、90％还是99％，这些都不是真正重要的。对物理学的进步来说，重要的不在于评判一个理论是对还是错，而在于判断它是否值得认真对待 —— 值得教给研究生，值得写进教科书。当然，首先要值得纳入自己的研究。从这个观点看，跟在爱因斯坦本人后面，向广义相对论皈依的最重要的人物是那些英国天文学家，他们不是相信广义相对论正确，而是相信它是一个合理的美妙的理论，值得将自己的研究生涯贡献出来检验它的预言。于是，他们从不列颠远征万里，去观测 1919 年的日食。其实，在广义相对论还没完成、水星轨道进动还没计算出来的时候，爱因斯坦那美妙的思想就激发了柏林皇家天文台的弗伦德里希 (Erwin Freundlich)，他依靠克鲁伯 (Krupp) 基金的资助，远征克里米亚去看 1914 年的日食。(战争阻断了弗伦德里希的观测，他辛苦一场，还被当时的俄国拘留了几天。)

广义相对论为大家所接受，既不单靠实验数据，也不单靠理论的内在性质，而是依赖于理论和实验交织的一张复杂的网。我已经强调了故事的理论一方，以平衡对实验质朴的过分强调。科学家和科学史家很早就扬弃了培根 (Francis Bacon) 的老观念，说什么科学假说应该通过对自然耐心和无偏见的观察发展起来。显然，爱因斯坦的广义相对论不是在天文学的数据里成长的。不过，我们仍然可以看到穆勒 (John Stuart Mill) 的观点在广泛流传：只凭观察就能检验我们的理论。但是，如我们在这里看到的，在接受广义相对论时，美学判断和实验数据是分割不开的。[1]

---

1. 培根 (1561～1626) 是近代归纳法的创始人，提倡"一个真正的归纳法"；他看不起演绎推理，也看不起数学。他说，"寻求和发现真理，有而且只能有两条途径。一条是从感觉和特殊的东西飞跃到最普遍的原理……另一条是从感觉和特殊的东西引出一些原理，经过逐渐上升而达到最普遍的原理。这是正确的方法，但是迄今还没试行过。"他所谓"偏见"，即他有名的 4 种"假象"(Idols)。请参阅培根《新工具》(Novum Organum)。穆勒 (1806～1873) 也是一个经验论者，他为归纳法提出了 4 条规范，但是也不能解决归纳法存在的问题。——译者

从某种意义说，支持广义相对论的实验数据一开始就有好多——那就是地球绕着太阳、月亮绕着地球以及太阳系其他活动的观测数据，它们可以回溯到第谷(Tycho Brahe)和更早的时代，而且已经被牛顿理论解释过了。乍看起来，这是一些非常特殊的证据。这些 105 在广义相对论出现以前测量的行星运动，我们现在不但拿它的计算来作为广义相对论"追认"的事实；我们所讲的那些天文观测，也发生在爱因斯坦创立他的理论之前，而且已经有其他理论(即牛顿理论)解释过了。对这样一些现象的预言或者"追认"，怎么能够当作广义相对论的胜利呢？

为理解这一点，我们需要更近地来看牛顿和爱因斯坦的理论。牛顿理论确实解释了太阳系的所有观测到的运动，但代价是引进来一些多少有些随意的假设。例如，引力定律说，任何物体产生的引力随离开物体的距离的平方反比例地减小。在牛顿理论中，没有什么特别的需要平方反比律的东西。牛顿提出平方反比律的思想是为了解释太阳系的一些已知事实，如开普勒的行星轨道大小与行星环绕太阳1周所需时间的关系。除了这些观测事实以外，在牛顿理论中，我们可以用立方反比律或2.01次方反比律取代平方反比律，那一点儿也不会改变理论的概念框架，只是可能改变理论的一些次要的细节。[5]爱因斯坦理论严格得多，远没有那么自由。对于在引力场中缓慢运动的物体，即我们可以在寻常意义上谈论引力的情形，广义相对论要求力必须以平方反比的形式减小。在广义相对论中，如果想调整理论得出平方反比律以外的什么东西，不可能不违背理论的基本假设。

另外，像爱因斯坦在他的著作里特别强调的，作用在小物体的引力正比于物体质量而与物体其他性质无关，这在牛顿理论中显得很随意。在牛顿理论中，引力本来还可能依赖于其他东西，如物体的形状、大小或化学组成，这也不会破坏理论的概念基础。在爱因斯坦的理论中，作用在任何物体的引力必然是正比于物体质量而同时与任何其他性质无关的。[6] 假如不是这样，不同物体的引力与惯性力会以不同方式实现平衡，也就不可能谈什么自由下落的参照系了，在那种参照系里，没有东西能感觉到引力；假如不是这样，引力也不可能解释为时空曲率的几何效应。因此，爱因斯坦理论具有牛顿理论所缺乏的刚性，因为这个理由，爱因斯坦才感觉他已经用牛顿不曾有过的方法解释了太阳系的寻常运动问题。

遗憾的是，物理学理论的刚性很难彻底说明白。牛顿和爱因斯坦在建立他们的理论之前，都知道一些行星运动的一般特征。而且，爱因斯坦知道，为了在理论中重现牛顿的成功，他需要某种类似平方反比律的东西。他还知道，他不得不归结到一个正比于质量的引力。从理论的最终发展来看，只有这个时候，我们才能说爱因斯坦的理论解释了平方反比律，也解释了引力与质量的正比关系，但这种判断是兴趣和直觉的事情 —— 它纯粹是这样一个判断：假如爱因斯坦理论可以修正来允许另外的什么反比律或者引力不跟物体质量成正比，那它一定会变得丑陋不堪。于是，在我们判别数据的意义时，我们又一次拿起我们的美学判断和我们理论的所有遗产。

我的下一个故事讲的是量子电动力学 —— 关于光与电的量子力学。在某种程度上，它是第一个故事的镜像。尽管广义相对论的证据有些脆弱，40 年里它一直是作为正确的引力理论被大家接受的，因为它有着动人的美。另一方面，量子电动力学很早就得到了大量实验数据的支持，但在20年里却没人相信，因为它内部存在的矛盾，似乎只有通过丑陋的方式才能解决。

在关于量子力学的第一批论文里，波恩、海森伯和约当1926年的"三重唱"(Dreimännerarbeit)，就把量子力学用到电和磁上来了。他们那时能够算出，光线里的电磁场能量和动量是像粒子那样一束束出现的，从而证明了爱因斯坦1905年引进的所谓光子。[7] 量子电动力学的另一个主要部分是狄拉克在1928年带来的。狄拉克理论的原始形式说明了如何用跟狭义相对论协调的波函数来对电子做量子力学的描述。狄拉克理论的一个最重要的结果是，相应于每一种带电粒子(如电子)，必然存在一种质量相同而电荷相反的粒子，也就是它的反粒子。电子的反粒子在1932年发现了，就是今天大家知道的正电子。20世纪20年代末和30年代初，量子电动力学曾被用来计算大量不同 108 的物理学过程(如光子与电子碰撞的散射，一个电子与另一个电子碰撞的散射，电子与正电子的湮灭和产生)，计算结果一般与实验惊人地相符。

然而，到20世纪30年代中叶，人们普遍认为，不应该把量子电动力学太当真，它不过是一个近似，只有在光子、电子和正电子的能量足够低的相互作用下它才可能有效。这个问题不像一般科学史中经常出现的那样，是理论预期与实验数据间的矛盾，而是物理学理论自身内部不断的对抗，那就是无穷大问题。

海森伯、泡利和瑞典物理学家瓦勒(Ivar Waller)看到了问题的不同形式，不过问题最清楚而令人困惑地出现在 1930 年年轻的美国物理学家奥本海默 (Julius Robert Oppenheimer) 的一篇文章里。奥本海默想用量子电动力学计算某个微妙效应对原子能量的影响。原子里的电子可以发出一个光粒子 (光子)，继续在原来的轨道停留一会儿，然后重新吸收那个光子。光子走不出原子，只能通过它对原子诸如能量和磁场等性质的影响而间接表现出来 (这样的光子叫虚光子)。根据量子电动力学的法则，这个过程产生的原子状态的能量移动可以通过无限多的能量贡献的总和来计算，[1] 每个贡献对应于虚光子可能获得的一个能量值，而光子的能量没有任何极限。奥本海默在计算中发现，因为求和包括来自任意高能的光子的贡献，因而结果成为无限大，导致原子能量的无限移动。[2] 高能对应于短波，因为紫外线的波长比可见光的短，所以这个无限的疑难变成了有名的紫外灾难。

　　在 20 世纪 30 年代和 40 年代初，物理学家中流行着一种普遍看法：奥本海默和其他类似计算出现的紫外灾难说明，现有的电子和光子的理论对于能量超过几百万伏特的粒子来说是完全不能相信的。奥本海默自己就是最重要的抱着这种观点的人，部分原因是他在领导着宇宙线的研究 —— 就是那些自外太空穿过大气来到地球的高能粒子。他对这些宇宙线粒子与大气相互作用的研究说明，高能粒子在发生着某些奇怪的事情。确实有些事情很奇怪，但它们一点儿也不能说明电子和光子的量子理论失败了，其实那不过是新粒子生成的信号，今天我们称那些粒子为 μ 子。不过，即使在 1937 年 μ 子的发现澄清了那

----

1. 这使光子能量成为连续的，因此这里的"总和"实际上是积分。
2. 并不是所有无限东西的总和都是无穷的。例如，尽管 $1+1/2+1/3+1/4+\cdots$ 是无穷的，但 $1+1/2+1/4+1/8+\cdots$ 却是有限的，结果等于 2。

一切以后，还有人固执地认为量子电动力学用于高能电子和光子时会产生问题。

无穷大问题的解决靠的是一种"蛮横的"方式：规定电子只能吸收和发射能量低于一定数值的光子。量子电动力学在20世纪30年代 110 成功解释的都是与低能量光子相关的电子和光子的相互作用，所以，只要假定光子的极限能量足够小（例如1 000万伏），它仍然是成功的。为虚光子带上这个能量极限，量子电动力学能预言很小的原子能量的移动。那时没人以足够精度测量过原子能量，说不清是否真会出现那个小小的能量移动，所以没有与实验不一致的问题。（实际上，人们对量子电动力学太悲观，甚至没人想过去计算那能量移动是什么。）无穷大问题的解决也伴随着烦恼，那不是因为与实验的矛盾，而是因为方法太随意，也太丑陋。

在20世纪30年代和40年代的物理学文献里，我们能看到好多别的关于无穷大问题的解决办法，味道也不怎么样。例如，在有些理论中，高能光子的发射和吸收产生的无限是通过其他负概率事件来消除的。负概率当然是毫无意义的，它的出现表明，人们对无穷大问题已经感到绝望了。

最后，40年代末出现的无穷大的解决办法自然得多，而革命性也较少。[1]问题的出现是1947年6月初在长岛外的希尔特岛公羊头酒店召开的一个会上。会议的组织是为了让在战后准备重新思考物理学

1. 这些发展的历史见 T. Y. Cao and S. S. Schweber, "The Conceptual Foundations and Philosophical Aspects of Renormalization Theory", 即将发表于 *Sythese* (1992)。

基本问题的物理学家能走到一起。事实证明。这是爱因斯坦和玻尔争论量子力学未来的那个索尔维会议15年后最重要的一次物理学盛会。

111　　来希尔特岛的物理学家中，有一个是哥伦比亚大学的年轻物理学家兰姆(Willis Lamb)。兰姆利用战时发展起来的微波雷达技术，刚成功地精确测量了奥本海默在1930年计算过的那类效应：光子的发射和重吸收产生的氢原子能量的移动。[8]从此，这种移动被称为兰姆位移。测量本身与解决无穷大问题没有一点儿关系，但是为了解释兰姆位移的数值，物理学家不得不再去把握这个问题。他们找到的解决办法注定要决定后来的物理学进程。

　　在希尔特岛会上，几个理论家已经听说了兰姆的结果，如何用量子电动力学的原理来计算兰姆位移(不管无穷大问题)，他们来开会时就有了想法。他们认为，光子的发射和再吸收产生的原子能量移动不是真正的可观测量。唯一能观测的是原子的总能量，它等于这个能量移动加上狄拉克1928年计算的能量。总能量依赖于电子的*裸质量*和*裸电荷*，即我们考虑光子的发射和吸收之前出现在理论方程里的电子质量和电荷。但是，不论原子里的电子还是自由电子，总是会发射和吸收影响电子质量和电荷的光子，所以裸质量和裸电荷跟列在基本粒子表里的测量的质量和电荷是不同的。实际上，为了说明观测的电子质量和电荷的数值(当然是有限的)，裸质量和裸电荷本身必须是无

112　限的。这样，原子的总能量就是两个无穷大项的和：裸能量是无限的，因为它依赖于无限的裸质量和裸电荷，奥本海默计算的能量移动也是无限的，因为它接受了无限能量的虚光子的贡献。这就引出一个问

题：这两个无限的量能抵消出有限的总能量来吗？[1]

乍看起来，答案似乎是否定的。但奥本海默在他的计算里忽略了某些东西。能量移动不仅源于电子发射和吸收光子的过程，还源于另一个过程：正电子、光子和第二个电子从虚空中自发生成出来，然后光子在正电子和原来电子的湮灭中被吸收。实际上，为了让原子最终的能量以狭义相对论所规定的方式依赖于原子的速度，这个奇异的过程必须包括在计算里。(这是早在狄拉克以前就发现了的一个结果：只有当量子力学包含了电子的反粒子正电子时，它才能与狭义相对论保持一致。)在希尔特岛的理论家中，有个韦斯柯夫(Victor Weisskopf)，他在1936年就计算出了这个正电子过程产生的能量移动，发现它几乎抵消了奥本海默发现的无穷大。[2]不难猜想，假如考虑了正电子过程，而且考虑裸质量、裸电荷与观测的质量和电荷的区别，那么能量移动中出现的无穷大将完全消失。

尽管奥本海默和韦斯柯夫在希尔特岛，第一个计算兰姆位移的理论家却是贝特(Hans Bethe)。他因为核物理的研究，包括20世纪30 [113] 年代提出的恒星发光的链式核反应，那时已经很出名了。根据岛上流行的那些思想，贝特在回家的火车上对兰姆测量的能量移动做了简略的计算。他还是没有切实有效的工具能把正电子和其他狭义相对论效应包括进那种计算，在火车上的计算差不多就是紧跟奥本海默17年前所做的事情。区别在于，在遇到无穷大时，贝特这回忽略了高能光子

1.这个思想是狄拉克、韦斯柯夫和克拉默前些时候提出的。
2.说得更具体一点，考虑正电子过程后，能量求和就像以1+1/2+1/3+ ··· 替代1+2+3+ ··· 两个和都是无限的，但其中一个比另一个"小"，意思是它不需要多大努力就知道该怎么做。

的发射和吸收产生的能量移动(他有点随意地将光子的能量极限当作电子质量的能量),于是得到了有限的结果,完全符合兰姆的测量。那样的计算,奥本海默在1930年几乎就可以完成了;不过,最后还是因为实验解释的需要以及希尔特岛上流传的那些思想的激励,计算才彻底完成了。

不久以后,物理学家就对兰姆位移做了包括正电子和其他相对论效应在内的更精确的计算。[1] 这些计算的重要不在于得到了更精确的结果,而在于消除了无穷大的问题;没有随意丢弃高能虚光子的贡献,无穷大就消失了。

尼采(Friedrich Nietzsche)说过,"杀不死我们的,使我们更强壮。"[2] 量子电动力学几乎要被无穷大问题抹杀,却又通过电子质量和电荷的重新定义或重正化而复活了。但是,为了这样来解决无穷大的问题,计算里的无穷大只能以某些确定的方式出现,那只有在一类特别简单的量子场论才可能。从这个意义说,这种最简单形式的量子电动力学是可重正化的,但理论的任何一点小小的修改都可能破坏这个性质,导致不能通过理论常数的重新定义来消除的无穷大。于是,这个理论不仅在数学上令人满意,还跟实验相符;不过它自己似乎应该解释为什么会是那样的;理论的任何微小改动都不但会引出与实验的矛盾,还会得出荒唐的结果 —— 绝对合理的问题,无穷大的答案。

---

1. 这些计算分别是由兰姆本人同 Norman Kroll,韦斯柯夫同 J. B. French 完成的。
2. 引自 " Aus dem Nachlass der Achtzigerjahre ",见他1880年的笔记。收在他死后出版的 F. Nietzsche,*Werke* III (Munich : Carl Hauser,1969),p.603。这句话是我在得克萨斯的同事 Lars Gustafsson 的小说的主题 : *Death of a Beekeeper*(New York : New Directions,1981)。

1948年，兰姆移动的计算仍然复杂得吓人，现在，这些计算尽管包括了正电子，得到的兰姆位移却是一些违背狭义相对论的项之和，只有最后的答案才符合相对论。同时，费曼、施温格(Julian Schwinger)和朝永振一郎在独自发展简单得多的计算方法，每一步都跟相对论一致。他们用这些工具进行了其他计算，结果跟实验符合得很精彩。例如，电子有小小的磁场，最早在1928年由狄拉克根据他的相对论量子理论计算过。希尔特岛会议刚过，施温格发表了一个近似计算的结果，那是虚光子的发射和吸收过程引起的电磁场强度的改变。那以后，计算一直在不停地修正，[1]现在的结果是，光子的发射和吸收以及类似的效应使电子的磁场是狄拉克原来预言的1.001 159 652 14倍(最后一位数的不确定性大约为3)，狄拉克原先的计算没有考虑光子的发射和吸收。就在施温格做他的计算时，拉比和他哥伦比亚的伙伴们的实验揭示出电子的磁场实际要比狄拉克的原数值大些，大约[115] 跟施温格的计算差不多。最近的实验结果是，电子磁场是狄拉克的1.001 159 652 188倍，最后一位数的不确定性大约为4。这里，理论与实验在数值上的一致程度也许是一切科学里最令人惊奇的。

有了这样的成功，最简单的可重正化形式的量子电动力学成为普遍接受的正确的光和电子的理论，就一点儿也不奇怪了。不过，虽然理论在实验上成功了，理论中的无穷大在恰当处理下也全都消除了，但无穷大仍然在不断出现，因而量子电动力学和类似理论也在不停地惹人抱怨。狄拉克总是特别爱说重正化是在掩藏无穷大。我不赞成狄拉克的观点，我在珊瑚顶和康士坦茨湖的会上同他讨论过这一点。考

---

1. 木下(T. Kinoshita)评述了这些理论和实验结果，见 *Quantum Electrodynamics,*ed. T. Kinoshita (Singapore：World Seientific，1990)。

虑裸电荷和裸质量与它们的测量值之间的差别，并不只是摆脱无穷
大的一个技巧，即使一切都是有限的，我们可能还是要做那样的事情。
这个过程没有一点儿任意和特设的东西，它只不过正确认识了我们在
实验室所测量的电子质量和电荷到底是什么。只要最终的物理量是有
限而确定的，是与实验一致的，我看不出裸质量和裸电荷中的无穷大
还有什么可怕的。[9] 在我看来，一个像量子电动力学那样辉煌成功的
116 理论多少总该是正确的，尽管我们也许没有通过正确的途径来建立它。
但是狄拉克听不进这样的话。我不赞同他对量子电动力学的态度，但
我想他也不是在固执；呼唤一个完全有限的理论，跟许多其他的美学
判断是一样的，理论物理学家总是需要做出那些判断的。

　　我的第三个故事要讲核的弱相互作用力理论的发展和最后的接
受。这个力不像电磁力或引力那样重要地表现在日常生活中，但在原
子核的链式反应里，它却起着根本的作用。在恒星的中心，链式反应
产生了能量，也生成了各种化学元素。

　　弱核力第一次表现在1896年贝克勒尔发现的放射性现象中。20
世纪30年代，人们懂得了在贝克勒尔发现的那种特殊放射性（即著名
的 β 衰变）中，原子核里的中子变成了质子，同时生成一个电子和另
一种粒子，也就是今天所谓的反中微子，然后，这些粒子都从原子核
里跑出来。这种事情，通过其他任何类型的力都不可能发生。把质子
和中子束缚在原子核内的强力以及试图将核内质子分开的电磁力，都
不可能改变粒子的本性，而引力当然不会与这些事情发生关系。所以，
如果我们看到中子变成质子或质子变成中子，就说明自然出现了一种
新类型的力。正如那名字说的，弱核力比电磁力和强力更弱。一个根

据是，原子核的 β 衰变太慢了；最快的 β 衰变平均也要百分之一秒，[117]
与强力引发的过程相比，真的是软弱无力；强力过程的典型时间尺度
大约是亿亿亿分之一(10^{-24})秒。

1933年，费米(Enrico Fermi)向着这种新力的理论迈出了重要的
第一步。在他的理论中，弱核力不像引力和电磁力那样作用得很远；
它在瞬间把中子变成质子，生成电子和反中微子，几乎是在空间的同
一点完成的。为了把费米理论松散的尾巴收紧，又经过了20多年的
实验努力。那松散尾巴的一个主要问题是，弱力如何依赖于参与粒子
的自旋的相对方向。1957年，问题解决了，费米的弱核力理论得到了
它的最终形式。[1]

经过1957年的突破以后，我们才可以说在弱核力的认识中没有
反常的东西。可是，尽管我们有了能够解释弱力的一切实验事实的理
论，物理学家却普遍发现那理论很不令人满意，许多人都努力试着去
澄清它，让它有意义。

费米理论的问题不出在实验，而出在理论。虽然理论很适合 β 衰
变，但当它用于其他更奇异的过程时，会得出没有意义的结果。理论
家要问的是一些非常合理的问题，如中微子被与它碰撞的反中微子散
射的概率是多大；他们计算时(考虑中子和反中子的发射和吸收)，答
案是无穷大的。大家知道，这些实验是不会做的，但计算的结果不可
能跟任何实验结果一致。我们已经看到，像这样的一些无穷大，20世

1.完成最终形式的分别是费曼和盖尔曼，Robert Marshak和George Sudarshan。

118 纪 30 年代初在奥本海默等人的电磁力理论中就出现过了，而 40 年代末理论家发现，如果恰当定义 (或 "重正化") 电子的质量和电荷，量子电动力学里的所有无穷大都将消除。当我们对弱力懂得更多，才越来越明白费米理论的无穷大不能通过那种方法来清除；理论是不可重正化的。

弱力理论的另一个问题是它有太多的随意性。弱力理论的基本形式总是或多或少地直接受实验的干扰，它可以不违背任何已知的物理学原理而具有迥然不同的样子。

从研究生开始我就陆续在研究弱力的理论，不过 1967 年我改为研究强核力 (那个把质子和中子束缚在原子核内的力)。我试图通过与量子电动力学的类比发展一个强力的理论。[1] 我想，强核力与电磁力的区别也许可以用所谓对称破缺 (我将在后面解释) 的现象来解释。结果不是那样的。我发现自己研究的理论一点儿也不像在实验里表现的强力。这时候，我突然想到，尽管这些思想就强力而言毫无意义，却为弱核力的理论提供了数学基础，可以做我们想做的任何事情。我看到，一个类似于量子电动力学的弱力理论可能会出现在眼前。两个分

119 离的带电粒子间的电磁力是通过光子的交换生成的，同样地，弱力也不会 (像费米理论那样) 立刻作用在空间的某一点，它的产生是通过在不同位置的粒子间交换类似于光子的粒子。这些新的光子类粒子不应像光子那样没有质量 (首要的一点，假如没有质量，它们早该被发现)，但是它们走进理论跟光子在量子电动力学里的出现却是那么相似，我

---

1. 我这里指的是杨振宁和米尔斯 (R. L. Mills) 对量子电动力学的推广。

想它也应该能像量子电动力学那样重正化 —— 就是说，理论中的无穷大可以通过质量和其他物理量的重新定义来消除。而且，理论将被它背后的基本原理高度约束，这样就避免了以前理论中的许多随意性。

我得到过一个特殊具体的理论，就是说，它是一组方程，决定着粒子相互作用的方式，而且以费米理论做它的低能近似。我在研究中发现，虽然那完全不是我起初的想法，但结果的确是一个理论，不单是跟电磁学类似的弱力理论，实际上还是一个关于弱力和电磁力的统一理论。它说明，两个力不过是后来叫作*弱电力*的不同方面。光子跟另外的像光子的粒子紧密结合成一个粒子族；光子通过交换产生电磁力，其他理论预言的光子类粒子则通过交换产生弱力：带电荷的 W 粒子的交换产生 β 衰变的弱力，而中性的我所谓的 " Z " 粒子，等到后面再讲。（在关于弱力的猜想中，W 粒子是一个老故事了；W 代表 " 弱 [120] (weak) "。我拿字母 Z 来称它的新伙伴，是因为那个粒子只有零 (zero) 电荷，还因为 Z 是字母表的最后一个，我希望那个粒子也是这一族的最后一个。）根本说来，在的里雅斯特 (Trieste) 工作的巴基斯坦物理学家萨拉姆 (Abdus Salam) 于 1968 年也独立发现了这个理论。理论的某些方面，在萨拉姆和瓦尔德 (John Ward) 的工作中，甚至在格拉肖 (Sheldon Glashaw，我中学和康乃尔大学时的同班同学) 更早的工作中，就已经出现过。

弱力与电磁力的统一，从它的运行来看，是很正确的。人们总是喜欢以尽可能少的思想去解释尽可能多的事实，虽然我起初并没能意识到自己正在走近它。不过，在 1967 年，理论对弱力物理学里的实验反常，绝对什么解释也拿不出来。以前费米理论没能解释的实验东西，现在的理论也一点儿都解释不了。开始，新的弱电理论也几乎没引起一点儿注意。不过，我认为理论激不起其他物理学家的兴趣，还不仅是因为它缺乏实验的支持。理论本身的内在协调性问题也同样是重要的。

萨拉姆和我都发表了意见，我们说那个理论能清除弱力中的无穷大问题。但是我们没能证明这一点。1971年，我收到乌得勒支(Utrecht)大学一个名叫霍夫特(Gerard 't Hooft)的研究生寄来的一篇稿子，他宣布证明了那个理论确实解决了无穷大问题：可观测量计算中的无穷大事实上将像量子电动力学那样完全消除。起初，我不相信霍夫特的文章。我从没听说过他，论文所用的费曼发展的数学工具也是我以前不相信的。不久以后，我听说理论家李昭辉(B.Lee)采纳了霍夫特的思想，而且在尝试用更传统的数学方法来获得同样的结果。[1]我认识他，也很尊重他——既然他看重霍夫特的工作，我也应该。(李昭辉后来成了我最好的朋友和物理学合作者。1977年他不幸因车祸去世了。)那以后，我更加仔细研究了霍夫特做的事情，发现他真的找到了证明无穷大会消除的关键。

霍夫特论文以后，弱电理论才开始作为物理学寻常工作的一部分而成长起来，尽管那时候理论还没有一点儿新的实验支持。在这个例子中，我们可以看到科学理论的兴趣究竟有多大。碰巧，科学情报研究所(ISI)发表了我的第一篇弱电理论论文被引用的次数，以此说明引用分析对认识科学史的作用。论文写于1967年，当年没人引用。[10]在1968年和1969年两年中，还是没人引用。(这时，萨拉姆和我在试

1.李昭辉是韩国来的理论物理学家。杨振宁先生在《读书教学四十年》里还特别回忆了他。

图证明霍夫特实际证明过的东西：理论没有无穷大。）1970年，论文
被引用过1次（我不知道引用者是谁）。1971年，霍夫特论文那年，我
那篇文章被引用了3次，其中1次是霍夫特。1972年，还是没有新的
实验证据，但论文一下子被引用了65次。1973年，引用数达到165次，
到1980年，又逐渐上升到330次。根据ISI最近的研究，[1]我那篇文章
是前半个世纪里基本粒子物理学论文中引用频率最高的一篇。[11]

　　理论最初激起物理学家兴趣的重大突破，是大家认识到它解决了
粒子物理学的一个内在的概念性问题：弱核力的无穷大问题。在1971
年和1972年，还没有一点儿实验证据说明这个理论比旧的费米理论　122
更好。

　　接着，实验证据真的开始到来了。粒子的交换将产生一类新的
弱核力，那就是有名的**弱中性流**，在中微子束被普通原子核散射时就
会表现出来。（之所以叫"中性流"，是因为这些过程没有核与其他粒
子间的任何电荷交换。）寻找那种中微子散射的实验在CERN和（芝
加哥外的）费米实验室准备好了。（CERN是一个缩写，原文是Centre
Européen de Recherches : Nucléaires，欧洲核子研究中心，是在日内
瓦的一个泛欧研究机构。）实验需要好多仪器，每个实验需要三四十
个物理学家来做。如果头脑里不知道要做什么，那实验是很难做下去
的。1973年，CERN首先宣布发现了弱中性流，费米实验室经过短暂
犹豫，也宣布了他们的发现。1974年后，当这两家实验室一致认为中

---

1. Eugene Garfield，" The Most-cited Papers of All Time, SCI 1945～1988 "，*Current Contents*，
February 12，1990，p.3.（令人惊奇的是，作者那篇大作只有3页，是"一个轻子模型"："A Model
of Leptons "，*Physical Review Letters*(1967)，1264～1266。——译者）

性流存在时，科学世界也普遍相信了弱电理论是正确的。斯德哥尔摩的一家报纸 (*Dagens Nyheder*) 甚至在1975年宣布萨拉姆和我将赢得那年的诺贝尔物理学奖 (我们没有)。

也许有人会问，为什么弱电理论那么快就被广泛承认了。是啊，当然了，中性流是它预言的，而且后来发现了。其他理论不也是这样树立起来的吗？不过我想人们不会那么简单去看它。

首先，中性流在弱力的思想里一点儿也不新鲜。我追溯过中性流理论的源头，盖莫夫 (George Gamow) 和特勒 (Edward Teller) 1937年的一篇文章，在几乎猜想的基础上预言了中性流的存在。20世纪60年代，甚至还出现过中性流的实验证据，不过从来没人相信；发现那些弱力证据的实验家们总拿它作为报告的"背景"。在实验家看来，1973年创新而特别重要的东西，是理论预言了中性流的强度只能落在一定范围内。例如，在某一类中微子反应中，它们产生的效应的强度只是寻常弱力强度的15％～25％。这个预言为在实验里寻找这些力提供了一个指南。但是，真正使1973年不同寻常的，是出现了一个有着诱人特征的理论，一个有着内在的和谐与刚性的理论。于是，物理学家有理由相信，接纳这个理论比等着它从眼前走过，能使他们在各自的科学工作中取得更大的进步。

从某种意义说，弱电理论在发现中性流以前就得到了实验的支持，因为它正确"追认"了从前费米理论解释过的弱力的所有性质，甚至包括量子电动力学解释过的电磁力的所有性质。于是，像在广义相对论的情形那样，可能又有人要问，为什么"追认"也拿来当作一个成功呢？它不是已经由以前的理论解释过了吗？费米理论借助一定数目的任意因素解释了弱力的性质，那些任意的因素跟牛顿引力理论中的平方反比律是同一性质的东西。弱电理论以动人的方式解释了那些任意因素(例如弱力对参与粒子的自旋的依赖性)。但是关于这些判断，不可能说得更精确，那是一个兴趣和经验的问题。

1976年，中性流发现3年后，危机突然降临了。中性流虽然不会 [124] 再有人怀疑，但当年的实验却说明理论预言的某些性质是那些弱力所没有的。在西雅图和牛津的实验，也出现了这种反常。那些实验是看极化的光通过铋蒸气如何传播。自1815年毕奥(Jean-Baptiste Biot)的研究以来，人们就知道通过一定糖溶液的极化光将沿极化方向发生向左或向右的旋转。例如，极化光通过普通葡萄糖D溶液时会向右旋转，而通过葡萄糖L溶液时会向左旋转。这是因为葡萄糖D的分子与它的镜像葡萄糖L不同，就像左手的手套不同于右手的手套(不同的是，不论直接看还是在镜子里看，帽子或领带都是一样的)。一般认为，极化光在通过单一原子的气体(如这里说的铋蒸气)时不会发生这类旋转。但是弱电理论预言，在电子和原子核间通过交换Z粒子而产生的弱力存在左右不对称性，这样原子就被赋予某种像手套或糖分子那样的"手性"。(这种效应预期在铋原子会特别显著，因为那种原子的能级很特殊。)计算表明，铋原子的左右不对称性会使通过它的蒸气的光的极化缓慢向左旋转。令人惊讶的是，牛津和西雅图的实验家们没能发现这种旋转，他们报告说，假如有那样的旋转，它一定比预言的慢得多。

这简直是一颗炸弹。这些实验似乎说明萨拉姆和我于1967～1968 [125]

年得到的那个特别理论在细节上可能是错误的。但是我不想放弃弱电理论的一般思想。自从霍夫特1971年的论文以来，我已经深信理论的框架是正确的，不过我也认为萨拉姆和我构造的那个特殊形式的理论只是一种可能。例如，也可能有光子、W粒子和Z粒子或其他与电子、中微子相关的粒子形成的粒子族。迪昂 (Pierre Duhem) 和奎因 (W. Van Quine) 早就指出，科学理论不可能绝对用实验数据来排除，因为总能通过一些方法来调整理论或辅助假设以达到理论与实验的一致。从某种意义上说，我们要决定的是，那些为了摆脱实验矛盾而不得不做的雕琢是不是太丑陋，从而太不可信。

实际上，在牛津和西雅图的实验之后，我们许多理论家就在继续寻求弱电理论的某些小修正，希望它能解释为什么中性流的力没有期望的那种左右不对称性。我们起初认为，把理论做得丑一点儿就可能适合所有的数据。那年我正在帕洛阿尔托，我想起B·李要来，于是，我打消了去约塞米蒂长途旅行的计划，想跟他一起来修正弱电理论，使它能满足最新的数据 (包括来自高能中微子反应的其他令人疑惑的偏离线索)。但是似乎无济于事。

问题之一在于，CERN和费米实验室的实验已经为我们提供了大量关于中微子与质子和中子碰撞的散射的数据，几乎所有数据都证实了原来形式的弱电理论。很难理解会有任何其他理论能做到这一点，而且还能以自然的方式符合铋原子的结果 —— 就是说，不需要为了适应数据而精心弄出许多复杂的东西，也能满足那个反常的结果。回到哈佛不久，乔基 (Howard Georgi) 和我提出一个一般性的论证：不存在那样的自然方式，使弱电理论既符合牛津和西雅图的数据，也符合以前的中微子反应的数据。这当然阻止不了一些理论家去构造极不自然的理论(这些活动在波士顿很流行，被人叫作"反常行为")，根据最原始的科学进步法则，做总比不做好。

到1978年，斯坦福的新实验以完全不同的方式测量了电子和原子核间的弱力，它没有用铋原子的电子，而是通过氘核来散射斯坦福高能加速器产生的电子束。(氘核的选择没有特别的意思，只不过因为它是一种传统的质子和中子源。)这回实验发现了期望的左右不对称性。在这个实验里，不对称性表现为左旋和右旋的电子有不同的散射率。(对一个运动粒子，我们伸出右手，竖起拇指指向运动方向，如果握起的手指恰好指向自旋方向、我们就说粒子是右旋的。否则，它就是左旋的。)散射率之差的测量结果大约是万分之一，那正是理论所预言的。

于是，每个地方的物理学家都一下子觉得，原来形式的弱电理论毕竟还是对的。不过应该看到，这时候仍然存在那两个与理论的中性流弱力预言相矛盾的实验，而支持那些预言的实验却只有一个，而且背景还不一样。为什么那个跟弱电理论相容的实验一出现，物理学家[127]就相信理论一定正确了呢？原因之一当然是我们都觉得轻松了：我们不会去跟原始形式的弱电理论的任何不自然的"变种"打交道了。美学的自然性准则帮物理学家在矛盾的实验数据间做出了抉择。

弱电理论在继续经受着实验检验。斯坦福实验没有重做，不过几个原子物理学家小组在寻找左右不对称性，不但在铋原子里找，也在铊和铯等其他原子里找。(其实，斯坦福实验之前，新西伯利亚的一个小组就曾报告在铋原子里看到了期望的不对称性，这个报告在斯坦福结果出来前没人注意，部分原因是西方人不大相信苏联实验物理学家的实验精度。)伯克利和巴黎出现了新实验，牛津和西雅图的物理学家也重复了他们的实验。[12]这时，在理论家和实验物理学家中间都达成了共识：预言的左右不对称性效应确实存在着，不仅存在于原子，也存在于斯坦福加速器实验做过的高能电子散射，它们的大小也是我们所期待的。弱电理论最动人的检验当然还是鲁比亚(Carlo Rubbia)在CERN领导的实验。1983年，他们发现了W粒子，1984年，又发现了Z粒子，这些粒子的存在和性质是原始形式的弱电理论已经预言了的。

回头来看这些事情，我感觉有些后悔，我竟花了那么多工夫去修补弱电理论来满足牛津和西雅图实验的数据。我真希望1977年的时候照原来的计划去约塞米蒂；直到今天我也没去过那儿。故事很好地说明了爱丁顿的一句半认真的格言：在理论没有证实之前，绝不要相信任何实验。[1]

我不希望给读者留下这样的印象：仿佛实验与理论总是像那样相互影响的，科学也总是那样进步的。我不过是在这儿强调理论的重要性，因为我想反驳一种普遍流行的在我看来似乎太过经验主义的观点。实际上，如果走过物理学实验的历史，我们可以发现那些重要的实验扮演着不同的角色，理论与实验也以不同的方式在相互影响。历史好像在告诉我们，如果谁说什么实验与理论可能怎样相互影响，那他很可能是对的；如果谁说什么实验与理论必须怎样相互影响，那他多半

1.海森伯也曾回忆，爱因斯坦有句话令他难忘：正是理论决定实验看到了什么。——译者

是错的。

CERN和费米实验室寻找中性流的实验，代表着那样一类为了检验尚未被普遍接受的理论思想而进行的实验。这些实验有时证明理论家的思想，有时也否定它。几年前，维尔切克 (Frank Wilczek) 和我独立预言了一种新粒子。[13]我们都同意把这个粒子叫作轴子(axion)，并不知道它是一种清洁剂的品牌。实验家寻找轴子，但是没能找到 —— 至少没找到具有我们期待的性质的粒子。我们的思想要么错了，要么需要修正。[14]确实，我曾收到一群在阿斯本聚会的物理学家的来信，告诉我"我们找到它了！"不过那信贴在那种清洁剂的一个盒子上。

也有些实验像一个个巨大的奇迹出现在我们面前，是理论家们谁也不曾想到的。这些实验包括X射线和所谓奇异粒子的发现，实际上，水星轨道的反常进动也可以说是这样的。我想，这些实验为实验家和 129 新闻记者带来了极大的乐趣。

还有些实验几乎也像一个个巨大的奇迹出现在我们面前 —— 就是说，它们发现了曾经作为一种可能而讨论过的效应，但那只是一种逻辑可能，而没有动人的出现的理由。那些实验发现了所谓时间反演对称性的违背，发现了某些新粒子，如"底"夸克，还发现了一类非常重的电子，如 τ 轻子。

还有一类很有趣的实验，它们发现了理论家预言的效应，然而那些发现却是偶然的，因为实验家并不知道那预言 —— 这要么是因为理论家对他们的理论还没有足够的信心，不能向实验家宣扬；要么是因为科学交流的渠道太混乱了。这些实验包括自大爆炸留下的宇宙背景无线电噪声的发现和正电子的发现。[15]

还有一些实验，尽管我们已经知道答案了，尽管理论预言已经确立了，理论没有任何怀疑了，我们还是要做，因为现象本身太迷人了，而且很可能带来进一步的实验，我们只需要往前走，去发现。我想，这些实验应该包括反质子和中微子的发现，更近些的 W 粒子和 Z 粒子的发现。寻找广义相对论预言的各种奇异效应，如引力辐射的实验，也该包括进来。

最后，我们来看那样一类实验，它们拒绝了大家已经接受了的、成了物理学标准认识的一部分理论。在过去的 100 年里，我找不到属于这种类型的任何一个例子。当然，很多时候确实发现理论的应用范围远不如原来想的那样广阔。牛顿的运动理论不适用于高速运动。宇称（即左右对称性）不存在于弱力的作用，等等。但是，在过去的一个世纪里，物理学世界普遍接受的理论，没有哪个像托勒密(Ptolemy)的行星运动的本轮理论，或像热作为一种热量流体的理论那样，后来证明是完全错误的。不过，在那百年里，正如我们在广义相对论和弱电理论的情形下所看到的，往往在理论的实验证据令人相信之前，人们就根据美学的判断喜欢了某个物理学理论。我从这里看到，在肯定或有时在否定实验证据的重要性中，物理学家对美的感觉起着多么巨大的作用。

正如我讲的，科学发现和认同的进程看起来很像一团疑云。在这点上，战争史和科学史之间倒有着很大的相似。在两种情况下，历史学家们都在寻求获得最大胜利机会的系统法则 —— 也就是，为了战争的科学或科学的科学。这可能是因为不论是科学史还是战争史，胜利与失败之间可以画出一条清楚的界线，这在很大程度上不同于政治、文化和经济史。我们可以没完没了地争论美国南北战争的起因和影响，但谁也不能怀疑米德的军队在葛底斯堡战胜了李。[1] 同样，谁也不会怀疑，哥白尼的太阳系图景比托勒密的好，达尔文的进化论比拉马克的好。

即使没有建立什么战争的科学，军事史家们还是会说将军的失败是因为他们没有遵守某些很好确立了的军事科学的法则。例如，南北 [131] 战争期间，联军就有两个挨骂的将军，麦克莱伦(George McClellan)和伯恩赛德(Ambrose Burnside)。人们骂麦克莱伦不积极去消灭李在北弗吉尼亚的部队；骂伯恩赛德草率地用兵进攻防守坚固的弗雷德里克斯堡。你大概注意到了，麦克莱伦挨骂是他没有伯恩赛德那么积极，而伯恩赛德挨骂是因为他不像麦克莱伦那样谨慎。两位都是犯了大错的将军，但并不是因为他们没有服从已有的军事法则。[2]

最好的军事史家确实发现很难说清做将军的法则。他们不说战争的科学，而说军事行动的模式，那是不能言传也说不准确的东西，但有时候却能为赢得战争胜利发挥某种作用。这就是所谓兵法或战争的

---

1. 米德(George Gordon Meade，1815～1872)是南北战争时期联邦军少将，1863年7月在葛底斯堡(在宾夕法尼亚)打败了南军统帅李(Robert Edward Lee，1807～1870)。1863年11月19日，林肯在烈士公墓落成典礼上发表了著名的演说。关于美国的历史，可以看布尔斯廷(Daniel J. Boorstin)的三卷《美国人》(有三联书店和上海译文出版社两个中译本)。—— 译者
2. 麦克莱伦(1826～1885)在战争初期做过联军总司令，因为决策犹豫被林肯撤了职；伯恩赛德(1824～1881)后来做过州长，不过他更出名的大概是他的连鬓胡子(在英文里那就叫burnsides)。—— 译者

艺术。[16]在这样的精神下，我想我们也不应该指望有一个科学的科学，关于科学家如何工作或应该如何工作，那样的法则是确立不起来的；我们只能希望把在历史上曾经带来科学进步的那些活动写下来 —— 那就是科学的艺术。

第 6 章
美妙的理论

当我的心片刻凝固

在一朵花或一片流云，

透过那微茫的光辉

能窥见永恒的影。

—— H.沃恩，《静思》[1]

1974年，现代量子电动力学创立者之一的狄拉克来哈佛讲他的历 132
史性工作。讲话快结束的时候，他转向我们的研究生，告诉他们，只
需要关注他们方程的美，而不要去管那些方程是什么意思。对学生来
说这算不得好建议，不过寻找物理学的美始终贯穿于狄拉克的工作，
而且实际上也贯穿于整个物理学的许多历史。[2]

关于美在物理学中的作用，有时说起来不过是装腔作势。我不想

1. Henry Vaughn(1621～1695)是英国威尔士诗人，也被列在"玄学派"里。最有名的作品是宗教和
神秘题材的诗集《燧石的火花》(Silex Scintillans)，歌颂了宇宙的和谐。这首《静思》(The Retreat)
就是其中最精彩的一篇。当作者对着云和花沉思时，想起了自己"天使的童年"。——译者
2. 天体物理学家钱德拉塞卡(Subrahamanyan chandrasekhar)动人地描述过美在科学中的作用，
见 Truth and Beauty:Aesthetics and Motivations in Science(Chicago：University of Chicago Press，
1987)，Bulletin of the American Academy of Arts and Sciences 43，No.3(December 1989)：14。
(《第一推动丛书》里有钱德拉塞卡的那本《真理与美》，主题也是科学和美。——译者)

133 　拿整个这一章来为美说更多的好话；我倒想重点谈谈物理学理论中的美的本质，谈谈为什么我们对美的感觉有时能起指导作用，有时却不能；谈谈美感的作用为何是我们向着终极理论进步的标志。

　　物理学家说一个理论美，跟人们说一幅画、一支曲子或一首诗美，那意思是不大一样的。那不单是个人对美的愉悦的表达，而更像一个驯马人看见一匹赛马说，它是一匹好马。驯马人表达的当然是他个人的感受，但说的是一个客观事实：凭驯马人难以言说的评判标准，它就是那种能赢的马。

　　当然，不同驯马人对马的判断可能有所不同，正因为这一点才会有赛马。但驯马人的美感是为了达到一个具体目标 —— 选出一匹能赢的马。物理学家的美感也是为着一个目标 —— 为着帮助物理学家抉择哪些思想能带我们去解释自然。物理学家和驯马人一样，他们的判断可能对也可能错，但他们都不光是为自己快乐。他们是常常让自己高兴，但那不是他们美学判断的全部目的。

　　这样的比较生出的问题，比它回答的更多。首先，什么样的理论是美的？令我们感觉美的物理学理论有哪些特征？还有一个更难的问题：物理学家的美感为什么起作用？什么时候起作用？前一章讲的故事说明了一个很奇怪的事实，某些跟我们的美感一样既主观又客观的东西不但能帮助我们发现物理学理论，还能帮助我们判断哪些理论是成功的。为什么美学的眼睛给我们带来那么多运气呢？为了回答这
134 个问题，我们会遇到一个听起来很寻常、实际上更艰难的问题：物理学家想实现什么？

什么样的理论是美的？美国艺术博物馆的馆长曾对我在物理学中用"美"这个词感到愤慨。他说，在他们的工作中，专业人员已经不再使用这个词，因为他们发现要定义它真是太难了。很久以前，数学家兼物理学家的庞加莱就承认"可能很难定义数学的美，但任何一种美也都如此。"

我不想定义美，正如我不会去定义爱或者怕。我们不定义这些事情；当我们感觉到了，就会知道它们。然后，除了这点而外，我们有时还能描述它们，现在我就来试试。

我说物理学的美，当然不是说那些印在纸上的数学符号很美。玄学派诗人特拉赫恩(Thomas Traherne)就煞费苦心地把他的诗行整整齐齐地印出来，[1]但那与物理学没有关系。还应该区别我这里所说的美与数学家和物理学家常说的那种叫"精美"的特质。一个精美的证明或计算没有一点儿多余的复杂的东西，而能达到有力的结果。一个理论的方程能否得到精美的解，对理论的美并不重要。除了最简单的情形外，广义相对论的方程是出了名的难解，但这无损于理论本来的美。据说，爱因斯坦曾讲过，科学家应该把精美留给裁缝师们。

---

1. Thomas Traherne(1637~1674)是宗教散文家和诗人，他的一些诗稿在20世纪初才被收集在一起。他在《世纪》(Centuries)里对儿时直觉的回忆，是英国文学史上最早的动人的童年经历的描写。借20世纪现代派大诗人T. S. 艾略特的话说，"不仅给玄学诗歌下定义很难，要确定哪些诗人写玄学诗，他们在哪些诗篇那么做，都是很困难的。"(《论玄学派诗人》，这是艾略特为一本玄学派诗选写的书评：Herbert J. C. Grierson, *Metaphysical Lyrics and Poems of the Seventeenth Century: Donne to Butler*, 1921)温伯格在本书引用了多恩、沃恩、艾略特，现在又提到一位作品难得一见的诗人，可以想象他对"玄学派"的兴趣。与这一诗派相近的，在中国大概是六朝的"玄言诗"(英文的Metaphysical poem也有这种译法)，读者找来看看，也许能理解为什么物理学家会喜欢。遗憾的是，我没能找到特拉赫恩印得整齐的诗，不过在同属一派的George Herbert那里，我找到一首《复活的翅膀》(*Easter Wings*)，诗行就印成一双翅膀的样子。——译者

135 简单是我说的美的一部分，不过那是思想的简单，不是说方程或符号少的那种机械的简单。爱因斯坦和牛顿的引力理论都包含着决定一定物质产生的引力的方程。在牛顿的理论中，方程是3个（相应于空间的3个方向）——在爱因斯坦的理论中，方程是14个（我指的是10个场方程加上4个运动方程）。这一点根本不能拿来作为牛顿理论比爱因斯坦理论更美的依据。实际上，爱因斯坦的理论更美，部分原因是他关于引力和惯性等效的那个核心思想很简单。这样的判断是物理学家普遍赞同的，而且我们也看到了，人们当初接受爱因斯坦的理论主要也因为这一点。

简单而外，还有一种性质能让物理学理论美起来——理论能给人一种"不可避免"的感觉。听一支曲子或一首小诗，我们会感觉一种强烈的美的愉悦，仿佛作品没有东西可以更改，一个音符或一个文字你都不想是别的样子。在拉斐尔的《圣家族》里，画布上的每个人物的位置都恰到好处。这也许不是你最喜欢的一幅画，但当你看这幅画的时候，你不会觉得有任何需要拉斐尔重新画的东西。[1] 部分说来（也只能是部分的）广义相对论也是这样的。一旦你认识了爱因斯坦采纳的一般物理学原理，你就会明白，爱因斯坦不可能导出另一个迥然不同的引力理论来。正如他自己说的，关于广义相对论，"理论最大的吸引力在于它的逻辑完整。假如从它得出的哪一个结论错了，它就得被抛弃；修正而不破坏它的整个结构似乎是不可能的。"[2]

---

1. 拉斐尔画过许多圣母和圣婴题材的画，人物安排都煞费苦心。艺术史家贡布里奇（Ernst H.Gombrich）在名著《艺术的故事》里曾分析过其中的一幅，指出作者"所追求的是人物之间的平衡……"——译者
2. 引自G. Holton，"Constructing a Theory：Einstein's Model"，*American Scholar* 48 (summer 1979)：323。

牛顿的引力理论似乎不是这样的。如果天文学的观测数据需要，牛顿可以假设引力随距离的立方而不是平方反比例地减小，但爱因斯坦却不能把立方反比的定律纳入自己的理论，除非打碎它的理论基础。这样，爱因斯坦的14个方程具有不可避免的特征，从而也具有牛顿的3个方程所缺乏的美。我想，这就是爱因斯坦自己的意思 —— 他 [136] 说，在广义相对论的引力场方程中，包含引力场一端的是美的，像大理石雕塑成的；而方程的另一端，包含物质的那一端，仍然还是丑的，像木头做的。引力场以几乎必然的方式走进爱因斯坦的方程，但广义相对论却不能解释为什么物质还带着那样的形式。

在基本粒子的强力和弱力的现代标准模型里，我们也能部分(仍然只是部分)看到同样意义的必然性。广义相对论和标准模型的必然性和简单性，具有共同的特征：它们都服从对称性原理。

简单地说，对称性原理指的是从一定的不同的角度看某个事物都是一样的。在所有这样的对称性中，最简单的是人类面部的近似的左右对称。因为脸的两边几乎没有什么差别，所以不论从正面看，还是从镜子里看左右颠倒了的脸，它都是一样的。做电影的常玩这样的把戏，让观众突然惊奇地认出一张他们在镜子里见过的脸；假如人像比目鱼那样在脸的同一边长着两只眼睛，就不会有那样的惊奇了。

有些事物比人的脸有着更大的对称性。立方体从6个相互垂直的不同方向看，或者颠倒它的左右来看，都是一样的。理想的晶体不但从不同方向看是一样的，在晶体内部的不同位置(相隔一定距离)看，它也是一样的。球从任何方向看都是相同的。虚空的空间从不同方向

137　和位置看，也是相同的。

这样的对称性千百年来愉悦和激发着艺术家和科学家，但从没在科学中发挥过重要作用。我们很熟悉食盐，那是一颗颗的小立方晶体，从 6 个不同的视角看都一样，不过这一点并不太重要。两侧的对称对人的脸面来说也不是最重要的。对称性在自然界里最重要的不在于事物的对称，而是定律的对称。

自然定律的对称说的是，当我们改变观察自然现象的角度时，我们看到的自然定律不会改变。这样的对称性通常叫作不变性原理。例如，不论我们的实验室在什么方向，我们发现的自然定律都有相同的形式；不论我们相对于北方、东北方或者向上、向下去测量，都不会有什么不同。对古代和中世纪的自然哲学家来说，这并不是显然的。在日常生活里，上下和水平方向当然是不同的。只有在 17 世纪现代科学诞生以来，人们才明白，下不同于上只是因为在我们的下面碰巧有个大质量的东西 —— 地球，而不是(像亚里士多德想的那样)因为轻物体要自然上升，重物体会自然下落。注意，这个对称不是说上与下是一样的；从地球表面向上或向下测量的观察者，对下落的苹果有不同的描述，但他们发现的定律是相同的，苹果是因为大质量的地球的吸引而下落的。

即使我们的实验室固定在某个地方，自然的定律仍然具有相同的
138　形式；不论我们的实验室在得克萨斯、瑞士或者银河对岸的其他行星，结果都不会有什么不同。不论怎样调节时间，自然的定律也都有相同的形式；不论从穆罕默德逃亡那天还是从基督诞生那年或者宇宙开始

那一刻算起，都没有什么不同。[1]这不是说事物都不随时间变化，也不是说得克萨斯就跟瑞士一样，只是说在不同时间和不同地方发现的定律是相同的。假如没有这种对称性，那么在每一个新实验室、在每个正在流逝的瞬间，科学工作都得从头做起。

任何对称性原理同时也是一个简单性原理。假如自然的定律确实在方向中区分出上下南北，那么我们就不得不在方程里考虑某些与实验室方向相联系的东西，它们相应也就不会太简单。其实，为了让我们的方程尽可能简单和紧凑，数学家和物理学家就是假定空间的所有方向都是等价的。

自然定律的对称性在经典物理学中当然重要，而更重要的还是在量子力学。想想，电子是靠什么彼此区别开的？那只能是它的能量、动量和自旋。除了这些性质之外，宇宙间的每个电子都是相同的。就是电子的这些性质，刻画了电子的量子力学波函数在对称变换下(如改变时钟的定时方法，改变实验室的位置或方向)的响应。[1]这样，物质在物理学中失去了中心的地位：留下的只有对称性原理和波函数在对称变换下可能的不同行为方式。 139

比那些简单的平移或旋转更不容易觉察的还有时空对称性。不同速度运动的观察者看到的自然定律仍然具有相同的形式；不论我们在哪儿做实验，在以每秒几百千米绕着银河中心飞旋的太阳系，还是在以每秒几万千米匆匆离我们而去的遥远星系，都不会有什么不同。这 140

---

1. 穆罕默德公元622年6月16日从麦加逃亡麦地那，伊斯兰教纪元开始。—— 译者

最后一种对称性原理有时叫相对性原理。一般认为这个原理是爱因斯坦创立的，但在牛顿的力学理论中也有一个相对性原理；两个理论的区别仅在于观察者的速度对位置和时间的观测结果的影响方式。不过，牛顿认为他的相对性原理是理所当然的，而爱因斯坦则把他的相对性原理与一个实验事实协调起来了：不论观测者如何运动，光速都是相同的。从这个意义说，爱因斯坦在1905年的狭义相对论论文中把对称性作为一个物理学问题来强调，标志着现代对称性思想的开始。

在牛顿理论和爱因斯坦理论中，观测者的运动都会影响观测者在时空里的位置，两者的最重要差别在于，在狭义相对论中说两个事件同时发生是没有意义的。一个观测者可能看到2个钟在同一瞬间指向正午；另一个相对于他运动的观测者会发现一个钟比另一个钟先敲响12点。我们以前讲过，这一点使得牛顿的引力理论和任何其他类似的力的理论跟狭义相对论相矛盾。牛顿理论告诉我们太阳任意时刻作用在地球上的引力都依赖于同一时刻太阳的质量，但那时刻是相对谁说的呢？

为了避免这个问题，最自然的方法是抛弃原来牛顿关于瞬时超距作用的思想，代之以一幅因为场产生的力的作用图景。在这样的图景里，太阳不直接吸引地球；它产生一个场，即引力场，然后场生成一个作用于地球的力。这个区别看起来似乎没什么不同，实际上却是大大的不同：太阳爆发耀斑时，开始只影响附近的引力场，然后引力场的微小改变才以光速向空间传播。那仿佛水池的微波，从小石头落下的地方开始向四周散开。所有以不变速度运动的观测者都会看到相同的景象，因为在狭义相对论里他们都相信光速是一样的。同样，一个带电物体产生一个场，即电磁场，它将电磁力作用于其他带电体。如果带电物体突然运动，起初只有它附近的电磁场发生改变，然后这些改变才以光速在场中传播。实际上，在这种情形，电磁场的改变正是我们寻常所说的光，不过，它们的波长通常都太长或者太短，我们看不见。

在量子物理学以前的背景下，爱因斯坦的狭义相对论很好地符合一种自然的二元观：自然界存在两种事物，一种是粒子，如普通原子的电子、质子和中子；另一种是场，如引力场和电磁场。量子力学带来了更加统一的观点。在量子力学看来，像电磁场那样的场的能量和动量是以一束束的形式出现的，那就是我们知道的光子，它的行为跟粒子完全一样，只是碰巧没有质量罢了。同样，引力场的能量和动量也是以一束束引力子的形式出现的，也是无质量的粒子。在大尺度的引力场，如太阳的引力场，我们注意不到单个的引力子，主要是因为它们太多了。[2]

1929年，根据波恩、海森伯、约当和威格纳以前的研究，海森堡 142 和泡利在两篇文章里解释了有质量的粒子(如电子)也能理解为不同类型的场(如电子场)的一束束能量和动量。在量子力学里，两个电子间的电磁力源于光子的交换；同样，光子与电子之间的力是源于电子的交换。物质与力之间的差别基本上消失了；任何粒子都可以充当某个力的作用的检验者，而它们的交换也能产生其他的力。今天人们普遍认为，结合狭义相对论原理与量子力学的唯一途径是通过场的量子理论或其他类似的理论。这完全是一种逻辑的刚性，为真实的基本理论赋予了美：量子力学和狭义相对论几乎是不相容的，它们在量子场论里的调和为粒子的相互作用方式带来了有力的限制。

现在为止，上面提到的所有对称性只是限制了理论应该包含的力和物质的类型 —— 没有从它们本身来要求存在哪种特殊类型的物质或力。20世纪以来，特别是近几十年来，对称性原理提高到了新的更重要的水平：我们有了那样的对称性原理，它们正好决定了所有已知自然力的存在。

在广义相对论中，作为基础的对称性原理说明一切参照系都是等价的：对所有的观测者，不论匀速运动的还是加速的或旋转的，自然定律看起来都是相同的。假如我们把实验装置从大学宁静的实验室搬出来，拿到稳定旋转的木马上去做实验。现在我们不去测量相对于北的方向，而要测量相对于固定在转盘上的马儿的方向。乍看起来，定律会显得大不一样。在旋转木马上的观测者会感觉一个离心力仿佛要把马儿上松散的东西甩出去。如果他们出生成长在木马上，他们不会知道自己是在一个旋转的平板上面，他们会用一些包含那种离心力的力学定律来描述自然，那些定律跟我们其他人所发现的定律是迥然不同的。

静止参照系和旋转参照系的自然定律看起来是那么不一样，令牛顿和后来200多年的物理学家大为困惑。19世纪80年代，维也纳的物理学家和哲学家马赫（Ernest Mach）指出了一条可能通向解释的道路。马赫强调，除了离心力以外，还有东西能区别旋转木马和传统的实验室。从木马上的天文学家的观点看，太阳、恒星、星系 —— 实际上连宇宙这个大块 —— 都在绕着天顶旋转。你我会说那是因为木马在旋转，但生活在木马上而且当然拿它做参照系的天文学家则坚持认为是整个宇宙在绕着他旋转。马赫问，这个巨大明显的物质旋转是否以某种方式与离心力相关呢？假如那样，木马上发现的自然定律跟其他传统实验室发现的自然定律就真是一样的了；表面的差别只是由于不同实验室的观测者看到的环境不同。

爱因斯坦捡起马赫的线索，在广义相对论里把它更具体化了。在广义相对论里，确实存在来自遥远星体的影响，产生旋转木马的离心力：那就是引力。在牛顿的引力理论中当然不会发生这样的事情，它 144 考虑的只是任意物体间的吸引力。广义相对论更加复杂，在旋转木马的观测者看来，宇宙物质绕天顶的旋转产生一个场，有点儿像电磁体线圈中的电流产生的磁场。旋转木马参照系里的这个"引力磁场"产生的效应，就是寻常参照系里归因于离心力的效应。广义相对论的方程，也不像牛顿力学的那些方程，它们在旋转木马和一般实验室里的形式是完全相同的；不同实验室所看到的现象的区别仅在于他们的环境不同——一个看到宇宙在绕着天顶旋转，另一个宇宙没有旋转。但是，假如引力不在了，这种离心力解释将是不可能的，那么在旋转木马上感觉的离心力使我们能够区别旋转木马和一般的实验室，这样也就排除了旋转和不旋转的任何实验室之间的等价性。于是，不同参照系之间的对称性需要引力的存在。

弱电理论背后的基本对称性更奇怪一些。它跟空间或时间的视点改变无关，而是关于不同类型的基本粒子的识别。我们知道，在量子力学中，一个粒子可能处于那样的状态，不在这里，也不在那里；或者它的自旋不是顺时针的，也不是逆时针的。同样奇怪的是，在量子

145　力学里，可能有那样的粒子，它不是确定的电子，也不是确定的中微子，只有等我们测量了能够区分两者的某个性质(如电荷)，才能认定它是什么。在弱电理论中，如果在方程里处处以这种既非电子也非中微子的混合粒子态来取代电子和中微子，自然定律的形式是不会改变的。因为其他许多不同粒子也跟电子和中微子发生相互作用，所以同时需要把那些粒子族也混合起来，[3]如上夸克与下夸克，还有光子和它的伙伴：带正电和负电的W粒子、中性的Z粒子。这是与电磁力相联系的对称性，源于光子的交换；对弱核力来讲，那种对称来自W粒子和Z粒子的交换。在弱电理论中，光子、W粒子和Z粒子分别表现为4种场的能量束，那些场是对弱电理论的对称性的响应，就像引力场响应广义相对论的对称性一样。

　　弱电理论背后的这种对称性叫内在对称性，因为我们可以把它们与粒子的内在性质而不是外现的位置和运动联系起来。内在对称性比作用在寻常空间和时间的那些对称性(如广义相对论的对称性)更加陌生。我们可以想象，每个粒子都带着一个小刻度盘，盘上刻着"电子"、"中微子"、"光子"、"W粒子"等，指针指向这些粒子或者指向任意两个粒子之间。内在对称性说的是，当我们以一定方式转动刻度盘时，自然定律会表现出相同的形式。

　　另外，对这些主宰弱电力的对称性，我们可以在不同的时间和地点对不同的粒子转动刻度盘。这很像广义相对论里的对称性，不仅允许我们以一定的角度，或者随时间增大的角度转动实验室，还允许我
146　们把实验室搬到旋转木马上去。自然定律在这种依赖于时间和空间的对称变换下的不变性叫作局域对称性(因为对称变换的效应与空间位

置和时间有关)或规范对称性(纯粹是历史的原因)。[4]引力成为必然，正是因为空间和时间的不同参照系之间的这种局域对称性，同样的道理，光子、W粒子和Z粒子的场之所以必然出现，也因为一类新的局域对称性：电子与中微子之间的(还有上夸克和下夸克以及其他粒子之间的)局域对称性。

　　还有一类精确的局域对称性，跟夸克的一种内在性质相关；我们充满想象地把那种性质叫作夸克的色。我们已经看到有不同类型的夸克，如构成在所有寻常原子核中都能看到的质子和中子的上下夸克。另外，每种夸克都表现出3种不同的"色"，物理学家(至少在美国)通常称为红、白、蓝三色。1 当然，它们跟普通的颜色没有一点儿关系；不过是用来区别不同夸克个体的标签。就我们现在的认识，在不同色间确实存在精确的对称性。红夸克和白夸克间的力与白夸克和蓝夸克间的力是一样的；两个红夸克间的力与两个蓝夸克间的力也是一样的。但这种对称性不仅限于色的相互交换。在量子力学里，我们可以考虑那样一种状态的两个夸克，它说不定是红，是白，还是蓝。假如我们用3种可能的混合色(如紫色、玫瑰色和淡紫色)的夸克来取代原来3种色的夸克，自然定律还会有完全相同的形式。即使那些混合夸克从一个地方移动到另一个地方，从一个时刻移动到另一个时刻，自然定律都不会发生改变。再拿广义相对论的类比来说，我们一定能在理论中得出一族与引力场类似的与夸克相互作用的场。这种场有8个，叫作胶子场，因为它们产生的强力把夸克黏结在质子和中子里。我们现在关于这些力的理论，量子色动力学，就是夸克和胶子关于这种局域 147

---

1. 关于夸克的"颜色"，O. W. Greenberg，M. Y. Han和南部的W. A. Bardeen，H. Fritzsch和盖尔曼提出过不同的建议。

色对称性的理论。基本粒子的标准模型就是由结合了量子色动力学的弱电理论组成。

我一直在说对称性原理为理论带来了某种刚性。你可能认为这是一种缺点，物理学家想发展能描述更多现象的理论，所以他们应该寻求尽可能有弹性的理论 —— 能在各种不同的可能的条件下有意义的理论。在许多科学领域是这样的，但在基础物理学中却不是。我们在追寻某种普遍的东西 —— 它统治着整个宇宙的一切现象 —— 我们所谓的自然律。我们不是要去发现一个能描述自然粒子间所有可能的力的理论。实际上，我们只是期待着那样一个理论，它能让我们严格描述几个力 —— 引力、弱电力和强力 —— 那几个碰巧存在的力。物理学理论中的这种刚性是我们认为美的一部分。

给理论带来刚性的不仅是对称性原理。仅从对称性原理的基础出发，我们不可能走到弱电理论或量子色动力学，至多我们能得到更大理论的一个特例，有着无限多的可调节参数，它们在理论中可以取任何你喜欢的数值。为了从其他更复杂的满足同样对称性原理的理论中选出我们简单的标准模型，需要附加一个限制条件：出现在理论计算中的无穷大应该被清除。(就是说，理论必须是"可重正化的"。[1])结果表明，这个条件给理论的方程带来了极大的简单性，而且，跟各种局域对称性一道，它将走出一个形式独一无二的基本粒子的标准模型。

我们在物理学理论如广义相对论或标准模型中看到的美，很像某

---

1. 不过请看第 8 章对这个要求的限制。

些艺术作品具有的美，它们都令我们感觉是必然的、自然而然的 ——
我们不愿意改变其中的一个符号、一个笔画或一根线条。不过，正像
我们欣赏音乐、绘画和诗歌一样，那种自然的感觉是一种趣味和体验，
不可能从公式推导出来。

劳伦斯·伯克利实验室每隔一年出版一本小册子，列出最新的已
知基本粒子的性质。如果我说统治自然的基本原理就是基本粒子具
有小册子所列的那些性质，那么我们当然可以说基本粒子的已知性
质是那个基本原理的自然结果。这个原理甚至还有预言的能力 ——
它预言我们实验室产生的每一个新电子或质子都将表现出列在小册
子上的质量和电荷。但这原理本身却太丑了，没人会觉得它实现了什
么。它的丑陋在于不简单，也不自然 —— 小册子里有成千上万的数
字，任何一个都可能改变而不会使其余数据失去意义。没有什么逻辑
的公式能在美的解释与单纯的数字罗列之间画出截然可分的界线，但
是我们知道它们是不同的 —— 一个原理有了简单性和刚性，我们才 149
会认真看待它。这样，我们的美学判断不是发现科学解释并判断其有
效性的最终唯一的方法 —— 它是我们所谓解释的一个部分。

有些科学家笑话基本粒子物理学家，因为所谓的基本粒子太多了，
我们都得随身带上一本伯克利的小册子，时刻让我们想起已经发现的
那些粒子。但粒子的多少并不重要。正如萨拉姆讲的，大自然计较的
不是粒子和力，而是原理。重要的是拥有一组简单经济的原理来解释
为什么粒子是那样的。眼下令人烦恼的是，现在还没有一个我们希望
的完整的理论。假如我们有了那种理论，它描写多少种粒子或力都无
所谓，只要描写是美的，是简单原理的必然结果。

　　我们在物理学中看到的美的样式是很有限的。如果用语言来表达，我只能说那就是简单性的美和必然性的美 —— 完美的结构，一切都恰到好处地组织在一起，没有需要改变的东西，存在一种逻辑的刚性。那是简约和古典的美，是我们在希腊悲剧里看到的美。但是，我们在艺术里发现的美却不止这一种。莎士比亚的戏剧就不具备这样的美，尽管他的某些十四行诗还有。莎剧的导演常常会省略一些台词。在奥利弗的电影《哈姆雷特》中，哈姆雷特从没说过"我真是一个无赖，一个下贱的奴才！……"[1] 但是表演还是好的，因为莎翁的戏不像广义相对论或《俄狄浦斯》那样具有简约完美的结构；[2] 它们是杂乱的复合体，用戏的复杂来反照生活的复杂。这是莎翁戏剧美的一个方面，在我看来，在这方面它比索福克勒斯的戏剧和广义相对论的美更高级。莎翁戏剧里某些最了不起的因素，是他抛弃了古希腊悲剧的模式，在主角的命运展开之前，让我们先看到一个外来的小人物 —— 如看门人、园丁、卖无花果的人或者掘墓人。当然，理论物理学的美在艺术面前会显得很可怜，尽管那样，它还是给我们带来了快乐和指南。

　　在我看来，物理学是艺术的拙劣样板，还有另一方面的原因。我们的理论很深奥 —— 当然是这样的，因为我们不得不用数学语言来发展那些理论，而数学语言还没有成为受教育者的普遍工具。物理学家一般也不愿意看到我们的理论那么困难。另一方面，我偶尔听到艺术家们高谈他们的工作，说只有少数鉴赏家能够走近他们；他们拿物

---

1. 哈姆雷特在第二幕最后的一大段独白，在奥利弗（Laurence Olivier，1907 ～ ? 英国导演兼演员，封男爵）导演并主演的电影《哈姆雷特》里被删去了。—— 译者
2.《俄狄浦斯》(Oedipus) 是古希腊大悲剧家索福克勒斯 (Sophocles，496 B.C. ～ 406 B.C.) 最有名的悲剧。弗洛伊德 (Sigmund Freud) 所谓的"恋母情结"(Oedipus Complex) 就来自该戏中的故事。索氏的悲剧布局严谨，结构紧凑。亚里士多德认为《俄狄浦斯》是戏剧艺术中的典范。—— 译者

理学做例子来证明这一点，广义相对论那样的理论也是只有内行人才懂。艺术家跟物理学家一样，可能并不总能让大众理解，但为了深奥而深奥却只能是愚蠢的。

尽管我们寻求的理论美由简单的基本原理赋予它的刚性，但一个理论却不单是从一组预先设定的原理就能用数学推导出来的。有些原理是在过程中产生的，有时来得很恰当，带来了我们希望的那种刚性。我一点儿也不怀疑，爱因斯坦为他的引力与惯性等价的思想感到快乐的原因之一，就是它带来了一个相当刚性的而不是无限多个可能的引力理论。从已知的物理学原理导出结果，可能很困难，也可能很容易，[151]不过那是物理学家在研究生的时候学会的事情，他们也喜欢做。一个新物理学原理的产生却是痛苦的，显然也没有人能教。

奇怪的是，尽管物理学理论的美嵌在基本原理基础上的刚性的数学结构里，但即使我们发现基本原理错了，具有那种美的结构还可能存在。一个好例子是狄拉克的电子理论。狄拉克在1928年曾试图通过粒子波重建薛定谔形式的量子力学，使它能跟狭义相对论一致。结果，狄拉克发现电子必然有一定的自旋，宇宙充满了看不见的具有负能量的电子 —— 空间的哪一点缺了它，我们就会在实验室看到那里出现一个带着相反电荷的电子，即电子的反粒子伙伴。自1932年在宇宙线中发现那种反电子(也就是现在我们说的正电子)以来，他的理论赢得了巨大的声誉。在20世纪30年代和40年代发展、应用并取得重大成功的量子电动力学里，狄拉克的理论是一个重要的组成部分。但我们今天知道，狄拉克的观点在很大程度上是错误的。量子力学与狭义相对论融合的适当背景，不是狄拉克所寻求的那种薛定谔形式的波动力学，而是海森伯和泡利在1929年提出的更一般形式的所谓量子场论。在量子场论里，不仅光子是场(电磁场)的一束能量；电子和正电子也同样是电子场的能量束，而其他基本粒子也是其他各种场的能量束。对于只涉及电子、正电子和(或)光子的过程，狄拉克的电子理论碰巧得出了跟量子场论相同的结果。但量子场论更加普遍 —— 能解释狄拉克理论所不能理解的一些过程，如原子核的 β 衰变。[5]在量子场论里，根本不需要粒子具有任何特别的自旋。电子确实碰巧具有狄拉克理论要求的自旋，但还有其他具有不同自旋的粒子，它们也有反粒子，却与狄拉克假想的负能量无关。[6]尽管如此，狄拉克理论的数学却作为量子场论的基本部分保留下来，每个高等量子力学的研究生课程都必须讲它。就这样，将狄拉克引向他的理论的那个相对论波动力学的原理虽然死了，理论原来的结构却留下了。

所以，物理学家在物理学原理下发展的数学结构有着奇特的"便携性"，可以把它们从一个原理的背景带到另一个，并且满足不同的需要，像我们肩膀的灵巧骨头，在鸟儿关联着身体和翅膀，在海豚则生出鳍。我们是跟着物理学原理走向那些美丽结构的，有时原理虽然不在了，但美还在。

玻尔给了一个可能的解释。1922年，在考虑他早先的原子结构理论的未来时，他指出"只有有限的数学形式能够用于大自然，也有可能从完全错误的概念发现正确的形式。"[7]确实，玻尔对自己理论的未来的估价是正确的；它的基本原理被放弃了，但我们还在用它的一些语言和计算方法。

152

153

纯数学在物理学的应用中，美学判断的作用确乎是非常有趣的。数学家是怀着美的愿望去建立他们的概念体系的。英国数学家哈代(G. H. Hardy)说"数学的模式像绘画和诗歌的模式那样，必须是美的。数学的思想跟绘画的色彩和诗歌的语言一样，必须以和谐的方式融合在一起。美是第一检验。丑陋的数学没有永久的位置。"[8] 不过，数学家为了美的追求而建立的结构，后来往往在物理学家那里显现出异乎寻常的价值。

为说明这一点，我们回头来看非欧几何和广义相对论。欧几里得之后的2000年里，数学家一直在努力去发现欧几里得几何的几个基本假设是否是相互独立的。如果假设不独立，其中的一个能从别的假设推导出来，那个多余的假设就该抛弃，从而产生一个更经济也更美好的几何体系。19世纪初，探索达到了高潮。那时，"数学王子"高斯(Carl Friedrich Gauss)和其他数学家为一种弯曲空间发展了一种非欧几何，[9] 能满足欧几里得的4个假设，只有第5个不能满足。[10] 这意味着第5个假设跟其他4个假设在逻辑上是独立的。这种新几何的创立是为了解决一个关于几何基础的历史遗留问题，而不是因为有谁想把它用于现实世界。

后来，非欧几何被最伟大的数学家之一的黎曼推广为一个关于二 ¹⁵⁴维、三维及任意维弯曲空间的理论。数学家继续做黎曼几何的研究是因为它太美了，而没想过它有什么物理学应用。它的美在很大程度上还是必然性的美。一旦你开始考虑弯曲空间，你几乎不可避免地要引进那些黎曼几何要素的数学量(如"度规"、"仿射联络"、"曲率张量"，等等)。爱因斯坦在开始建立广义相对论时发现，为了表述他的不同参照系之间的对称性,一个办法就是将引力归结为时空的曲率。他问他的朋友格罗斯曼(Marcel Grossman),是不是有过弯曲空间的数学理论 —— 不仅是关于三维普通欧几里得空间里的二维曲面,还包括弯曲的三维空间,甚至弯曲的四维时空。格罗斯曼告诉了爱因斯坦一个好消息,确实有那样的数学,就是黎曼等人发展的那种几何。他教爱因斯坦学会了那个几何,爱因斯坦把它纳入了广义相对论。数学在等着爱因斯坦来用它,尽管我相信不论高斯、黎曼还是其他哪个19世纪的几何学家都不会想到他们的理论有朝一日能用于引力的物理学理论。

更奇怪的例子来自内在对称性原理的历史。在物理学中,内在对称性原理常给在菜单上的可能粒子添加一种"族结构"。最早知道的这样一个"族"是构成普通原子核的那两类粒子组成的,即质子和中子。质子和中子有非常接近的质量,所以,当查德威克(James Chadwick)在1932年发现了中子时,人们当然地假设强核力(关乎中子和质子质量的力)应该表现一种简单的对称性:假如在决定这些力的方程里处处颠倒中子和质子的地位,方程还应该保持原来的形式。这特别告诉我们,中子间的强核力和质子间的强核力是一样的,但是关于中子与质子间的力,它什么也没说。于是,当1936年的实验揭示出两个质子间的核力大概与质子和中子间的核力相同时,人们还多少感觉奇怪。[1]这个发现生出一个新的对称性思想,那不但是质子和中子的交换的对称,也是连续变换下的一种对称,可以将质子和中子变换为两种粒子的混合状态的粒子,那个粒子以任意的概率表现为质子

---

1. 这些实验是 Merle Tuve, N. Heydenberg 和 L. R. Hafstad 做的。他们用百万伏的范德格拉夫加速器点燃一束质子,打入质子很多的石蜡靶子。

或中子。

这些对称变换作用在粒子的"标签"上，它们区别粒子的方法在数学上跟作用在粒子(如质子、中子或电子)自旋的普通三维旋转是一样的。[11]因为这个例子，到20世纪60年代才有许多物理学家默默地认为保持自然定律不变的内在对称变换一定是在某个二维、三维或更多维内部空间的旋转。那时关于对称性原理在物理学应用的教科书[包括外尔(Hermann Weyl)和威格纳(Eugene Wigner)的经典著作]几乎都没有指出还有其他的数学可能。到了20世纪50年代末，当一大堆新粒子在宇宙线中被发现，然后在加速器(如伯克利的贝伐加速器¹)里被发现，理论物理学世界才不得不思考可能的更加广泛的内部对称性。那些粒子似乎分成比简单的质子−中子对更大的族。例如，中子和质子与其他6个叫作超子的粒子有着很近的族联系，它们有相同的自旋和相近的质量。从这样的粒子大家族能生出什么样的内在对称性呢？

1960年左右，研究这个问题的物理学家开始在数学文献里去寻求帮助。他们惊奇而兴奋地发现，原来数学家差不多把所有可能的对称性都分好类了。使任何事物(不论特殊的物体还是自然的定律)保持不变的变换的完全集合形成一个叫群的数学结构，[12]而关于对称变换的一般数学叫群论。每个群都由抽象的数学法则来刻画，与变换的事物无关，正如算术法则不管我们加减什么东西一样。自然定律的一个特殊对称性下能有多少族，完全取决于对称群的数学结构。

---

1. 贝伐加速器(Bevatron)即高能质子同步稳相加速器，能产生能量为6.4 GeV的质子流，伯克利的加州大学用它发现了反质子(GeV在美国英语中也用BeV)。—— 译者

那些连续作用的变换群，如普通空间的旋转或弱电理论中电子和中微子的混合，叫作李群，是以挪威数学家S. 李(Sophus Lie)的名字命名的。法国数学家嘉当(Élie Cartan)在他1894年的学位论文里列举了所有"单纯的"李群，通过那些变换的组合可以构造所有其他的群。[13]1960年，盖尔曼和以色列物理学家涅曼(Yuval Ne'eman)独立发现了有一种单纯李群 [su(3)] 恰好正确地为那一大堆基本粒子赋予了族结构，与在实验中发现的结构非常相似。盖尔曼从佛教里借来一个词，称这种对称性原理为"八正道"，[1]因为这些熟悉的粒子都分别属于8个成员的族，如中子、质子和它们的6个伙伴构成一族。那时有些族还不完整，需要一个新粒子来填充一个10粒子的族，那些粒子有点像中子、质子和超子，但自旋是它们的3倍。su(3)对称性的最大成功是，它预言的那个粒子1964年在布鲁克海文(Brookhaven)发现了，而且具有盖尔曼估计的质量。[2]

群论虽然显示了与物理学那样紧密的联系，却是数学家根据数学自身的需要发展起来的。群论是伽罗瓦(Evariste Galois)在19世纪初兴起的，他当时是为了证明某些代数方程(方程中包含未知数的5次或更高次幂)没有通用的求解公式。[14]不论伽罗瓦、李还是嘉当，都不会想到群论能在物理学中得到应用。

数学家跟着数学美的引导发展了形式的结构，物理学家多年以后发现那些结构大有作为，尽管数学家们当年并没有那样的念头。这

---

1. 在粒子物理学中一般叫"八重法"(eightfold way)。佛教的"八正道"指正见、正思维、正语、正业、正命、正精进、正念、正定。参见《大般若经》、《杂阿含经》卷二十八(别译《八正道经》)。——译者
2. N. Samios领导的一个小组发现的。

是非常奇怪的事情。物理学家威格纳在一篇有名的文章里说这种现象是"数学的莫名其妙的功用"。[1]物理学家总觉得数学家有着奇异的本领，能预见物理学家的理论所需要的东西。仿佛阿姆斯特朗 (Neil Armstrong) 1969年第一次踏上月球表面时，在尘埃里发现了凡尔纳 (Jules Verne) 的脚印。[2]

那么物理学家从哪儿去获得美感 —— 不但帮助他们发现现实世界的理论，还帮助他们判断物理学理论的有效性，有时甚至与实验证据矛盾？数学家的美感又是如何引出那些多年以后用于物理学的结构的呢？—— 尽管数学家可能对物理学应用一点儿兴趣也没有。

我认为有3种可能的解释，两种适用于大多数科学，一种仅限于物理学的最基础领域。第一个解释是，作用于我们宇宙的仿佛是一台随机低效然而最终还是有效的教学机器。在经历无限系列的偶然事件以后，碳、氮、氧和氢等原子才结合在一起形成原始的生命形式，然后演化为原生动物、鱼和人类。我们认识宇宙的方式也是这样通过思想的自然选择逐渐演化而来的。经过数不清的错误起点，我们习惯了自然是一定的模式，我们逐渐学会了把自然的那种模式看作是美的。

我想任何人都可能这样解释为什么驯马人能凭他的美感去判断哪匹马会赢。驯马人相马多年，经历过许多胜利和失败，逐渐发现可能获胜的马具有某些看得见的特征，虽然不能具体说出来。

---

1. E. P. Wigner，"The Unreasonable Effectiveness of Mathematics"，*Communications in Pure and Applied Mathematics* 13 (1960)：1～14.
2. Neil Armstrong(1930～)1969年7月20日作为美国阿波罗十一号的宇航员飞往月球，在月球上迈出了他"个人的一小步，人类的一大步"。——译者

　　科学史显现无穷魅力的事情之一是去追随我们人类逐渐形成的关于自然的美。我曾经回顾20世纪30年代关于核物理内在对称性（我前面讲过的那种质子和中子间的对称性）原理的最早文献，想找一篇第一次以今天应有的形式提出那个对称性原理的文章——把那原理作为核物理学的一个自立的基本事实，而不依赖于任何核力的理论。我没有找到那样的文章。在20世纪30年代，拿对称性原理来写文章似乎不是好办法，好办法是去写核力的文章。假如力表现出一定的对称性，当然更好；那样的话，如果知道了质子与中子间的力，就不需要猜想质子与质子间的力了。但是，就我所知，对称性原理本身并没被看作能够规范一个理论——让理论变得更美的一个特征。那时候，对称性原理不过是数学技巧，物理学家真正要做的是去发现我们看到的力的动力学。

　　我们今天的感觉就不一样了。假如实验家发现了某些形成像质子–中子对那样的粒子族的新粒子，信箱里会很快装满数百篇文章，从理论上猜想那个粒子族背后的基本对称性。如果发现了新力，我们都会去想象决定力的存在的对称性。显然，宇宙像一台教学机器那样改变了我们，为我们培养了人类生来所不具备的美感。

　　数学家也生在这个宇宙，聆听它的教诲。欧几里得几何已经向中小学生教过2 000多年了，是近乎完美的抽象演绎推理的范例。但是20世纪的我们从广义相对论知道，欧几里得几何表现那么好，只是因为地球表面的引力场太微弱，我们生存的空间没有产生引人瞩目的曲率。欧几里得在构造他的假设时，实际上做着物理学家的事情，凭他在希腊化时代的亚历山大港弱引力场中的生活经验来构造他的无弯曲空间的理论。他不知道他的几何局限有多大，生命有多长。实际上，[160] 很久以后我们才学会在纯数学和它应用的科学间做出区分。牛顿和狄拉克担任过的剑桥大学卢卡西(Lucasian)讲席从来是(现在也是)为数学而不是物理学的教授设立的。[1]直到19世纪初柯西(Augustin-Louis Cauchy)等人建立起严格和抽象的数学风格以后，[2]数学家才想到他们的工作应该从经验和常识中独立出来。

我们希望成功的科学理论应该是美的，另一个原因不过是科学家喜欢选择那些可能具有美妙的解的问题。对我们驯马的朋友来说，大概也是这样。他为了赢得赛马而驯马；他学会识别哪些马可能会赢，他说那样的马是美的；不过他可能也承认，他从事驯马首先是因为他训练的马是非常美丽的动物。

物理学中的恰当例子是光滑相变现象，例如，在加热到770℃的所谓居里点以上的温度时，永磁体的磁性会自然消失。因为这是一种光滑相变，磁铁的磁化随温度接近居里点而逐渐趋于零。奇怪的是磁 [161] 性在这种相变中减小到零的方式。根据对磁体不同能量的估计，物理学家猜想，如果温度恰好在居里点之下，磁化应该正比于那个温度与居里点之差的平方根。然而，实验发现磁化正比于温度差的0.37次方。就是说，磁化与温度差的依赖关系在平方根(0.5次方)与立方根(0.33次方)之间。

---

1. 现在的卢卡西教授是霍金(Stephen Hawking)。——译者
2. J. L. Richards，"Rigor and clarity: Foundations of Mathematics in France and England, 1800~1840"，*Science in Context* 4 (1991): 297.

0.37那样的次方数叫临界指数，有时形容为"非经典的"或"反常的"，因为那不是人们所预料的。在这样那样的相变中还发现其他一些量表现出相似的行为，有时也具有相同的临界指数。这不是像黑洞和宇宙膨胀那样具有内在魅力的现象。不过，一些最具眼光的理论物理学家还是一直在研究临界指数问题，1972年，康乃尔的威尔逊(Kenneth Wilson)和费歇尔(Michael Fisher)终于把它解决了。然而还有人认为居里点的准确计算可能更具实际意义。凝聚态物理学的大师们为什么那么看重临界指数的问题呢？

我想，临界指数问题吸引那么多人的关注是因为物理学家断定它能引出美妙的解。他们感觉解是美的，首要的根据是现象的普遍性——同样的临界指数会在许多迥然不同的问题中出现，而且物理学家已经习惯地发现，物理现象最基本的性质往往是通过幂关系的定律表达的，一些量是另一些量的幂，如引力的平方反比定律。后来果然发现，临界指数理论因为它的简单性和必然性而成为所有物理学中最美的理论之一。相反，精确计算相变温度的问题却是杂乱的，涉及磁铁或其他相变物质的复杂细节，所以做这种研究要么是因为实际需要，要么是没有别的更好的事情做。

有时候，科学家对美的理论的初衷看来是错爱了。遗传编码就是一个好例子。克里克在自传里回忆，[1]在他和沃森发现DNA双螺旋结构很久以后，分子生物学家才开始来关心解密码，细胞通过这些密码来识别DNA双螺旋上的化学单元序列，根据它来制造恰当的蛋白质

---

1. F. Crick, *What Mad Pursuit : A Personal View of Scientific Discovery*(New York : Basic Books，1988).

分子。我们知道，蛋白质是由氨基酸链组成的，对几乎所有的动植物来说，只有20种氨基酸是重要的；任意3个相邻的化学单元对携带着在蛋白质上选择相应氨基酸的信息，那样的单元对叫碱基，只有4种。于是，遗传密码通过从4种可能的碱基选出的任意3对(就像从1副只有4种花色而无大小的牌里依次选出3张)来决定从20种氨基酸中选择1种来加在蛋白质上。分子生物学家想出了所有可能决定密码的精巧原理——例如，任意3个碱基对携带的信息都不会是多余的，不需要用来确定氨基酸的信息可以用来指示错误，就像计算机之间发送的多余字节可以检验传输的精度。20世纪60年代初发现的结果却迥然不同。遗传密码混乱极了，有些氨基酸需要的碱基对远不止3个，而有的三碱基对没有任何意义。[1]遗传密码不像随机代码那样糟糕，这似乎说明它经过了某种演进，不过任何通讯工程师都能设计出比它更好的密码。原因当然是遗传密码不是设计的；它的进化从地球生命的开始经历了一系列偶然的事件，后来的一切生命都多少继承了它的形式。当然，遗传密码对我们来说太重要了，不论美丑我们都需要研究它，不过结果有点儿令人失望，它似乎不是很美。

有时我们的美感也让人失望，那是因为我们过高估计了我们要解释的东西的基本特征。一个著名的例子是年轻的开普勒关于行星轨道大小的工作。

开普勒知道古希腊数学里的一个美妙结果，与我们说的柏拉图固体有关。那是些三维的以平面为边界的物体，每个顶点、每根线、每

1.严格说来，没有意义的三碱基对携带的信息是"端链"。

个面都跟别的点、线、面相同。最简单的例子是正方体。希腊人发现，一共只有5种柏拉图固体：正方体、三角形金字塔（正四面体）、正十二面体、正八面体、正二十面体。（它们被称作柏拉图固体是因为柏拉图在《蒂迈欧篇》里提出把它们与5种基本元素——对应起来，亚里士多德后来批判了这种观点。[1]）柏拉图固体提供了数学美的一个朴素例子；这一点发现与嘉当关于所有可能连续对称性原理的分类有着同样的美。

开普勒在他的《宇宙的奥秘》(*Mysterium Cosmographicum*)里提出，只有5种柏拉图固体解释了为什么（除地球而外）只有5颗行星：水星、金星、火星、木星、土星（那时还没发现天王星、海王星和冥王星）。开普勒给每颗行星联系一个柏拉图固体，然后猜想每颗行星的轨道半径正比于对应柏拉图固体按一定次序套在一起时的半径。开普勒写道，他重新考察了行星运动的不规则性，"最后它们都满足了自然的定律"。[2]

对今天的科学家来说，如果哪位现代科学的创立者发明那样一个空想的太阳系模型，一定会被人笑话。这不仅是因为开普勒的纲领不符合太阳系的观测结果（虽然的确不符合），更多是因为我们知道这类想象对太阳系来说是不恰当的。但开普勒也没白费，他用于太阳系的推理很像今天基本粒子物理学家的理论化方法；我们没有给柏拉图固

1.《蒂迈欧篇》(*Timaeus*)是柏拉图对话里最杂乱的一篇，集中了他的自然哲学的基本思想。——译者
2. 1605年开普勒给Fabricius的信，引自E.Zilsel，" The Genesis of the Concept of Physical Law "，*Philosophical Review* 51（1942）: 245。（每个正多边形有个内切圆，这个圆同时又是另一个多面体的外接圆，开普勒希望这些圆半径之比应该与行星轨道半径之比一致，结果令他失望；后来，他考虑分别与正多面体内切或外接的球的半径，结果他满意了。——译者）

164

体附会任意的东西，但我们相信可能的不同类型的力与嘉当划分的所有可能的对称性之间存在某种对应。开普勒的错误不在于那样的猜想，而在于他(跟他以前的多数哲学家一样)把行星看得太重。

当然，行星在某些方面是很重要的。我们就生活在一颗行星上。但是不论多么基本的自然定律都不会包括行星的存在。我们现在知道，行星及其轨道是一系列偶然历史事件的结果，尽管物理学理论能告诉 165
我们哪些轨道是稳定的，哪些是混沌的，但仍然没有理由想象在那些轨道的大小间存在什么简单优美的数学关系。

我们在研究真正的基本问题时才期待发现美丽的答案。我们相信，如果我们问世界为什么那样，然后问答案为什么那样，在解释链条的末端，我们一定会发现几个有着诱人美丽的简单原理。我们认为这部分是因为历史已经告诉我们，我们越往事物的表面下深入，越能发现更多的美。柏拉图和新柏拉图主义者教导我们，我们在自然发现的美反映了终极的精神的美。对我们来说也是这样，今天理论的美预示着终极理论的美。不管怎么说，如果理论不美，我们是不会把它当作终极理论的。

虽然我们还不能确实地知道我们工作的哪些地方需要依靠美的感觉，不过基本粒子物理学中的美学判断似乎表现得越来越好了。我想这是我们正在朝正确方向前进的明证，离我们的目标也许不会太远了。

第7章
反对哲学

当我还年轻，也曾访问

博士和先生，听惯了生和死的宏论；

但当我出来，

走的还是进去的那道门。

——E. 费兹杰拉德，莪默·伽亚谟的鲁拜[1]

166　　物理学家从主观而且常常模糊的美学判断中获得了那么多帮助，于是我们大概会以为哲学也能带来帮助，毕竟科学就是从哲学走出来的。哲学能指引我们走向终极理论吗？

　　在我看来，今天哲学对物理学的价值，多少有点儿像早期单一民族的国家对它的人民的作用。这样说一点儿也不夸张，国家设立邮局和政府来保卫它的人民不受外来民族的侵略，哲学家的观点偶尔也帮助过物理学家，不过一般是从反面来的 —— 使他们能够拒绝其他哲

1.《鲁拜》(Rubáiyát)是波斯大诗人莪默·伽亚谟(Omar Khayyam，1048～1122)四行诗（"鲁拜"在阿拉伯文里即"四行的"）的总集，存252首。作者还是哲学家、数学家和天文学家。他的诗所具有的宇宙意识超越了时人的思想，所以诗在他身前似乎并不出名。正是这里引的费氏(Edward Fitzgerald，1809～1883)译本(1859)使诗集闻名世界，随后全球各地差不多都有了译本，英译本就有30多种。费氏译本之有名还在于它是自由翻译的典范，几乎成了译者自己的作品，已经印行了139版。中译"鲁拜"是从郭沫若开始的(1914)；20世纪80年代以来有了几个新译本，有的题名《柔巴依》，据说更接近波斯原文的读音。—— 译者

学家的先入为主的偏见。

我这里并不想告诉大家物理学没有先入为主的概念。任何时候都 167
有许多事情可以做,有许多公认的原理面临挑战,如果预先没有一个
思想来指导,我们什么事情也做不了。只不过哲学往往不能预先给我
们提供正确的概念。在终极理论的追寻中,物理学家更喜欢猎犬而不
喜欢鹰;他们能很好地追踪自然定律的美的踪迹,却不能从高高在上
的哲学俯瞰通向那真理的道路。

物理学家在他们的工作中当然也怀着某种哲学。大多数人的哲学
是一种实用的现实主义,也就是相信科学理论的要素具有客观实在性。
不过这也是从科学研究的经验学来的,而很少来自哲学的教导。

这并不是要否定哲学的价值,尽管它们多半与科学没有什么关
系。[1]甚至我也不是要否定科学哲学的价值,在我看来,好的科学哲
学是对历史和科学发现的迷人解说。但是,我们不应指望靠它来指
导今天的科学家如何去工作,或告诉他们将要发现什么。

应该承认,许多哲学家也是明白这一点的。哲学家盖尔(George
Gale)在考察了科学哲学30年的论文后得出结论说,"这些近乎经院
哲学的神秘论证只能引起极少数科学家的兴趣。"[1]维特根斯坦指出,
"在我看来,要读我书的科学家或数学家认真照着我说的去做,那几
乎是不可能的。"[2]

---

1. G. Gale , " Science and the Philosophers ", *Nature* 312 (1984) : 491.
2. L. Wittgenstein , *Culture and Value* (Oxford : Blackwell , 1980).

168   这不仅仅是科学家的认识惰性问题。要一个人中断自己的事情去学一门新学科是很痛苦的，但科学家在需要的时候也会那么做。我常常从正在进行的工作中挤出时间去学各种我需要知道的东西，如现代数学的微分拓扑，如微软的 DOS 磁盘操作系统。对物理学家来说没用的东西似乎就是哲学了 —— 永远的例外是一些哲学家的工作能帮助我们避免另一些哲学家的错误。

　　当然，我做这样的判断难免带着局限和偏见。我读大学时曾为哲学着迷过几年，后来清醒了。跟物理学和数学的辉煌成功比起来，我学的那些哲学观点显得那么昏暗和空虚。从此以后，我有时试着读了一些关于科学哲学的新书。我发现，有些书的术语简直无法理解，我只能认为它的目的是去感动那些混淆晦涩与深刻的人。有些书很好读，而且很有思想，如维特根斯坦的书和费耶阿本德的书。[1]但是在我看来难得有一本与科学相关的书。[2]根据费耶阿本德的观点，[2]某些科学哲学家发展的科学解释的概念太狭隘了，不可能谈什么一个理论解释另一个理论，这样，我这一代粒子物理学家就没有什么事情好做了。

　　也许有些读者(特别专业的哲学家读者)会认为像我这样与科学哲学格格不入的科学家，应该从容地避开问题而把它留给专家。我知道哲学家怎么看科学家的哲学努力。但是我不想在这儿充当哲学家，而愿做一个无悔的科学家的样板 —— 他没有在专业的哲学里找到任

---

1. 费耶阿本德(Paul Karl Feyerabend，1924～)把以库恩为代表的历史主义学派推向了极端。他的《反对方法》(*Against Method*)曾引起轩然大波，因为他无情地批判了几乎所有的科学哲学流派。他提倡的是"多元方法论"(或无政府主义的认识论)。—— 译者
2. P. K. Feyembend，"Explanation，Reduction and Empiricism"，*Minnesota Studies in the Philosophy of Science* 3(1962)：46～48.费耶阿本德所指的哲学家是维也纳学派的实证论者，后面会更多谈到他们。

何帮助。在这一点我并不孤单；我知道，在战后积极参与物理学进步 [169]
的人中，没有谁的研究得到过哲学家的工作的巨大帮助。我在前面一
章提出威格纳所谓数学的"莫名其妙的功效"的问题，这里我想谈谈
另一个同样令人困惑的现象：哲学的莫名其妙的无效。

即使哲学思想过去帮助过科学，但它们已经徘徊得太久，在今天
的危害大于曾经起过的作用。我们拿古老的"机械论"学说——自然
通过推动和拉动物质粒子或流体而发生作用的思想——为例。在古
代世界，这是最进步的学说。自前苏格拉底哲学家德谟克利特和留基
波猜想原子以来，自然现象具有机械动因的思想就与普遍的神鬼信仰
对抗着。希腊化时代的一派领袖伊壁鸠鲁(Epicurus)把机械的世界观
带进他的教义，特别拿它作为清除奥林匹斯诸神信仰的一剂良药。[1]当
17世纪30年代笛卡儿为了以合理的方式理解世界而进行他的伟大奋
斗时，他理所当然地用数学来描写自然力，例如，以充满整个空间的
物质流体的旋涡来描写引力。笛卡儿的"机械哲学"对牛顿产生过重
大影响，不是因为它正确(笛卡儿似乎没有定量检验理论的现代意识)，
而是因为它提供了一个能认识自然的机械理论的例子。随着原子对化
学和热的辉煌解释，机械论在19世纪达到顶峰。直到今天，它在许多
人看来还是反对迷信的逻辑武器。在人类思想史上，机械论曾是一个
英雄的世界观。

困惑也就在这里。跟政治和经济一样，在科学中我们也面临着来
自那些过时了的英雄思想的巨大危险。因为机械论过去的辉煌，笛卡 [170]

1. 伊壁鸠鲁唯一的学生卢克莱修(Lucretius，95 B.C.~55 B.C.?)以韵文表现了老师的哲学，那就是
著名的《物性论》。——译者

儿的追随者们在接受牛顿的太阳系理论时还感到困惑。一个忠实的笛卡儿信徒，相信一切自然现象都能归结为物理或流体的相互影响，如何叫他们去相信牛顿那个太阳隔着1.5亿千米的虚空向地球施力的理论呢？到了18世纪以后，欧洲大陆的哲学家们才安然接受了超距作用的思想。自1720年以来，牛顿思想终于相继在欧洲大陆，在英国、荷兰、意大利、法国和德国占领了统治地位。[1] 当然，这部分是因为伏尔泰 (Voltaire) 和康德 (Immanuel Kant) 等哲学家的影响。但是在这里哲学的影响还是否定式的，它只是帮助科学摆脱哲学本身的束缚。

即使在牛顿理论胜利之后，机械论的传统在物理学中依然流行。19世纪，法拉第 (Michael Faraday) 和麦克斯韦建立的电磁理论就是通过一种无处不在的物理介质 (通常所谓的以太) 的张力，在机械论的框架下表现的。19世纪的物理学家不是缺乏判断力 —— 任何物理学家为了进步都需要某种暂时的世界观，而机械论的世界观似乎是一个不错的选择，可是它延续得太久了。

最终走出电磁论的机械论是在1905年，那年，爱因斯坦的狭义相对论拿虚空的空间作为传递电磁力的介质，有效地清除了以太。不过即使那时，老一辈的物理学家中间还在流行机械论，例如在麦克柯马赫 (Russell MacCormmach) 的辛辣小说《一个经典物理学家的夜想》里就虚构了那样一个维克多·雅各布 (Victor Jakob) 教授，他是一点儿新思想也不能接受的。[2]

---

1. A. Rupert Hall，" Making Sense of the Universe "，*Nature* 327 (1987)：669.
2. R. MacCormmach, *Night Thoughts of a Classical Physicist* (Cambridge，Mass：Havard University Press，1982).

科学史上没有什么简单的事情。尽管爱因斯坦以后，在严肃的物理学研究中没有为旧的机械论世界观留下存在的空间，这种世界观的某些元素还保留在20世纪上半叶的物理学中。一方面是物质粒子，如构成普通物质的电子、质子和中子；另一方面是场，它们由粒子产生又将力作用于粒子。然后，1929年，物理学开始走向更加统一的观点。海森伯和泡利把粒子和场都描述为更深层的实在（即量子场）的表 172 现。量子力学在那几年前就曾应用于电磁场，也曾用来证明爱因斯坦的光粒子（光子）的思想。而海森伯和泡利现在提出，不仅光子，一切粒子都是不同场的能量束。在这样的量子场论里，电子是电场的能量束，中微子是中微子场的能量束，等等。

尽管这样的综合令人惊喜，但20世纪三四十年代许多关于光子和电子的工作还是在旧的二元的量子电动力学背景下进行的，就是说，光子是电磁场的能量束，而电子依然是物质的粒子。就光子和电子来说，这种观点的结果跟量子场论是一样的。但是，当我在20世纪50年代做研究生的时候，量子场论差不多已经被普遍作为恰当的基本物理学框架了。在物理学家的宇宙秘方里，不再有粒子，只留下几种场。

从这个故事我们可以得到一点教训：关于未来的终极理论，即使是它赖以建立的基本语言，我们也不能鲁莽地认为已经知道了。费曼曾抱怨记者问他通过终极粒子或力的最终统一建立的未来理论，尽管实际上我们一点儿也不知道这些问题是否问得恰当。旧的朴素的机械论世界观不大可能复兴，我们也不至于还要回到粒子和场的二元论，但是量子场论还是同样不令人放心。量子场论的困难在于不能把引力包括进来。在克服那些困难的奋斗中，近年出现了一种可能的终极理

173　论，在那样的理论中，量子场本身不过是所谓弦的时空波动的某种低
　　　能量的表现。在接近答案之前，我们不可能知道那问题应该是什么。

　　　　　虽然质朴的机械论看来确实死了，物理学家仍然被其他的形而
　　　上学假设困扰着，特别是那些与空间和时间有关的假设。仅通过思想，
　　　不需要借助别的感觉，我们所能测量(虽然有缺陷)的唯一东西是时间
　　　的持续，所以我们很自然地认为可以凭纯粹的推理去认识时间维的某
　　　些性质。康德告诉我们，空间和时间不是客观实在的组成部分，而是
　　　预先存在于我们头脑里使我们把物体与事件联系起来的一些结构。在
　　　康德看来，爱因斯坦理论最惊人的是它把空间和时间降低到了物理宇
　　　宙的普通角色的地位，成了受运动(在狭义相对论中)或引力(广义相
　　　对论中)影响的普通角色。即使狭义相对论百年过后的今天，仍然有
　　　物理学家认为空间和时间的一些事情是可以从纯粹的思想产生出来的。

　　　　　在关于宇宙起源的讨论中，这种强硬的形而上学更加明显地表现
　　　出来了。根据标准的大爆炸理论，宇宙是100亿~150亿年前在无限
　　　温度和密度的瞬间诞生的。每当我向公众讲大爆炸理论时，总会有人
　　　在讨论中指出这种开始的思想是荒谬的；不论我们讲大爆炸在哪个时
　　　刻开始，一定还有它以前的时刻。我试着向大家解释过，未必是那样
　　　的。举例来说，根据我们寻常的经验，不论天气多冷，它总还可能更
　　　冷，但是有一个绝对的零度，我们不可能达到比它更低的温度，不是
　　　因为我们不够聪明，而是因为低于绝对零度的温度没有任何意义。霍
　　　金讲过一个更好的例子：问奥斯汀、剑桥或其他城市的北方是有意义
174　的，但问北极的北方就失去意义了。奥古斯丁(Saint Augustine)在他
　　　的《忏悔录》里费力讨论过这个问题，结论是，不该问上帝创造宇宙

之前有什么，因为身在时间外的上帝是随着宇宙创造时间的。[1]迈蒙尼德(Moses Maimonides)也抱同样的观点。[2]

在这里，我应该承认，实际上我们并不知道宇宙是否从过去的一个确定时刻开始。林德(Andre Linde)和其他宇宙学家最近提出了一个似乎很有道理的理论，[3]认为我们今天膨胀的宇宙不过是无限古老的巨大宇宙里的一个小小的泡沫，那样的泡沫总是在不停出现，不停孕育新的泡沫。我想在这里指出，宇宙的年龄肯定是有限的，只是不能在纯思想的基础上来说明为什么会那样。

在这里，我们甚至不知道如何提出正确的问题。在最新的弦理论中，空间和时间只留下一点近似的意义；任何距离大爆炸比一千亿亿亿亿分之一秒(10^{-43}秒)更近的时间都没有意义。在寻常的生活里，我们几乎察觉不出百分之一秒的时间间隔，所以我们从日常生活经历形成的空间和时间的直觉，对建立宇宙起源理论是没有多大意义的。

现代物理学遭遇的困惑不仅来自形而上学，也来自关于知识的本质和源泉的认识论。实证论者(有时也叫逻辑实证论者)的认识论信条不仅要求科学最终必须通过观察来检验自己的理论(这当然没有疑问)，还要求我们理论的每一个方面在每一点都必须有对应的可观测量。就是说，虽然物理学理论的某些方面可以尚未经过观测研究，在一两年里 [175]

---

1. 参见《忏悔录》(周士良译，商务印书馆，1963年版第十一卷。任何对时间问题做过沉思的人，也许喜欢他讲的下面这句话："那么时间究竟是什么，没有人问我，我倒清楚，有人问我，我想说明，便茫然不解了。"——译者
2. Moses Maimonides(1135~1204)是犹太哲学家和科学家，生在西班牙的克尔多巴，30岁去开罗。他为失去信仰的哲学家写过一本《迷途者指南》，调和亚里士多德哲学与犹太神学，主张上帝不但创造了形式，也从虚无创造了内容。——译者

也不可能花很大代价来做那些研究，但是绝不允许我们的理论涉及那些在原则上不能观测的元素。这里潜伏着很大的危险；因为，假如实证论是正确的，它将允许我们通过思想实验来发现哪些事物在原则上是能够观测的，从而帮助我们发现有关终极理论基本要素的有价值的线索。

通常认为，把实证论带进物理学的人物是马赫，一个"颓废的维也纳的"物理学家和哲学家。在他看来，实证论主要是清除康德形而上学的良药。爱因斯坦 1905 年的狭义相对论论文明显表现出受马赫的影响，里面到处能看到拿直尺、时钟和光线来测量距离和时间的观测者。实证论帮助爱因斯坦从事件的绝对同时性概念里摆脱出来，发现没有什么测量能够为所有观测者提供一个相同的同时性的结果。关于实际能测量什么是实证论的基本问题。爱因斯坦承认受马赫的影响，在给马赫的一封信里他称自己是"您忠实的学生"。第一次世界大战以后，实证论在卡尔纳普 (Rudolf Carnap) 和维也纳学派的哲学家那里得到了进一步发展，他们的目的是在满意的哲学路线上重构科学，而且确实成功清除了许多形而上学的垃圾。

实证论对现代量子力学的诞生也有过重大影响。海森伯 1925 年关于量子力学的第一篇伟大论文开宗明义地指出，"我们知道，[玻尔 1913 年量子理论] 用来计算诸如氢原子能量等可观测量的形式法则可能会遭到严厉的批评，因为在它的基本元素里包含着一些明显的在原则上不可观测的量之间的关系，如电子的位置和演化速度。"[1] 在实

---

1. 英译文引自 Sources of Quantum Mechanics, ed. B. L. van der Waerden (New York: Dover, 1967).

证论的精神下，海森伯只允许可观测量进入他的量子力学形式，例如原子通过发射量子辐射从一个状态自发转移到另一个状态的速率。量子力学概率解释的基础之一的不确定性原理，就是基于海森伯对我们在观测粒子的位置和动量时遇到的极限所做的实证论分析。

实证论虽然对爱因斯坦和海森伯起过巨大的作用，但也有着同样巨大的危害。不过，它不像机械论的世界观，它还罩着英雄的光环，所以还会继续在未来产生危害。盖尔甚至抱怨实证论使今天的物理学家跟哲学家疏远了。[1]

在20世纪初，实证论的核心是反对原子论。19世纪，德谟克利特和留基波的古老的万物由原子组成的思想经过了神奇的改造，道尔顿（John Dalton）和阿伏加德罗（Amadeo Avogadro）及其后继者用原子论的思想来发现化学的法则、气体的性质和热的本性。原子论成了物理学和化学的普通语言的一部分。但是马赫的实证论追随者们却认为这偏离了正确的科学进程，因为那时可能想象的任何技术都不可能看到这些原子。实证论认为，科学家应该关心的是报告观测的结果，例如，用2体积的氢结合1体积的氧来制造水蒸气；他们不应卷入形而上学的猜想，例如，把水的生成归因于水分子由两个氢原子和一个氧原子组成，因为那些原子和分子都是不可能观测的。马赫自己从来不相信有原子的存在。到1910年几乎所有的人都接受原子论的时候，马赫还在与普朗克的论战中写道，"如果相信原子的实在性有那么重要，我就跟物理学的思想路线决裂。我不再是一个专业的物理学家，我把

177

---

1. G. Gale，"Science and the Philosophers"。

我的科学名声还给你们。"[1]

对原子论的反对，特别不幸地阻碍人们去接受统计力学，一个根据系统的部分分布来解释热的还原理论。这个理论从麦克斯韦、玻尔兹曼、吉布斯等人的工作发展起来，是19世纪科学的一场伟大胜利；实证论者拒绝它，对科学家来说实在是最大的错误：胜利来了，可他还没看见。

实证论还以其他不那么为人所知的方式产生危害。1897年汤姆逊做了一个著名的实验，一般认为电子就是这个实验发现的（汤姆逊是继麦克斯韦和瑞利(Lord Rayleigh)之后的剑桥大学卡文迪什教授）。多年来，物理学家一直为阴极射线的神秘现象感到疑惑 —— 当玻璃真空管里的金属板连接大功率电池的负极时，射线就会发射出来，射线的出现是通过它打在玻璃管远端产生的光亮点显示的。

今天，电视机的显像管也不过就是阴极射线管，射线的强度由电视台发射的信号决定。19世纪第一次发现阴极射线时，起初没人知道它是什么。接着，汤姆逊测量了射线在通过真空管时被电磁场偏转的路径。结果发现，根据路径的偏转，可以假想射线的组成是带一定电荷和质量的具有相同质量电荷比的粒子。因为这些粒子的质量显得比原子小得多，汤姆逊大胆地提出，这些粒子是原子的基本组成，是所有电流的（不论导线的、原子的还是阴极射线管的）电荷携带者。因为这一点，汤姆逊认为自己是（历史学家也普遍认为他是）新物质形式的

1. E. Mach, *Physikalische Zeitschrift* 11(1910)：630；trans.J. Blackmore, *British Journal of the Philosophy of Science* 40(1989)：524.据Blackmore的评论，关于马赫是否接受过在他的思想影响下产生的爱因斯坦的狭义相对论，科学史家中间还存在着争论。

发现者，他为那个粒子起了一个那时已经在电解理论中流行的名字：
电子。

不过，差不多也在那个时候，考夫曼(Walter Kaufmann)在柏林
做了相同的实验。两人实验的主要区别是，考夫曼的更好。今天看来，
考夫曼得出的电子的电荷质量比的数值比汤姆逊的更精确。不过，从
来没人把他作为电子的发现者，因为他没想过自己发现了新粒子。汤
姆逊工作在英国的传统，那是从牛顿、道尔顿和普鲁特(William Prout)
留下的思索原子和原子组成的传统。但是，考夫曼是个实证论者，他
相信猜想看不见的东西不是物理学家的事情。[4]所以他没有宣布他发
现一种新粒子，只是告诉大家，不论在阴极射线里流动的是什么，它 179
都具有一定的电荷质量比。

这个故事并不仅仅告诉我们实证论毁了考夫曼的科学生涯。汤姆
逊怀着他发现了基本粒子的信心，又继续做其他实验来探索它的性质。
他发现，放射性和热金属发出的粒子也具有相同的质量电荷比，他还
最早测量了电子的电荷。这些测量跟他以前做的电荷质量比的测量
一起给出了电子质量的数值。所有的这些实验才真正使汤姆逊成为电
子的发现者。但是，假如他不去认真考虑那时不可能直接观测的粒子，
他可能永远不会做那些实验。

现在看来，反原子论和考夫曼的实证论不但阻碍了进步，本
身也很幼稚。说到底，观测一个事物是什么意思？从狭义的角度说，
考夫曼甚至连阴极射线在给定磁场里的偏转也没看见；他把导线绕
在真空管旁的一根铁棒上，连接一定的电池，测量射线流在真空管

末端的亮点位置，然后根据公认的理论，用磁场和射线的轨迹来解释那些位置。更严格地说，他连这一点也没做到：他靠一定的视觉和触觉，用光亮点、导线和电池来解释。科学史家已经普遍认识到，观测离不开理论。[1]

反原子论者最后的投降一般认为是化学家奥斯特瓦尔德在他的1908 年版《普通化学概观》(*Outlines of General Chemistry*) 里的一句话："我现在相信，我们最近已经掌握了物质离散或颗粒状本性的实验证据，那是原子假说徒劳地追寻了千百年的东西。"奥斯特瓦尔德所说的实验证据包括所谓布朗运动(小悬浮颗粒在液体的运动)中分子力的测量以及汤姆逊电子电荷的测量。但是，假如我们理解实验数据有多大的理论负荷，那么，19 世纪原子论在化学和统计力学获得的一切成功构成了原子的观测，就是显而易见的事情。

海森伯还记得，爱因斯坦曾第二次考虑过他原来的相对论方法的实证论。在1974 年的一个演说中，海森伯回忆了他1926 年初与爱因斯坦在柏林的一次谈话：

> 我[向爱因斯坦]指出，我们实际上不能观测那样的[电子在原子内的]路径；我们所能记录的只是原子辐射的光的频率、强度和跃迁概率，而不是路径。因为只有在理论中引入这些能直接观测的量才是唯一合理的，所以在理论中不应该出现电子路径的概念。令我惊讶的是，爱因斯

---

1. 特别强调这一点的是哲学家 Dudley Shapere，"The Concept of Observation in Science and Philosophy"，*Philosophy of Science* 49 (1982)：485～525。

坦也完全不满意这样的论证。他认为每个理论实际上都包含着不可观测的量。只需要可观测量的原理是不可能和谐地贯彻下去的。我反驳说，我所用的那种哲学不过是他作为狭义相对论的基础而用过的，他回答很干脆："也许我以前用过那哲学，也写过它，但它仍然是没有意义的。"[1]

更早的时候，1922年爱因斯坦在巴黎就说过，马赫是"一个优秀的力学家"，然而也是"一个可悲的哲学家"。[2]

虽然原子论胜利了，爱因斯坦背离了，但实证论的声音仍然不时从20世纪的物理学家那里传来。实证论者对粒子的位置和动量等可观测量的关心阻碍了量子力学的"实在论"解释——波函数代表着物理实在性。实证论还模糊了无穷大问题。我们记得，奥本海默在1930年指出，关于光子和电子的所谓量子电动力学有一个荒谬的结果：原子里的电子发射或吸收光子将产生无穷大的原子能量。无穷大问题在三四十年代一直困扰着理论家，使人们普遍猜想量子电动力学完全不适用于高能的电子和光子。许多这样的忧虑都怀着实证论的内疚：有些理论家觉得，谈论电子占据的空间点的电磁场的数值，是在向物理学引进原则上不可观测的元素，就是在犯错误。真是这样的，但是对它的担心只能拖延无穷大问题的真正解决——当我们认真对待电子的质量和电荷的定义时，无穷大问题才会消除。

1. W. Heisenberg, in *Encounters with Einstein*, and Other Essays on People, *Places and Particles*(Princeton, N.J.: Princeton University Press, 1983), p.114.
2. J.Bemstein, "Ernst Mach".

20世纪60年代在伯克利，在丘 (Geoffrey Chew) 领导的反对量子场论的运动中，实证论也起着关键作用。在丘看来，物理学关心的中心对象是S−矩阵——给出了所有粒子碰撞的所有可能结果的概率的一个数表。S−矩阵概括了任意数目的粒子反应所涉及的所有可观测的东西。S−矩阵的理论是海森伯和惠勒 (John Archibald wheeler) 在20世纪30年代和40年代发展起来的（"S"代表 *streung*，在德语中即"散射"），而丘和他的合作者们则在重新考虑不引进任何量子场那样的不可观测元素来计算S−矩阵。计划最终失败了，部分原因是那样计算S−矩阵实在太难了，但更主要的原因是，对强弱核力的进一步认识正依赖于丘想要放弃的量子场理论。[5]

182

在我们今天的夸克理论的发展中，实证论原理戏剧性地被丢弃了。20世纪60年代初，盖尔曼和茨威格 (George Zweig) 各自独立试着去简化那时已知的大量粒子。他们提出，几乎所有那些粒子都由几种简单的 (更基本的) 粒子组成，盖尔曼称它们为夸克。当初，这种思想似乎一点儿也没脱离物理学家习惯的主流方向，不过是留基波和德谟克利特的古老传统——用更小、更简单的基元解释复杂的结构——又向前进了一步。60年代，夸克图景应用在了与中子、质子、介子和所有其他可能由夸克构成的粒子的性质有关的大量物理学问题，结果都不错。然而，60年代和70年代初，实验物理学家尽了最大努力也没能把夸克从假定由它组成的粒子中驱赶出来。这似乎也太奇怪了。自从汤姆逊在阴极射线管里把电子从原子中分离出来，任何组合的系统，如分子、原子和原子核，都可能分裂为单个的组成它们的粒子。夸克为什么就不能分离出来呢？

夸克图景的意义是随着量子色动力学在70年代的到来而显现出来的。量子色动力学就是我们今天关于强核力的理论，它不允许发生可能孤立夸克的任何过程。突破发生在1973年，普林斯顿的格罗斯(David Gross)和维尔切克(Frank Wilczek)与哈佛的波里泽(David Politzer)各自的计算表明，某些类型的量子场论具有所谓"渐近自由"的特别性质，在这样的理论中，力将在高能下减小。[1]其实，这种力的减小在1967年的高能散射实验就已经观测到了，但是一个理论具有表现这种行为的力还是第一次发现。这一成功很快产生了一种量子场论，即关于夸克和胶子的量子色动力学，它也很快被公认为正确的强核力理论。

原先认为，胶子不在基本粒子碰撞中产生是因为它太重，碰撞没有那么高的能量来产生那么大质量的粒子。"渐近自由"特性被发现不久，几个理论家反而提出，胶子跟光子一样是没有质量的。假如真是那样，胶子(也许还有夸克)不被发现的原因，就只能是夸克或胶子之间无质量胶子的交换产生的长程力的作用使我们不可能在原则上将夸克或胶子彼此分离。现在我们相信，假如谁想用力分开一个介子(由一个夸克和一个反夸克组成)，随着夸克和反夸克的分离，需要的力将增大，最终消耗的能量也为生成一个新的夸克-反夸克对提供了足够的能源。于是，反夸克从真空产生出来，然后跟原来的夸克结合，而夸克也从真空出来，跟原来的反夸克结合。这样，我们不但没有分离出自由的夸克和反夸克，反倒有了两个夸克-反夸克对 —— 也就是两个介子。[6]通常人们把它比喻为分离一根弦的两端：你可以拉开一

1.我这里指的是所谓非阿贝尔或杨-米尔斯规范理论。

根弦，如果力量够了，可以把它分断。但是最后你发现并没有得到原
来的弦的两端，不过是拿着两根弦，每一根仍然有两端。原则上不可
能观测到分离的夸克和胶子，现代基本粒子物理学的这一部分思想已
经为人们所接受了，但是我们仍然把中子、质子和介子描述为夸克的
组合。[7] 我想象不出还有什么马赫更不喜欢的东西。

　　我们用越来越基本同时也越来越远离日常经验的工具来重构物
理学理论，夸克理论不过是向前走出的一步。当我们走近理论最基本
的层次，那里没有经验，甚至也没有空间和时间，我们凭什么希望建
立一个以观测为基础的理论呢？我想，实证论的态度在未来不大可能
有什么帮助。

　　形而上学和认识论至少是想在科学中充当建设者的角色。近年来，
科学遭到了来自相对主义大旗下的不友好批评者们的攻击。哲学的相
对主义者否定科学发现客观真理的主张；他们只把它看作另一种社会
现象，跟生殖崇拜和社交聚会没什么根本的不同。[1]

　　哲学的相对主义的滋生，部分是因为哲学家和科学史家发现，科
学思想被接受的过程有着许多主观的因素。我们在这里看到过美学
判断在新物理学理论的接受中所起的作用，这在科学家已经是老生常
谈了（尽管哲学家和历史学家有时写得仿佛我们对此茫然无知）。库恩
(Thomas Kuhn) 在他著名的《科学革命的结构》中更进了一步，他指
出，在科学革命中，科学家借以评判理论的标准（或"范式"）改变了，

1. 相对主义的病源和批评，见 M. Bunge，"A Critical Examination of the New Sociology of Science"，
Philosophy of the Social Sciences 21 (1991)：524 [Part 1] and ibid.，22 (1991)：46 [Part 2]。

所以新理论不可能拿革命前的标准来评判。[1] 在库恩的书里能看到很多符合我科学经验的东西。但在最后一章，库恩试着攻击了科学进步发现客观真理的观点："我们可以，更准确说，我们不得不放弃这样的观念，不论明确的还是隐含的——范式的改变将带领科学家和向科学家学习的人越来越走近真理。"最近，阅读或者引用库恩的书的人似乎已经把它当作向假想的科学客观性进攻的宣言。

随着默顿(Robert Merton)20世纪30年代的工作，社会学家和人类学家开始逐渐出现一种倾向，用研究其他社会现象的方法来对待科学(至少是社会学和人类学以外的科学)事业。科学当然也是一种社会现象，有自己的奖赏体系，自己的表现行为，自己的有趣的联盟和权力模式。例如，特拉维克(Sharon Traweek)多年来跟斯坦福直线加速器中心和日本KEK实验室[2]的基本粒子实验学家在一起，描绘了她以人类学家的眼光所看到的一切。这种大科学自然是人类学家和社会学家的好课题，因为科学家原来是无拘无束的，喜欢个人发挥，但是在今天的实验里，他们必须在数百人的团队里协同作业。作为一个理论家，我不在这样的队伍里，不过她看到的许多东西对我来说也是真的，例如：[3]

> 物理学家认为他们自己是一个完全因为科学品质而走到一起的精英群体。这假定了每个人都有平等的起点。随随便便的衣着，相同的办公条件，相互间亲切的称呼，更加

186

---

1. T. Kuhn , *The Structure of Scientific Revolutions* , 2nd ed., enlarged(Chicago : University of Chicago Press , 1970).(科学革命的结构, 李宝恒译, 上海科学技术出版社, 1980.—— 译者)
2. KEK是日本国立高能物理实验室, 全称Ko Energugi-Ken。—— 译者
3. S. Traweek , *Beamtimes and Lifetimes : The World of High Energy Physicists*(Cambridge , Mass : Harvard University Press , 1988).

突出了这一点。在这里，个人之间的竞争是公正的，也是有效的：谁创造了好的物理，谁的地位就更高。可是，美国物理学家却强调科学是不民主的，科学目标的决策不应该是团体中的多数人说了算，实验资源也不应该是平等共享的。在这两种观点上，多数日本物理学家的立场却是相反的。

社会学家和人类学家在研究中发现，甚至科学理论改变的过程也是社会学的过程。最近一本关于同行评议的书指出，"实际上，科学真理是广泛引用的关于什么是'真'的社会认同，是通过与众不同的'科学的协商过程'达到的。"[1] 通过对萨克(Salk)研究所一线科学家的近距离观察，法国哲学家拉托尔(Bruno Latour)和英国社会学家沃尔加(Steve Woolgar)评论说，"至于什么可以作为证明，什么构成了良好的分析，讨论起来跟律师或政客间的争论一样混沌一片。"[2]

从这些有益的历史和社会学的发现出发，似乎很容易走向一个激进的立场：人们接受的科学理论的内容之所以那样，是因为它们是在那样的社会和历史背景下协商产生的(详尽阐述这个立场，往往是科学社会学的大项目)。皮克林(Andrew Pickering)明确攻击了科学知识的客观性，还把它写进书的标题：《构造夸克》。[3] 他在最后一章总结说，

---

1. D. E. Chubin and E.J.Hackett，*Peerless Science：Peer Review and U. S. Science Policy*(Albany，N. Y.：State University of New York Press，1990)；引自书评 Sam Treiman，*Physics Today*)，October 1991，p.115。
2. B. Latour and S. Woolgar，*Laboratory Life：The Social Construction of Scientific Facts*(Beverly Hills，Calif.，and London：Sage Publications，1979)，p.237.
3. A. Pickering，*Constructing Quarks：A Sociological History of Particle Physics*(Chicago：University of Chicago，Press，1984).(A. Pickering 在前言说，"我力图避免循环的天真的实在论…… 历史过程的产物通过它被拿来决定过程本身。我这里的观点是，夸克的实在性是粒子物理学家实践的结果，而不是相反：所以本书的题目叫《构造夸克》。"——译者)

"考虑到他们经历的深广的数学技术的训练，粒子物理学家在实在性思考中对数学的偏爱，就像一个民族对本土语言的热爱那样，是一点儿也不难解释的。根据我们这里宣扬的观点，任何人都没有义务构建一个世界观来考虑20世纪的科学需要说明的东西。"皮克林详细描述了20世纪60年代末和70年代初发生在高能实验物理学中的巨大的主题变化。过去，实验家们习惯把注意力集中在高能粒子碰撞的最显著现象上（即粒子分裂成为更大数量的其他粒子，大多数沿着原来粒子束的方向运动），现在，他们开始做理论家建议的实验，关注稀有事件的实验，例如，实验中某个碰撞产生的高能粒子在远离原来的方向上出现。

　　高能粒子物理学当然会发生重点的转移，就像皮克林写的那样；不过那是物理学的历史使命的要求推动的结果。一个质子包含3个夸克，还有一团时隐时现的胶子和夸克-反夸克对的云。在多数质子碰撞中，原来粒子的能量往往成为那些粒子云的碎片，就像两辆垃圾汽车碰撞、分裂。这也许是最显著的碰撞，但是太复杂了，我们不可能根据现有的夸克和胶子理论计算应该发生的事情，所以它们无助于我们去检验那个理论。不过有时候，一个质子的夸克或胶子可能迎面撞击另一个质子的夸克或胶子，它们的能量足以从碰撞的碎片里喷射出高能的夸克或胶子，关于这个过程，我们恰好知道怎么计算它的发生率。碰撞也可能产生新粒子，如传递弱核力的W和Z粒子，要进一步认识弱力与电磁力的统一，就需要研究它们。今天实验家们着力要探测的正是这些稀有事件。然而，尽管据我所知皮克林非常了解这些理论背景，他还是那样描写了高能物理学中的重点转移，仿佛告诉人们

187

188

那不过是一种时尚的改变，就像从印象派转向立体派，[1] 从长裙子转向短裙子。[8]

　　从科学是社会过程的事实得出结论，说我们最终的科学理论产物是因为社会和历史作用影响那个过程的结果，完全是一种逻辑的谬误。登山队员可能争论最佳的登顶路线，探险队员的社会结构和历史经验都可能影响争论的结果，最后，他们可能找到一条好的路线，也可能找不到；不过，到达顶峰以后，他们也就知道了(不会有人把关于登山的书叫《构造珠穆朗玛》)。[2] 我不能证明科学也像这样，但凭我作为一个科学家所经历的每一件事情，我相信是那样的。关于科学理论的变化的"协商"一直在进行着，科学家也随着计算和实验不停地改变他们的思想，直到某个观点具有希望结果的确定无疑的特征。在我看来，我们当然也是在发现物理学的某种真实的东西，那东西是什么，跟我们借以发现它的社会或历史条件没有任何关系。

　　那么，对科学知识的客观性的猛烈攻击又来自哪里呢？我想，一个来源是旧的实证论的忧虑，这里它进入了对科学本身的研究。如果谁拒绝谈论不能直接观测的事物，他就不会认真看待量子场论或对称性原理，甚至更一般的自然定律。哲学家、社会学家和人类学家所能研究的是真科学家的实际行为，而那行为从不遵循任何书本的简单法则。但是科学家有科学理论的亲身经历，尽管渴望的目标还难以把握，他们还是相信那些理论的实在性。

---

1. 印象派19世纪60年代在法国兴起，1874年第一次画展时，莫奈(Claude Monet)画了一幅透过晨雾看到的海湾，目录题名为《印象：日出》，画派也就因此得名；立体派源于塞尚(Paul Cézanne)，1907～1914年间在毕加索(Pablo Picasso)等人的领导下形成。—— 译者
2. 我们不说"构造"，却爱讲"征服"。这是另一种有趣的"语言"现象。—— 译者

攻击科学的实在性和客观性可能还有别的动机，大概不怎么高尚。想想看，假如你愿意做一个人类学家，去研究太平洋某个岛屿上的货物崇拜。[1]那些岛民相信，造一些木头的雷达和无线电天线，可以把第二次世界大战期间为他们带来繁荣的满载货物的飞机找回来。在这样相同的环境下，你和其他那些社会学家和人类学家，大概都会有一丝优越感，那不过是人类的天性，因为你们知道而你们的研究对象不知道这些信仰没有客观实在的意义 —— 那些木头雷达永远也不会引来满载货物的C-47大飞机。这样看来，假如人类学家和社会学家转去研究科学家的工作，他们通过否定科学家发现的客观实在性来重温那种美好的优越感，还会令人奇怪吗？

在对科学本身更广泛更激烈的攻击中，相对主义不过是一个方面。[2]费耶阿本德呼吁像分离教会和国家那样把科学和社会学正式分离开来，他指出，"科学只是众多推动社会进步的意识形态的一种，我们应该那样来看待它。"[3]哲学家哈丁(Sandra Harding)说现代科学(特别是物理学)"不但是大男子主义的，也是种族主义的、等级化的和文化专制的"，他说，"物理学和化学、数学和逻辑学带着它们与众不同的文化创立者的印记，一点儿也不比人类学和历史学的少。"[4]罗萨克(Theodore Roszak)迫切要求我们改变"科学思想的基本意识 …… 即使我们必须彻底改变科学的专门特征和它在我们文化中的地位。"[5]

1.南太平洋某些岛屿的土著人相信，他们的祖先会带着现代西方的货物重回故土。——译者
2.关于科学批判的文集，见 Science and Its Public:The Changing Relationship, ed.G.Holton and W. Blanpied (Boston : Reidel, 1976)。更新的评论是G.Holton，"How to Think About the 'Anti-Science Phenomenon'",Public Understanding Science 1 (1992)：103。
3.P. Feyerabend，"Explanation，Reduction and Empiricism"。
4.S. Harding，The Science Question in Feminism(Ithaca，N.Y.：Cornell University Press，1986)，p.9; p.250.
5.T. Roszak，Where the Wasteland Ends(Garden City，N.Y.：Doubleday，Anchor Books，1973)，p.375.

190　　对科学的这些激烈的批评似乎没有对科学家本身产生任何影响。我不知道有哪个一线的科学家把它们当真过。[9]它们对科学的危害来自它们潜在的影响，影响那些我们需要依靠的而没有科学经历的人，特别是那些肩负着建立新科学使命的人，那些新一代的科学家们。最近，《自然》杂志引用了英国负责民用科学的大臣的话，[1]赞同阿普雷亚德(Bryan Appleyad)的一本书，它的主题是，科学有害于人类精神。[2]

　　霍顿(Gerald Holton)认为这些对科学的激烈攻击反映了更广泛的对西方文明的敌视，那是自斯宾格勒(Oswald Spengler)以来一直困惑着西方知识界的问题；[3]我想他可能接近了真理。[4]现代科学显然是那些敌视的一个目标；伟大的艺术和文学从众多的世界文明中诞生，但是自从伽利略以来，科学研究压倒一切地统治了西方世界。

　　在我看来，敌视的目光可悲地迷失了方向。即使最令人恐惧的西方科学应用(如核武器)也不过是人类破坏自我的又一个例子 —— 人类无休止地努力拿他们所能设计的一切武器来毁灭自己。除了那种邪恶的应用，科学也有仁慈的应用，也解放人类精神；我想，现代科学、连同民主和对位音乐，是特别值得我们骄傲的西方文明带给世界的财富。

---

1. Editorial in *Nature* 356 (1992)：729.那个大臣是国会议员 George Walden。
2. B. Appleyard, *Understanding the Present*(London：Picador, 1992).
3. 德国哲学家 Oswald Spengler(1880～1936)认为一切文明都将从鼎盛走向衰落，主要观点见他的名著《西方的没落》(齐世荣等译，商务印书馆，1963 年版)。—— 译者
4. G. Holton, "How to Think About the End of Science", in *The End of Science*,ed.R. Q. Elvee(Lanham, Minn.：University Press of America, 1992).

　　这种观点最终会消失的。现代科学方法和知识已经迅速在非西方国家如日本和印度传播，实际上也在整个世界传播。我们可以期待那样的一天，科学不再等同于西方，而是全人类共同拥有的财富。

第 8 章
20 世纪的布鲁斯

布鲁斯，

20 世纪的布鲁斯，

还令我伤悲。

谁

逃脱了那些厌倦的

20 世纪的布鲁斯。[1]

——N. 科沃德，骑兵队[2]

191　　　　关于力和物质的一连串问题，不论我们追得多远，答案都在基本粒子的标准模型里找到了。自 70 年代末以来，在每个高能物理学的会议上，实验家都报告他们的结果与标准模型的预言越来越精确地契合了。你可能以为高能物理学家能感觉一丝满足，我们又为什么那样忧伤呢？

---

1. 布鲁斯 (Blues) 音乐是从黑人民歌发展起来的，以悲哀和伤感为基调，曲式结构简单，而创作方法独特。——译者
2. Noël Coward (1899 ～ 1973) 是英国演员、戏剧家、作曲家和电影导演，有名的作品如喜剧《堕落天使》(Fallen Angels)、《花粉热》(Hay Fever)。《骑兵队》(Cavalcade, 1931) 是他的一部爱国主义作品。——译者

首先，标准模型描述了电磁力和强弱核力，却遗漏了另一个力，那个我们事实上最早认识的力，引力。这可不是心不在焉的小疏忽；[192] 我们已经看到，用标准模型里描写其他力的语言(即量子场论的语言)来描写引力，存在难以克服的数学障碍。第二，强核力虽然包含在标准模型里，却似乎跟电磁力和弱核力大不相同，不像一幅统一图画的一部分。第三，虽然标准模型用统一的方法处理了电磁力和弱核力，但那两种力存在显然的区别(例如，在通常条件下，弱核力比电磁力弱小得多)。我们大概知道电磁力和弱核力之间的区别是如何产生的，但我们还没有完全认识那些区别的根源。最后，除了统一4种力的问题以外，标准模型表现的许多特征，不是(像我们喜欢的那样)由基本原理决定的，只是根据实验得来的。这些显然随意的特征包括一张粒子名单、大量的常数(如质量比)，还有那些对称性。我们很容易想象，标准模型的这些特征的任何一个或者全部，都可以是另外的样子。

当然，跟我这一代物理学家在研究生院学的那些由近似的对称性、病态的动力学假设和简单的事实混杂堆砌起来的物理学相比，标准模型是巨大的进步。但它显然不是最后的答案，为了超越它，我们必须抓住它所有的缺陷。

标准模型的所有问题都多少关联着一个叫自发对称性破缺的现象。这一现象的发现，先是在凝聚态物理学，然后才在基本粒子物理学，是20世纪科学的一个伟大进展。它的最大成功在于解释了弱力和电磁力之间的区别，于是弱电理论是我们去认识自发对称性破缺现 [193] 象的一个良好起点。

　　弱电理论是标准模型里跟弱力和电磁力打交道的那一部分。它建立在精确的对称性原理上面，那个原理说，假如在理论的方程中处处以混合的粒子的场来替代电子场和中微子场 —— 例如，一个场是30％的电子和70％的中微子，另一个场是70％的电子和30％的中微子 —— 同时混合其他粒子(如上下夸克)的场，自然定律的形式不会改变。这种对称性原理被称为局域的，意思是说，即使混合的场从一个时刻走到另一个时刻，从一个位置移到另一个位置，我们都认为自然定律不会改变。还有一类场，它的存在是对称性原理决定的 —— 就像引力场的存在由不同坐标系之间的对称性决定。这一类场包括光子、W粒子和Z粒子的场，当我们混合电子、中微子和夸克的场时，也需要混合这些粒子的场。光子的交换产生电磁力，W粒子和Z粒子的交换产生弱核力，所以电子与中微子之间的对称也是电磁力与弱核力之间的对称。

　　然而这种对称性当然没有在大自然表现出来，难怪那么久才发现它。例如，电子、W粒子和Z粒子有质量，而中微子和光子没有。[1](正因为W粒子和Z粒子的质量那么大，弱力才比电磁力小那么多。)换句话说，联系电子和中微子等的对称性是标准模型方程赖以建立的基本性质，方程反过来又决定基本粒子的性质，但那个对称性却不满足方程的解 —— 也就是不满足粒子自身的性质。

　　方程能有对称性而它们的解没有，为看清这一点，我们假定方程对两类粒子(如上夸克和下夸克)是完全对称的，而且我们想通过方程的解来确定两个粒子的质量。可能有人以为，两个夸克类型间的对称性将决定两个相等的质量，但这不是唯一的可能。[2]方程的对称性并不排除这样的可能：解的结果将得出上夸克的质量大于下夸克的质量；对称性所要求的只是，在那种情况下会出现第二个解，它的下夸克质量将大于上夸克质量，而两个解的质量差完全一样。就是说，方程的对称性并不一定反映在方程的个别解上，而只能反映在所有解的模式上面。在这个简单的例子中，夸克实际表现出来的性质对应于两个解的一个，代表着基本理论的对称性崩溃了。需要注意的是，在自然界具体实现哪一个解是无关紧要的 —— 如果上下夸克的唯一差别在于它们的质量，那么，两个解的差别无非就是我们管哪一个叫上或者下。据我们所知，自然代表了标准模型所有解中的一个；只要不同的解都由精确的对称性联系着，它具体代表哪一个是无所谓的。

在这种情形下，我们说对称性"破缺"了，不过，更好的说法是，"隐藏"了，因为对称性还留在方程里，而这些方程决定着粒子的性 195
质。我们称这现象是*自发对称破缺*，因为没有什么东西来破坏理论的这些方程的对称性；对称的破缺是在方程的各个解中自发出现的。

正是对称性原理给我们的理论带来许多美的东西。难怪在60年代初当基本粒子物理学家开始思考自发对称破缺时会那么激动。我们豁然明白了，自然定律的对称性比我们单从基本粒子的性质猜想的对称性多得多。破缺的对称性是典型的柏拉图理念：我们在实验室看到的实在性不过是更深更美的实在性 —— 体现着理论所有对称性的那些方程的实在性的不完全反映。

普通的一块永久磁铁为我们提供了一个良好的现实破缺对称的例子(这个例子特别恰当，因为自发对称破缺第一次就出现在海森伯

关于永磁性的量子物理学中)。决定磁体内铁原子和磁场的方程关于
空间方向是完全对称的，这些方程没有东西南北的区别。然而，假如
磁铁冷却到 770℃以下，它将自发产生指向某个特殊方向的磁场，从
而打破不同方向间的对称。[3]如果有什么小生命出生并生活在永久
磁铁里，它们要过很长时间才能发现自然定律实际上具有一种相对于
不同空间方向的对称性；在它们的周围表现出某个特殊的方向，只是
因为铁原子的自旋自发沿着那个方向排列，产生一个磁场。像那些生
活在磁铁里的小生命一样，我们最近在我们的宇宙中发现了一个偶然
破缺的对称性。那是联系弱力和电磁力的对称性，[4]它的破缺表现在
无质量的光子和大质量的 W 粒子、Z 粒子之间的巨大差异。标准模型
196　的对称破缺与磁铁的对称破缺的一大区别是，我们很好认识了磁化的
起源。磁化发生的原因是已知的相邻铁原子之间的电磁力，电磁力倾
向于使那些原子的自旋相互平行。标准模型神秘多了。在标准模型里
没有哪个已知的力能强到足以产生我们看到的弱力和电磁力之间的
对称破缺。而什么引发了弱电对称性的破缺，正是我们想知道的关于
标准模型的最重要的事情。

　　在原始形式的弱力和电磁力的标准理论中，两个力之间的对称性
的破缺被归结为一种新的场，那种场也只是为了这个目的而引进理
论的。我们假定场像永磁体的磁场一样自发生成，指向某个特定的方
向 —— 不是普通空间里的方向，而是一个假想的区分不同粒子(如电
子与中微子，光子与 W 粒子、Z 粒子等)的小小刻度盘上的方向。打破
对称的场的数值通常叫真空值，因为场在真空获得那个值，不受任何
粒子的影响。1/4 个世纪过去了，我们还不知道这个简单的图景是否
正确，不过它很可能是对的。

为了满足某个理论要求而假定新场或新粒子的存在，物理学家经历过好多次了。20世纪30年代初，物理学家曾为放射性原子核发生所谓 β 衰变时显然违背能量守恒定律的事实感到忧虑。1932年，泡利为了一时的需要，提出存在一种他称之为中微子的粒子，以说明在衰变过程中观测到的失去的能量。20多年后，这种难以捉摸的中微子终于被实验发现了。[1] 提出存在某种尚未发现的东西是一件冒险的事情，不过有时候还是管用的。

跟量子力学理论的其他任何场一样，关系弱电对称破缺的场也有一束束的能量和动量，也就是我们说的量子。弱电理论告诉我们，这些量子至少有一种应该是能够作为新的基本粒子被观测到的。萨拉姆和我在自发对称破缺基础上建立弱力和电磁力的统一理论前几年，许多理论家已经描述过了一类更简单的对称破缺，[2] 描述特别清晰的是爱丁堡大学的希格斯(Peter Higgs)。于是，弱电理论原始形式中那个必需的新粒子成了有名的希格斯粒子。

没人见过希格斯粒子，但这并不跟理论矛盾；假如希格斯粒子的质量比质子质量大50倍(很可能真是这样)，那么迄今所做的任何实验都不可能看到它(遗憾的是，弱电理论没有说明希格斯粒子的质量，它只告诉我们它几乎不会超过1000亿伏，质子质量的1000倍)。我们需要实验告诉我们实际存在一个还是几个希格斯粒子，并告诉我们它们有多大的质量。

---

1. C. L. Cowan 和 F. Reines 发现的。
2. 包括 F. Englert 和 R. Brout，以及 G. S. Guralnik，C. R. Hagen 和 T. W. B. Kibble。

这些问题的重要性超过了弱电对称如何破缺的问题。我们从弱电理论学会一样新东西：标准模型里的所有粒子，除了希格斯粒子而外，都是从弱力和电磁力的对称破缺获得质量的。假如我们能用什么办法"关闭"对称破缺，那么电子和 W 粒子、Z 粒子以及所有夸克都将与光子和中微子一样没有质量。于是，认识已知基本粒子质量的问题，成了认识弱电对称自发破缺机制的问题的一部分。在原始的标准模型里，希格斯粒子是质量直接出现在理论方程中的唯一粒子；弱电对称的破缺给出了所有其他粒子的与希格斯粒子质量成正比的质量。但是我们没有证据说明事情会那么简单。

弱电对称破缺的原因不仅对物理学重要，对我们认识宇宙的早期历史一样重要。磁铁的磁化可以清除，原先不同方向的对称也可以通过把温度提高到 770℃ 以上而恢复；同样，假如我们能够把实验室的温度提高到几千万亿摄氏度以上，弱力与电磁力之间的对称也可以还原。在那样的温度，对称不再隐藏，而将在标准模型粒子的性质中清晰地表现出来（例如，在这样的温度，电子、W 粒子、Z 粒子和所有的夸克都将失去质量。）几千万亿摄氏度的温度不可能在实验室造出来，甚至也不存在于当今最热的星体中心。但是，根据普遍接受的宇宙大爆炸理论的最简单文本，在 100 亿~200 亿年前的某个时刻，宇宙的温度是无限的。距那个起始时刻大约百亿分之一秒后，宇宙温度降到几千亿摄氏度，这时候，弱力和电磁力之间的对称被打破了。

这个对称破缺也可能不是自发而均匀地发生的。在我们更熟悉的"相变"中，如水结冰或铁磁化，转变可能在不同地方或先或后地发生，而不是处处以相同方式发生，如我们见过的，冰的一个个小晶体分别独立地形成，磁铁里不同磁畴的磁化指着不同的方向。弱电相变里的这类复杂性可能产生各种可以探测的效应，如大爆炸几分钟以后形成的轻元素的丰度。但是，只有等我们明白了弱电对称破缺发生的机制，才可能评价那些可能性。

我们知道弱力和电磁力间发生了对称破缺，是因为建立在这种对称基础上的理论是卓有成效的——它做出了大量成功的预言，预言了 W 粒子和 Z 粒子的性质，也预言了它们传递的力的性质。但是，弱电对称性是不是理论中某个场的真空值打破的，我们还没有把握；它也可能是因为希格斯粒子的存在打破的。弱电理论必须包括某个打破这种对称的东西，但是也可能弱电对称的破缺是因为某个新类型的外来强力的间接效应，那种力不作用于普通的夸克、电子和中微子，所以还没有被探测到。[5]这样的理论在 20 世纪 70 年代末出现了，但理论本身还有问题。建设中的超导超级对撞机 (SSC) 的一大使命就是解决这个难题。[6]

自发对称破缺的故事还没有结束。在我们把标准模型的第三个力 200 (强核力) 像弱力和电磁力那样领进同一个统一框架的努力中，自发对称破缺的思想也起着重要作用。虽然弱力与电磁力之间的显著差别在标准模型里被解释为自发对称破缺的结果，但强核力却不是那样的；即使在标准模型的方程里也没有联系强核力与弱力和电磁力的对称性。于是，人们在 70 年代初开始寻求一个作为标准模型的基础的理论，在那样的理论中，不论弱力、电磁力还是强力，都将统一在一个大的自发破缺了的对称群下面。[7]

　　沿着这些路线走下去，任何统一都会遭遇一个突出的障碍。任何
场论的力显现的强度都依赖于两种参数：力的传递者(如 W 粒子和 Z
粒子)的质量(假如有的话)和某个内禀强度(也叫耦合常数)，那种内
禀强度刻画了诸如光子、胶子、W 粒子和 Z 粒子等在粒子反应中被发
射和吸收的可能性。质量来自自发对称破缺，但内禀强度却是出现在
理论基本方程中的数。联系强力与弱力和电磁力的任何对称性，即使
是自发破缺的，都规定弱电力与强力的内禀强度(在恰当的定义约定
下)应该相等。不同的力所表现出来的强度差别应该归因于为那些力
的传播粒子带来质量差别的自发对称破缺。正如我们看到的，标准模
型里电磁力与弱力之间的差别源于这样的事实：弱电对称破缺为 W
201 粒子和 Z 粒子赋予了很大的质量，而没有给光子留下任何质量。但我
们很清楚，强核力与电磁力的内禀强度是不相等的；强核力正如它的
名字说的，比电磁力强得多，尽管它们都是无质量粒子(胶子和光子)
传递的。

　　1974 年，绕过那个障碍出现了一条小路。[1] 所有力的内禀强度实
际上还以微弱的方式依赖于测量过程的能量。在任何统一强力与弱电
力的理论中，这些内禀强度都预期在某个能量下相等，但那些能量跟
今天实验的能量可能差别很大。在标准模型里有 3 个独立的内禀强度
(这也是我们不能满意它作为最后理论的一个原因)，需要存在一个能
量让 3 个强度在那里相等，可不是寻常能满足的条件。把这个条件加
上来，可能做出相关的预言，说明力在现有实验的能量下应该具有的
强度。结果表明，预言跟实验符合得非常好。[8] 这不过是一个孤零零

---

1. 这说的是 Howard Georgi，Helen Quinn 和我本人的工作。

的定量的成功，但足以激励我们相信那些思想确实还有点儿东西。

那些力的内禀强度相等所在的能量，也可能用这种方法来估计。在目前加速器的能量下，强核力比其他力强得多，而量子色动力学告诉我们，强力随能量的增大而十分缓慢地减弱，因此所有标准模型的力变得一样强弱的能量一定是非常高的：计算结果大约是1亿亿亿伏[202]特（最近计算的能量接近10亿亿亿伏特）。假如真有什么联系强力与弱电力的自发破缺的对称性，就一定还存在大质量的新粒子，与W粒子、Z粒子、光子和胶子一起填充到力的传播粒子中来。这种情况下，几亿亿亿伏的能量可能就包含在这些重粒子的质量中间。我们还将看到，在今天的超弦理论中，不需要假定单独存在一个联系强力与弱电力的对称性，但是内禀强度的问题还在；强力与弱电力的强度要在很高的能量才会变得相等，计算的结果还是10亿亿亿伏特。

这看来又是一个难以接受的大数，但是10亿亿亿伏特的估计在1974年出现时，唤醒了理论物理学家的记忆。我们知道还有别的大数，它们都自然出现在统一引力与其他自然力的理论当中。在通常条件下，引力比弱力、电磁力和强力微弱许多。在单个的原子或分子中，谁也没见过任何引力效应，而且恐怕永远也不会看到（我们平常觉得引力强大的唯一原因是地球包含了大量的原子，每个原子都向地球表面贡献出一分引力）。但是，根据广义相对论，引力不仅来自质量、作用于质量，也同样可以来自能量并作用于能量。所以，只有能量而没有质量的光子一样能被太阳的引力场偏转。在足够高的能量下，两个典型[203]基本粒子间的引力会变得与它们之间的其他力一样强大。那种情形大约发生在1000亿亿亿伏特的能量。这就是著名的普朗克能量。[1]

奇怪的是，普朗克能量不过比强力和弱电力的内禀强度相等时的能量大100倍，尽管两个能量都远远超越了我们在基本粒子物理学中通常遇到的能量。两个大能量相距那么近，似乎说明任何统一强力与弱电力的对称性的破缺只是更基本的对称破缺的一部分，不论那个对称是什么，它的破缺联系着引力与其他自然力。也许没有单独的关于强力、弱力和电磁力的统一理论，而只能有一个真正的囊括了强力、弱力、电磁力和引力的大统一理论。

不幸的是，引力遗漏在标准模型之外是因为它很难用量子场论的语言来描写。我们可以简单地把量子力学的法则用于广义相对论的场方程，但接着我们会陷入无穷大的老问题。例如，假如我们要计算两个引力子(组成引力场的粒子)碰撞的某个概率，当碰撞引力子之间交换一个引力子时，我们能得到很合理的结果；但是，如果计算再进一步，考虑两个引力子的交换，我们就开始遭遇无穷大的概率了。这些无穷大是可以消除的，只要我们修改爱因斯坦的场方程，在里面添加一个抵消第一个无穷大的无穷大常数因子；但是，当我们的计算包含3个引力子的交换时，又会遇到新的无穷大，为了清除它，需要在场方程里再添加一个新的无穷大因子。照这样下去，我们便卷入一个具有无限多个未知常数的理论。这样的理论在相对低能的情形计算量子过程实际上是很有用的，那里添加在场方程的新常数小得可以忽略，但是当我们把它用于普朗克能量的引力现象时，它就失去预言能力了。

---

1. 1899年，普朗克实际上说明了这是一个自然的能量单位，可以通过光速、一个后来以他名字命名的常数和牛顿引力公式里的常数来计算。

普朗克能量下物理过程的计算暂时还超出了我们的能力。

当然，没有人在实验室做普朗克能量下的物理过程的研究（实际上也没有人去测量任何诸如任意能量下引力子碰撞那样的量子引力过程），但是一个理论要令人满意，它不但必须符合过去的实验结果，还必须做出对实验（至少原则上能做的实验）合理的预言。在这方面，广义相对论多年来一直处于弱相互作用在20世纪60年代末弱电理论发展以前的地位：广义相对论在实验能检验的任何地方都表现很好，但是它包含着内在的矛盾，意味着需要修改。

普朗克能量的值为我们带来一个可怕的新问题。这并不是说那个数太大了 —— 普朗克能量来自物理学的深处，我们可以认为它就是出现在最后理论的方程中的基本能量单位。问题的神秘在于为什么其他能量都那么小？特别是，在原始的标准模型中，电子、W粒子、Z粒子和所有夸克的质量都正比于一个出现在模型的方程里的质量，一个希格斯粒子的质量。从W粒子、Z粒子的质量来源，我们能推想包含在希格斯粒子质量里的能量不会超过1万亿伏特。但是这最多还不足普朗克能量的100万亿分之一。这也意味着存在一个对称等级：不论联合引力、强核力和弱电力的什么对称性被打破，它比统一弱力与电磁力的对称性要强100万亿倍。于是，解释如此巨大的基本能量差别的难题，在今天的基本粒子物理学中叫作等级问题。

15年来，等级问题一直是卡在理论物理学家喉咙里的一块又臭又硬的骨头。近年的许多理论猜想都是在解决这个问题的驱动下提出的。它不是一般的疑难 —— 为什么物理学基本方程的某些能量不会比其他的小 100 万亿倍的问题是没有原因的 —— 而是一个奥秘。难就难在这里。锁着的房间里发生了谋杀案，这样的疑难可以有自身的答案，但是面对一个奥秘，我们必须在问题之外去寻找线索。

解决等级问题的一个方法是基于一种新的对称性，所谓的*超对称性*，[9] 它联系不同自旋的粒子，从而生成新的"超粒子族"。在超对称理论中有几个希格斯粒子，但是对称性禁止任何希格斯粒子的质量出现在理论的基本方程里；[10] 我们在标准模型里说的希格斯粒子质量必须通过打破对称的复杂的动力学效应才能表现出来。在前面提到的另一个方法中，我们放弃了场的真空值打破对称性的思想，把对称破缺归因于某个新的外来强场的作用。[11]

遗憾的是，大自然至今也没显现超对称或外来强场的影子。[12] 这个事实还不能决定性地否定那些思想；等级问题的这些解决方法预言的新粒子也可能太重，不可能在今天的加速器实验室里产生出来。

我们希望，像超导超级对撞机那样足够强大的粒子加速器，能够发现希格斯粒子或等级问题的解决方法所要求的其他新粒子。但是，我们今天所能想象的任何加速器都没有办法将巨大的能量 —— 所有的力统一起来的能量 —— 集中在个别的粒子上。当德谟克利特和留基波在阿布德拉幻想他们的原子时，不可能想到那些原子比爱琴海边的沙粒还小千百万倍，也不可能想到那些原子要过了 2 300 年后才直接表现出它们的存在。今天我们猜想所有的自然力会在普朗克能量附近统一起来，那个能量比我们实验室所能达到的最高能量还高 1000 万亿倍。这个猜想把我们带到了一个更大的深渊的边缘。

那个巨大深渊的发现，超越了等级问题给物理学带来的变化。一方面，它用新的眼光来看旧的无穷大问题。不论在旧的量子电动力学还是在标准模型，光子和其他无限高能量粒子的发射和吸收给原子能量和其他可观测量带来了无穷大的贡献。为了处理这些无穷大，标准模型被赋以可重正化的特殊性质；就是说，理论的一切无穷大都可以通过出现在粒子裸质量定义中的其他无穷大和进入理论的其他常数来清除。在构造标准模型时，这个条件是有力的指南；只有那些具有最简单的可能的场方程的理论才是可重正化的。但是，因为标准模型遗漏了引力，我们现在猜想它不过是一个真正的基本统一理论的低能近似，在普朗克能量的水平它就失去意义了。那么，它关于发射和吸收无限能量粒子的效应的那些说法，我们为什么还当真呢？假如我们不把它们当真，我们又凭什么要求标准模型必须是可重正化的呢？无穷大问题还困扰着我们，但那是终极理论的问题，不是它的哪个低能近似（如标准模型）的问题。

作为重新评价无穷大问题的结果，我们现在认为，标准模型的场方程并不属于可重正化的那种很简单的理论，它们实际上把与理论的对称性相容的每一个可能项都包括进来了。那么，我们接下来必须解释，为什么像简单的量子电动力学或标准模型那样的旧的可重正化量子场论显得那么成功呢？我们认为那原因可以追溯到这样的事实：场方程中所有的项，除了很简单的可重正化项以外，必然都除以了某个如普朗克能量的量的幂。于是，在任何观测到的物理学过程中，这些项的效应都正比于过程的能量与普朗克能量之比的若干次方，比值大概只有1000亿分之一。那样的小数当然不会产生什么效应。换句话说，从20世纪40年代的量子电动力学到60和70年代的标准模型一

208 直指导着我们思想的重正化条件，从实用目的讲是正确的，尽管强加这个条件的理由今天看来已经不再有意义了。

这种观念的改变带来了具有潜在意义的结果。最简单可重正化形式的标准模型具有某些"偶然的"守恒定律，超越了那些实际的守恒定律 —— 从狭义相对论的对称性或者决定光子、W 粒子、Z 粒子和胶子存在的内部对称性产生的守恒定律。那些偶然的守恒定律包括夸克数 (夸克数减去反夸克数) 的守恒和轻子数 (电子、中微子和相关粒子的总数减去它们的反粒子总数) 的守恒。如果把场方程里所有符合标准模型的基本对称性和重正化条件的项都列举出来，我们会发现没有一个项能破坏这些守恒定律。正因为夸克和轻子数守恒，才阻止了质子的 3 个夸克变成一个正电子和一个光子那样的衰变过程，因此，正是这样的守恒定律保证了普通物质的稳定性。但是我们现在认为，场方程里的那些可能破坏夸克和轻子数守恒的复杂的不可重正化的项，也确实存在着，只不过很小罢了。那些小项可能使质子发生衰变 (例如，变成一个正电子和一个光子或其他中性粒子)，但是平均寿命很长，初步的估计大约是亿亿亿亿年，也可能更长或更短一些。假设 100 吨水里平均每年有一个质子衰变，如果那个估计的时间是对的，那么，它相当于 100 吨水里的质子完全衰变的时间。实验寻找了多年的质子衰变，都没能成功，但是，日本很快会有一套机器来仔细寻找

209 1 万吨水里的光闪烁 —— 那是质子衰变的信号。也许那个实验能看到点儿东西。

另外，后来也出现了几点有趣的可能破坏轻子数守恒的线索。在标准模型里，这个守恒律保证了中微子没有质量；如果它被打破了，

我们期待中微子有一个小质量，大约1/1000到1/100伏特(换句话说，大约是电子质量的10亿分之一)。这个质量太小了，迄今所做的任何实验都不可能发现它；但是它可能引起一个微妙的效应，让原来的电子型中微子(即与电子是同一族的成员)慢慢变成其他类型的中微子。这可以解释一个长久的疑难：我们探测到的来自太阳的中微子比预期的少。[1]太阳中心产生的中微子多数是电子型的，地球上用来观测它们的探测器也主要对电子型中微子敏感，所以，电子型中微子的丢失也许是因为它们在穿过太阳时变成了其他类型的中微子。[2]这个思想的检验需要各种类型的中微子探测器，在南达科他州、日本、高加索、意大利和加拿大正进行着实验。

  幸运的话，我们也许还是能找到质子衰变或中微子质量的确定证据。也许现有的加速器，如费米实验室的质子-反质子对撞机和CERN的电子-正电子对撞机，还能发现超对称性的证据。但这一切犹如缓慢蠕动的冰川。最近十年的每一次高能物理学会议的总结讲话都能(而且通常是)提出相同的一系列希望的突破。一切都不像过去那真正激动人心的年代 —— 似乎每一个月都有新的发现，研究生们总是跑 210 向物理系大楼的走廊去传播新发现的消息。没有什么进展的时候，聪明的学生还是不断走进这个领域，这正显示了基本粒子物理学根本的重要性。

  我们可以相信，当超导超级对撞机建成的时候，我们能走出僵局。

---

1. 这个现象最早是在1968年通过对比 Ray Davis, Jr. 的实验结果与 John Bahcall 计算的中微子流而发现的。
2. 这是 S. P. Mikhaev 和 A. Yu. Smirnov 在1985年基于 Linncoln Wolfenstein 以前的工作提出的。

它将具有足够的能量和强度来解决弱电对称破缺机制的问题 —— 也许找到一个或几个希格斯粒子，也许发现新强力的踪迹。如果等级问题的答案是超对称，那么，超对称也将在超碰撞中产生。另一方面，假如找到了新的强力，那么超级对撞机将发现许多质量大约为 1 万亿伏特的新粒子，那些粒子是我们首先需要探索的，尽管在那样的高能下面，在包括引力的所有力都统一的地方，我们想不出会发生什么。不论哪种情形，粒子物理学都会继续前进。粒子物理学家在绝望中争取超级对撞机，只有那样的加速器产生的数据才能使我们相信我们的事业还将继续下去。

第9章
弦上的终极理论

> 如果你们能看透时间的种子，
>
> 能说哪一颗会长，哪一颗不会，
>
> 那么也来对我说。
>
> —— 莎士比亚，《麦克白》[1]

终极理论也许远在几个世纪以外，也许完全不同于我们今天想象 211
的任何东西。不过，我们姑且假定它就在某个角落，那么，根据已经
知道的东西，我们关于那个理论能猜想些什么呢？

在我看来，今天的物理学中能够不变地在终极理论中保留下来的
部分是量子力学。这不仅因为量子力学是我们今天关于物质和力的一
切知识的基础，经过了非常严格的实验检验；更重要的是，没有人能
想出什么办法以任何方式来改变量子力学，使它既能保留那些成功而
又不带来逻辑的荒谬。

虽然量子力学为一切自然现象提供了表现的舞台，但它本身却是 212

一个空空的架子。量子力学使我们能想象大量不同的可能的物理学系统：由通过任何形式的力发生相互作用的任何粒子组成的系统，甚至还有任何根本不是由粒子组成的系统。近百年的物理学历史已经证明了是逐步认识对称性的历史，是对称性原理导演了我们在量子力学舞台上看到的形形色色的戏剧。我们今天关于弱力、电磁力和强力的标准模型所依赖的也是对称性：狭义相对论的时空对称性，它要求标准模型应该建成一个场的理论；还有一些内在对称性，它们决定了电磁场和承载标准模型的力的其他场的存在。引力也可以在对称性原理的基础上来认识，那是爱因斯坦广义相对论中的对称性，它决定了无论我们描写时间和空间位置的方式如何变化，自然定律都不会改变。

根据一个世纪的经历，大家都相信最后的理论应该建立在对称性原理的基础上。我们期待着这些对称性能把引力与标准模型的弱力、电磁力和强力统一起来。但是几十年来我们仍然不知道那是什么样的一些对称性，而且我们也没有一个能在数学上满意的包括了广义相对论基本对称性的引力的量子理论。

现在的情况大概有些不同了。近 10 年来，一个关于引力甚至也许包罗万象的崭新的量子理论框架已经发展起来了 —— 那就是弦理论。弦理论为我们推出了终极理论的第一个可能的候选者。

理论的根生在 1968 年，那时，场的量子理论正处在低潮，基本粒子物理学家想离开它去认识强核力。CERN 的年轻理论家维尼齐亚诺 (Gabriel Veneziano) 产生一个念头，简单地猜想了一个公式，可以给出两个粒子在不同角度和能量下的散射概率，而且具有相对论原理和量子力学要求的一些一般性质。他利用每个学物理的学生都学过和熟悉的数学工具，就构造出一个满足所有那些条件的简单公式。维尼齐亚诺的公式引起了很多人的注意；几个理论家很快把它推广到其他过程，作为一个综合的近似方案的基础。那时还没人能想到它有可能用于引力的量子理论；研究它的动机完全是为了认识原子核的强相互作用力(真正的强力理论，那个叫量子色动力学的量子场论还要等几年才出现)。

人们在研究中发现，维尼齐亚诺的公式及其扩张和推广，不仅是一个幸运的猜想，还是一个关于一种新的物理实体的理论，那个新实体就是相对论量子力学的弦。[1]当然，普通的弦是由质子、中子和电子等粒子组成的，但这些新的弦不一样；它们才被认为是组成质子、中子和电子的东西。在这里，并不是有谁灵机一动想到了物质由弦组成，然后在那个基础上去发展一个理论；其实，弦理论在任何人还没看出它是一个关于弦的理论之前就已经发现了。

这样的弦可以形象地看作光滑的空间结构里的一维的微小的裂缝。弦可以是开的，有两个端点；也可以是闭的，像一根橡皮筋。弦在空间飞过时，会发生振动。每根弦都可能处于无限多个可能的振动 214状态(或模式)的任何一个，就像振动的音叉或小提琴弦拨动时产生的泛音。寻常琴弦的振动会随时间而衰减，因为弦振动的能量会转化为组成弦的原子的随机运动，也就是我们感觉的热。我们这里说的弦却不像那样，它们是真正基本的东西，而且会永远振动下去；它们不是任何原子或其他物质组成的，它们的振动能量无处可去。[2]

1.独立做这项研究的有南部阳一郎(Yoichiro Nambu)、尼尔森(Holger Nielson)和苏斯金。
2.这话是惠藤讲的。

这里说的弦很小，于是，如果没有极小距离尺度的探针，它看起来就像点粒子。因为弦的振动模式有无限多种可能，它所表现的粒子也可能有无限多种，每一种粒子对应一种弦的振动模式。

最初形式的弦理论也不是没有问题。[1]计算表明，在闭弦的无限多的振动模式中，有一种模式表现为一个零质量的、两倍光子自旋的粒子。[2]我们记得，弦理论是从维尼齐亚诺为了认识强核力而进行的研究中成长起来的，这些弦理论原先被当作强力及其作用粒子的理论。没有一个感应强核力的粒子具有那样的质量和自旋，假如真有那样的粒子，我们早就应该发现它了，所以这是与实验的一个严重冲突。

但是，确实存在着质量为零、自旋是光子的两倍的粒子。它感觉不到强大的核力；它感觉引力，是引力辐射的粒子。而且20世纪60年代以来我们就已经知道，任何一个关于如此质量和自旋的粒子的理论，必然或多或少地像广义相对论。1弦理论初期发现的那个零质量粒子跟真正的引力子只有一点大的区别：新粒子的交换所产生的类似于引力的力要比引力子产生的引力强百万亿亿亿亿倍。

在物理学中，错误的问题常常引出正确的结果，弦理论家正遇着这样的事情。80年代初，人们逐渐发现，那个作为弦理论的数学结果的新的零质量粒子，不是引力子的强力类比——根本就是真正的引力子。2为了产生正确强度的引力，在弦理论的基本方程中，它必须极大地增强弦的张力，这样，弦的最低与次低状态之间的能量差就不

---

1. 这个结论是费曼和我独立发现的。
2. 早在1974年，J.Scherk，J.Schwarz和米山 (T. Yoneya) 就分别独立提出了这一点。

会是微不足道的几亿伏特的原子核现象的能量，而是接近千亿亿亿伏特的普朗克尺度的能量，在这个能量下，引力变得跟其他的力一样强大。[1]这个能量太高了，因而标准模型里的所有粒子——夸克、光子和胶子等一切粒子——必然只能看作弦的最低振动模式；否则，它们将携带着产生它们的那些能量，我们也就永远不可能发现它们了。

从这个观点看，像标准模型那样的量子场论只是一个基本理论的低能近似，那个基本理论却不是一个关于场的理论，而是一个弦的理论。我们现在认为这些量子场论在现代加速器所及的能量下表现那么好，不是因为自然最终需要量子场论来描写，而是因为任何满足量子力学和狭义相对论要求的理论，在足够低能的条件下都像量子场论。我们越来越把那个标准模型看作一个有效场论，形容词"有效"提醒我们，这些理论不过是一个迥然不同的理论(也许是弦理论)的低能近似。标准模型是现代物理学的中心，但是对量子场论态度的转变，也许标志着一个新的后现代物理学时代的开端。

弦理论包含了引力子和一大群其他粒子，于是，它第一次提出了一个可能的终极理论的基础。实际上，因为引力子似乎是任何弦理论都回避不了的特征，所以我们可以说弦理论解释了为什么会存在引力。1982年，后来成为弦理论家领袖的惠藤(Edward Witten)在加州理工学院施瓦兹(John Schwarz)的一篇评论里认识了弦理论的这个特征，他称这个认识是"我一生中最大的理性震撼"。[2]

---

1. 回想一下，伏特做能量单位时，意思是一个电子在1伏特电池的驱动下通过导线从电池的一极移到另一极所获得的能量。
2. 引自 John Horgan, *Scientific American*, November 1991, p.48。

弦理论似乎还解决了曾困扰以前所有引力的量子理论的无穷大问题。尽管弦看起来很像点粒子，但最重要的是，它们不是点，而是延展的物体。通常量子场论里的无穷大可以追溯到场描写点粒子的事实（例如，当我们把两个点电子放在同一位置时，平方反比律将得出无限大的力）。而恰当构造的弦理论似乎摆脱了一切无穷大。[3]

217 人们对弦理论的兴趣从1984年才真正开始。那年，施瓦兹跟伦敦王后玛丽学院的格林(Michael Green)一起证明，两个特殊的弦理论经过了数学一致性的检验，而以前研究过的弦理论都是失败的。[1]格林和施瓦兹工作中最令人兴奋的特征是，它意味着弦理论具有我们为真正的基本理论寻求的那种刚性——虽然可能想象无限多个不同的开弦理论，但似乎只有其中的两个才有数学意义。在那两个格林-施瓦兹理论中，有一个的低能极限跟我们现在的弱力、强力和电磁力的标准模型惊人地相似，当一个理论家小组发现这一点，[2]而另一个小组（"普林斯顿弦乐四重奏"）发现其他几个弦理论更像标准模型时，[3]人们对弦理论的热情也疯狂了。许多理论家开始觉得最后的理论来到了。

从那以后，弦理论的热度多少冷却了下来。现在我们知道，像格林-施瓦兹那样在数学上和谐的弦理论，还有千千万万。所有这些理论都满足同样的基本对称性，即所谓的共形对称性，但这种对称不像爱因斯坦的相对性原理那样是从自然的观测得来的；实际上，共形对称似乎是为了保证理论的量子力学和谐才需要的。[4]从这点说，

---

1. 有些弦理论在数学上不够和谐，这是惠藤和Luis Alvarez-Gaumé在早些时候发现的。
2. 小组成员有Philip Candelas，Gary Horowitz，Andrew Strominger和Edward Witten。
3. 那4个人是David Gross，Jeffrey Hervey，Emil Martinec和Ryan Rohm。

千千万万个弦理论只不过代表了满足共形对称要求的不同方式。人们普遍相信，那些不同的弦理论并不真的是不同的理论，而是解决同一个基本理论的不同方式。但我们还不能肯定这一点，也没有人知道那个背后的理论是什么。

每一个弦理论都有自己的时空对称性。有的满足爱因斯坦的相对性原理，有的甚至找不出像我们平常三维空间的东西。每个弦理论也都有自己的内部对称性，跟我们现在关于弱力、强力和电磁力的标准模型的基本对称性属于同样一般的类型。但是弦理论与所有以前的理论有一点很大的区别，弦理论的那些时空和内部的对称性不是我们用双手强加的，而是每个弦理论满足量子力学法则(和它所要求的共形对称性)的特殊方式的数学结果。于是，弦理论实际上向着自然的合理解释迈出了一大步。跟量子力学的原理相比，它们还可能是最具数学和谐的理论，更特别的是，只有这样的理论才能把引力那样的东西包容进来。

今天，相当比例的年轻理论物理学家在为弦理论工作着。已经出现了一些令人鼓舞的结果。例如，在弦理论中，强力与电磁力的内禀强度是与弦的张力相联系的，即使没有统一它们的独立对称性，在极高能量下它们也会自然变得相等。不过，现在还没有出现具体而定量的预言，我们还不能确定地检验弦理论。

这一困境不幸把物理学家分割开了。弦理论很苛刻，做其他研究的理论家很少具有能理解弦理论专门论文的背景，弦理论家也很少有时间跟其他物理学有什么往来，特别是高能物理学的实验。面对这种不愉快的情形，我的一些同事对弦理论生出些许敌意。我倒没有那样的感觉。目前，弦理论是我们终极理论的唯一的后备资源 —— 我们怎么能不让那些聪明的年轻理论家去为它工作呢？它现在还不那么成功，这是很遗憾的，但弦理论家跟所有其他人一样，正在尽他们最大的努力来塑造这个物理学史上的艰难一刻。我们只有希望弦理论更成功，或者新的实验打开另一个前进的方向。

遗憾的是，今天还没有人发现哪个特殊的弦理论确实具有我们在大自然见过的那些特别的时空、内部对称性以及一系列的夸克和轻子。而且，我们也不知道如何列举可能的弦理论或者估计它们的性质。为了解决这些问题，似乎还需要创造一些新的超越从前的计算方法，尽管从前的技术曾经发挥过很好的作用。例如，在量子电动力学里，我们可以把原子中电子间交换两个光子的效应作为交换一个光子的效应的小小修正来计算，而交换3个光子的效应是更小的修正，这样一直计算下去，直到那些修正小得失去意义。这种计算方法就是有名的微扰论。但是，弦理论的关键问题却涉及无限多的弦的交换，因此不能用微扰论来处理。

事情比这更糟。即使我们知道如何在数学上处理弦理论，即使我们在那些理论中找出了一个来与我们的自然相对应，现在还是没有一个准则能告诉我们，为什么用于我们现实世界的理论是弦理论。再重复一遍：物理学的最基本水平的目的，不仅要描述世界，还要解释世界为什么那样。

为了寻找一个选择真正的弦理论的准则，我们可能需要借助一个物理学中地位模糊的原理，所谓的人存原理，它说，自然律应该允许 220 向自然律发问的智慧生命存在。[5]

人存原理的思想最早表达的是，自然定律惊人地适合生命的存在。一个著名的例子是元素的合成。根据今天的思想，合成大约从宇宙3分钟的时候开始（更早的时候温度太高，质子和中子不能在原子核中结合），然后在恒星里继续下去。过去人们以为，元素的形成从最简单的氢元素开始，它的核内只有一个粒子（质子），然后不时为原子核添加一个核子。尽管氦的原子核可以这样构造出来（它包含4个核子：2个质子，2个中子），但是没有5个核子的稳定原子核，所以这个过程进行不下去了。1952年，萨尔皮特（Edwin Salpeter）终于找到了解决办法。[1]2个氦原子核可以在星体内结合形成不稳定的同位素铍8（^{8}Be），在没来得及分裂为2个氦核之前，它可能偶尔吸收另一个氦核，从而形成碳核。不过，正如霍伊尔（Fred Hoyle）1954年强调的，为了用这个过程来说明我们在宇宙观测到的碳丰度，还必须有那样一个碳核的状态，它的能量使它可能以反常巨大的概率在氦核与铍核的碰撞中形成（准确地说，这样的状态是跟霍伊尔一道工作的实验家在后来发现的[2]）。一旦碳在星体内形成，产生所有重元素（包括像氧和氮那样的已知生命形式必须的元素）就不再有障碍了。[6]但是，为了实现这一过程，碳核的那种状态的能量必须接近铍核的能量加上氦核的能量。如果碳核的能量太大或太小，星体内就几乎不会产生碳和更重的 221 元素，而只有氢和氦是不可能出现生命的。核态的能量以复杂的方式依赖于所有的物理学常数，如不同类型的基本粒子的质量和电荷。乍

---

1. 萨尔皮特在他1952年的文章里还指出E.J.Öpik在1951年有过相同的想法。
2. D. N. F. Dunbar，W. A. Wensel 和 W. Whaling。

看起来，这些常数正好具有使碳能以这种方式形成所需要的数值，似乎是很奇怪的。

如果说自然律经过了精致的调整，从而使生命成为可能，我认为还没有很令人信服的证据。一方面，近来一组物理学家证明了刚才讲的碳核状态的能量可以适当提高而不会明显减小星体内产生的碳的总量。[7]另外，假如改变自然常数，我们可以发现碳核或其他原子核的许多其他状态，可能为比氦更重的元素提供别的合成途径。自然常数是否应该具有适合于智慧生命的数值，我们还没有很好的办法来评估其可能性。

不论是否需要人存原理来解释诸如核态能量之类的事情，在某些情况下，那个原理不过是一个普通常识而已。[1]逻辑上可以接受的所有不同的宇宙也许在某种意义上都是存在的，每个宇宙有着各自的一组基本定律。假如这是真的，当然就会有许多那样的宇宙，它们的定律或历史可能不利于智慧生命的存在。但是，问世界为什么那样的科学家却必然生活在别的某个能够产生智慧生命的宇宙中。[2]

222　　人存原理的这种解释有一个问题：多重宇宙的意思还不完全明白。霍伊尔提出过一个简单的可能：自然常数随不同区域而改变，[3]这样，宇宙的每个区域都是某个类型的小宇宙。假如我们通常所谓的自然常

1.这种形式的人存原理有时叫弱人存原理。
2.苏联的一个流亡物理学家告诉我，几年前莫斯科流传着一个笑话，大意说，人存原理解释了为什么生命那样悲惨。使生命悲惨比让它幸福的方式多得多；人存原理只是要求自然律能允许智慧生命存在，并不需要他们快乐地生活。
3.F.Hoyle，*Galaxies,Nuclei, and Quasars*(London：Heinemann,1965).

数在宇宙不同的历史时期具有不同的数值，那个多重宇宙的解释还是有可能的。后来还有很多更革命的可能性的讨论，说我们的宇宙和其他逻辑上可能的宇宙都是从一个更大的巨宇宙产生出来的。例如，最近在把量子力学用于引力的尝试中，我们看到，虽然寻常的虚空的空间跟从高处看到的海洋表面一样平静、一样没有结构，但是走近来看，空间却沸腾着量子涨落，张开一个个"虫洞"，[8]将宇宙的某些部分跟遥远的空间和时间里的其他部分连接起来。1987年（接着霍金、哈特尔等人的研究），哈佛的柯尔曼证明，虫洞打开和关闭的结果就是改变不同场的方程中出现的各种自然常数。跟量子力学的多世界解释一样，宇宙的波函数破裂成许多个项，每个项里的自然"常数"以不同的概率取得不同的数值。[9]在这些五花八门的理论中，我们理所当然地应该在空间的某个区域、宇宙历史的某个阶段或者波函数的某个项里，找到自己的位置，那里的自然"常数"碰巧具有适合智慧生命存在的数值。

物理学家当然还想不用人类的选择来解释自然常数。我个人猜想，[223] 我们最好能发现，所有的自然常数（也许有一个例外）实际上都是被这样那样的对称性原理固定的，于是某种形式的生命的存在不再需要令人难过的自然定律的精细调节了。那个例外的也许需要某种人存原理来解释的自然常数就是著名的宇宙学常数。

宇宙学常数第一次在物理学理论中出现，是爱因斯坦第一次尝试把他新的广义相对论用于整个宇宙的时候。他在研究中像当时的通常做法那样假定宇宙是静态的，但他很快发现，他的原始形式的引力场方程在用于整个宇宙时并没有静态的解（这个结论实际上与广义相对论没有什么特别的关系；在牛顿的引力理论中我们也能发现，有的解说明星系在相互的引力作用下彼此急速地靠近，而另一些解则说明星系会因为原初的爆炸而飞快地相互离开，但是我们并没有希望星系总的说来会静止地漂浮在太空）。为了得到静态的宇宙，爱因斯坦决定改变他的理论。他在方程里引入了一个能在大距离上产生某种斥力的项，这样就平衡了引力的吸引。这一项涉及一个自由常数，它在爱因斯坦的静态宇宙学里决定着宇宙的大小，从而被称作宇宙学常数。

那是1917年的事情。因为战争，爱因斯坦还不知道，有个叫斯里菲尔(Vesto Slipher)的美国天文学家已经发现了星系(我们今天的说法)在急速分离的线索，所以宇宙实际上不是静态的，而是膨胀的。哈勃(Edwin Hubble)在战后利用威尔逊山的100英尺(1英尺约为0.305米)新望远镜证实了宇宙的膨胀，还测量了膨胀的速率。爱因斯坦很后悔自己用那个宇宙学常数破坏了他的方程。[10]然而，宇宙学常数可能并不那么容易就会消失的。

首先，没有理由不让爱因斯坦的场方程包含一个宇宙学常数。爱因斯坦的理论建立在一个对称性原理的基础上，原理告诉我们自然定律应该不依赖于我们研究这些定律所用的空间和时间的参照系。但是，原始形式的理论还不是这个对称性原理所允许的最一般理论。场方程里还可以添加许多可能的项，这些项的效应在天文学尺度可以忽略，从而它们本身也可以安全地忽略了。除了这些以外，能加入爱因斯坦场方程而又不破坏广义相对论原理的项就只有唯一的一个了，它对天文学当然也是重要的，那就是包含宇宙学常数的项。爱因斯坦1915年在场方程应该尽可能简单的假定下提出他的方程。过去3/4个世纪的经验告诉我们不能相信这样的假定；我们常常看到，只要不被对称性原理或其他基本原理所禁止，任何复杂性实际上都可能在我们的理论中出现。这样，我们不能说宇宙学常数是多余的复杂。简单性跟其他任何事情一样也都是需要解释的。

在量子力学里问题更糟糕。我们宇宙中的各种场在不停经历着量子涨落，甚至在所谓虚空的空间也能产生能量。这样的能量只有通过它的引力效应才能发现；任何形式的能量都产生引力场，同时也受引力场的作用，因此充满整个空间的能量可能对宇宙的膨胀具有重要的影响。我们不能确实地计算这些量子涨落在每个单位体积内产生的能量；用最简单的近似，可以发现那是无穷大。不过，根据任何合理的猜想除去那些产生无穷大的高频涨落，单位体积的真空能量仍然大得惊人：大约是我们观测到的宇宙膨胀速率所允许的能量的1亿亿亿亿亿亿亿亿亿亿亿亿亿亿亿亿(10^{120})倍。这可能是物理学史上数量级估计的最可怜的失败。

假如虚空空间的能量是正的，它会跟爱因斯坦1917年在他的场方程里添加的那个宇宙学常数一样，在相隔遥远的两个物质粒子之间产生排斥力。于是，我们可以认为量子涨落的能量不过是"总的"宇宙学常数的一份贡献；宇宙的膨胀有赖于总的宇宙学常数，而不单是广义相对论场方程的宇宙学常数或量子涨落的能量。这打开那样一种可能：宇宙学常数的问题与虚空空间能量的问题也许就这样消除了。换句话说，爱因斯坦的场方程里可能出现负的宇宙学常数，正好能抵消量子涨落产生的巨大虚空能量的效应。但是，为了与我们关于宇宙膨胀的认识一致，总的宇宙学常数应该很小，因而它的两个项必须在小数点后120位的地方都相互抵消。我们不愿意把这样的事情留给未知的世界。

226　　为了弄清总的宇宙学常数的消失，理论物理学家奋斗了多年，现在也没有找到任何可信的解释。[1]如果说弦理论有什么不同，它不过把问题弄得更糟。不同的弦理论都给出一个不同的总宇宙学常数(包括真空量子涨落的效应)，但在一般情况下，它们都显得太大了。[11]宇宙学常数那么大，空间会卷曲得很厉害，于是一点儿不像我们熟悉和生活的三维的欧几里得几何的空间。

　　如果所有其他的可能都失败了，我们也许只好回头来找人存原理的解释。从某种意义上说，存在许多不同的"宇宙"，每一个都有自己的宇宙学常数值。假如真是那样，我们能为自己找到位置的唯一宇宙，应该是总的宇宙学常数很小的那一个，那样生命才可能出现和演化。具体说，如果总的宇宙学常数很大，而且是负的，那么宇宙将经历它自己的膨胀和收缩的生命轮回，不会为我们的生命留下成长的时间。另一方面，如果总的宇宙学常数是巨大的正数，那么宇宙将永远膨胀下去，但是宇宙学常数产生的排斥力在宇宙初期会阻止物质发生引力收缩，这样就没有星系和恒星的形成，也就没有生命存在的空间。也许真正的弦理论正是我们需要的(如果说真有那样一个理论)，它会把宇宙学常数限定在一个适合生命出现的小数值的相对狭小的范围内。

　　这条思想路线引出的一个有趣的结论是，没有理由说明为什么总

1.关于这一点，有一篇不用数学的评述：L. Abbott, *Scientific American* 258,No.5 (1985)：106。

的宇宙学常数(包括真空量子涨落的效应)应该严格为零;人存原理只是要求它应该很小,小到能允许星系形成并延续几十亿年。实际上,有时来自天文学观测的线索似乎说明总的宇宙学常数不是零,而是很小的正数。 227

这些线索是那个著名的"宇宙丢失质量"问题带来的。宇宙物质密度最自然的数值(也就是当前普通宇宙学理论要求的数值)是物质的引力的吸引刚好能让宇宙永远膨胀的密度。[12]但是这个密度比星系团的物质贡献的密度(根据星系在星系团中的运动推算的)大5~10倍。丢失的质量可能是某种暗物质,不过也有别的可能。正如我们讲过的,正宇宙学常数的效应就像均匀不变的能量密度,根据爱因斯坦著名的质能关系,它又等价于一个均匀不变的物质密度。这样,那丢失的80%~90%的宇宙"物质"密度可能来自正的宇宙学常数,而不是什么真正的物质。

这并不是说实际的物质密度与正宇宙学常数之间没有任何区别。宇宙是膨胀的,所以不管实际的物质密度在今天是多少,它一定比过去的大。相反,总的宇宙学常数不随时间而改变,所以相应的物质密度也是不变的。物质密度越大,宇宙膨胀越快,所以,如果丢失的"质量"是普通的物质而不是宇宙学常数效应,那宇宙过去的膨胀速率一定要大得多。

特别显示正的宇宙学常数的另一条线索来自与宇宙年龄相关的一个老问题。在传统的宇宙学中,我们根据观测的宇宙膨胀速率可以推算出宇宙年龄在70亿~120亿年之间。但是一般估计我们银河系内 228

球状星团的年龄是 120 亿~150 亿年。我们面临的问题是，宇宙的年龄小于它所包含的球状星团的年龄。为避免这个矛盾，我们必须采纳星团的最小估计年龄和宇宙的最大估计年龄。另一方面，正如我们看到的，用正的宇宙学常数取代暗物质，将减小我们估计的过去的宇宙膨胀速率，从而增大我们根据现有任何膨胀速率所估计的宇宙年龄。例如，当宇宙学常数占宇宙质量密度的 90％时，即使根据目前膨胀速率的最大估计值，宇宙年龄也将是 110 亿年，而不是小小的 70 亿年，这样与球状星团年龄有关的任何严重偏离都消失了。

占目前宇宙"质量"密度 80％~90％的正宇宙学常数仍在生命存在所允许的范围内。我们知道，类星体（可能还有一些星系）早在宇宙只有现在 1/6 大小时就从大爆炸中聚集形成了，因为我们发现来自类星体的光线的波长增大（红移）了 6 倍。那时候，宇宙真正的质量密度比今天大 6 的立方（约 200）倍，所以比今天的质量密度大 5 或 10 倍的宇宙学常数对应的质量密度，对那时的星系形成不会有多大的影响，尽管它会阻碍更新的星系的形成。于是，那样一个宇宙学常数（对应的质量密度比今天的宇宙物质密度大 5 或 10 倍）大概正是我们在人存背景下所应该期待的。

229   幸运的是，这个问题（不像本章讨论过的其他问题）在天文观测很早以前就可以解决。我们已经看到，假如丢失的质量来自普通的物质而不是宇宙学常数，宇宙过去膨胀的速率会比今天大得多。膨胀速率的这个差别会影响宇宙的几何和光线的路径，而那影响方式是可以用天文学探明的（例如，它会改变我们观测到的以不同速度远离而去的星系的数目，还会改变引力透镜的数目——所谓引力透镜说的是，星系的引力场使遥远星体的光线发生弯曲，形成多个像点）。目前的观测还没有结果，但是几个天文台正在积极探求这些问题，最终应该能够证实或否定那个产生80％～90％宇宙"质量"密度的宇宙学常数。这个宇宙学常数比根据量子涨落的估计而希望的数小很多，很难在人存原理以外的任何其他背景下去理解。这样，如果那个宇宙学常数被观测证实了，那么我们可以合理地认为，我们自身的存在对于解释宇宙为什么那样起着重要的作用。

不论结果怎样，我都不希望这种事情发生。作为一个理论物理学家，我希望看到我们能做出精确的预言，而不是模糊的论证，说什么常数一定落在一个多少能适合生命存在的范围。我希望弦理论真能为最后的理论提供一个基础，而且还表现出足够的预言能力，能说明一切自然常数的数值，包括那个宇宙学常数。我们会看到的。

第 10 章
直面终极

北极，终于来了！等待了三个世纪的荣耀……

我简直不敢认它。它竟是那么简单而普通。

——皮里日记，引自他的《北极》[1]

230　　很难想象我们能拥有一个不需要任何更深层的原理来解释的终极物理学原理。许多人想当然地认为，我们将得到一个无穷的原理链，每个原理的后面都跟着更深的原理。例如，现代科学哲学大家波普尔 (Karl Popper) 就拒绝 "终极解释的思想"。[2] 他坚持 "每一个解释都能通过普适性更高的理论或猜想得到进一步的解释。不可能有不需要更深解释的解释……"

波普尔跟其他许多相信无限基本原理链的人可能最终是正确的，但我想这个观点不能从迄今还没有人发现一个终极理论的事实来讨论。那样的话，就像19世纪的探险家们说的，因为过去几百年的北极探

---

1. Robert Edwin Peary(1856 ~ 1920)是美国探险家，多次考察格陵兰。1898年起向北极进军，终于在1909年4月6日第一次到达北极。下面提到的柯克曾在他的探险船上做医生，说自己在一年前就到过北极了。另外，皮里到达的地方是不是北极点，至今还没有公论。——译者

2. K. R. Popper, *Objective Knowledge : An Evolutionary Approach*(Oxford : Clarendon Press，1972), p.195.(《客观知识》，上海译文出版社，1988)

险总是发现，不论他们深入北极多远，北方总还有更多的汪洋和冰雪，[231] 要么没有北极点，要么谁也没有到过那儿。但最后还是有人走来了。

似乎有许多人都有那样的印象，过去的科学家常常自以为发现了终极理论。他们就像那位想象自己在1908年达到了北极点的探险家柯克(Frederick Cook)。人们想象，科学家惯于精心构筑他们宣扬的所谓终极理论的蓝图，并顽固地捍卫它，直到如山的实验证据向新一代科学家们证明那些蓝图全都错了。但是，据我所知，20世纪还没有哪个著名物理学家宣布过已经发现了终极理论。不过，物理学家有时确实忘了达到理论的终点还需要走过漫漫长路。回想一下迈克尔逊1902年的预言："从众多表面相隔遥远的思想领域出发的路线汇聚到 …… 一片共同的土地上来的日子看来不会太远了。"最近，霍金在接受剑桥大学的数学卢卡西讲座教授(牛顿和狄拉克坐过的席位)的就职演说里提出，那时正流行的"扩张的超引力"理论即将为某个终极理论提供基础。我怀疑霍金今天还会那样说。但是，不论迈克尔逊还是霍金，都没有说终极理论已经在手了。

假如历史是一面镜子，那么我真从它看到了某个终极理论的影子。[232] 20世纪以来，我们看到了许多解释的箭头像涌向北极点的子午线一样汇聚起来。我们最深层的原理，尽管还不是那最后的，正不断地变得更简单、更经济。那样的融合，我们在一支粉笔的解释中看到过，我在自己的物理学生涯中也经历过。我做研究生的时候，不得不学五花八门的有关基本粒子强弱相互作用的东西。今天，基本粒子物理学的学生学标准模型和大量的数学，几乎不需要再学别的什么了(物理学教授有时为学生们懂得太少基本粒子物理学的实际现象而着急；不

过我想，在康乃尔和普林斯顿给我上课的教授们着急的大概是我懂得
的原子光谱学太少了）。既然理论越来越基本，也越来越简单和统一，
我们很难相信解释的箭不会汇聚到一起。

　　尽管可以想象由一个比一个更简单的基本理论构成的链条，既
不会无限延伸，也不会有一个终点，但这是不太可能发生的事情。剑
桥的哲学家雷赫德(Michael Redhead)认为，那些链条有可能绕回去。[1]
他指出，正统的量子力学的哥本哈根解释需要一个观测者的宏观世界，
需要测量仪器，而这些宏观的东西本身也需要量子力学来解释。这个
观点在我看来又提供了一个例子，让我们看到，量子力学的哥本哈根
解释和它对量子现象与研究那些现象的观测者的不同处理方式，都存
在什么问题。在埃弗雷特等人最现实的量子力学方法里，只有一个描
述包括实验和观测者在内的一切现象的波函数，而基本定律描述的是
这个波函数的演化。

　　不过，更激进的观点是，我们实际上根本不可能发现什么定律。[2]
我的朋友和老师惠勒曾偶然说过，不存在什么基本定律，我们今天研
究的所有定律都是我们的观测方式强加给自然的。[1]哥本哈根的理论
家涅尔森(Holger Nielson)从多少不同的思路提出一种"随机动力学"，
照这个理论，不论我们在多小的距离、多高的能量下来认识自然，我
们实验所及的现象看起来都是相同的。[3]

---

1. M. Redhead，"Explanation"，August 1989，to be published.
2. 这种观点的有趣讨论见 Paul Davis，"what Are the Laws of Nature"，in *The Reality Club # 2*，ed.John Brockman(New York：Lynx Communications，1988).
3. H. B. Nielson，"Field Theories Without Fundamental Gauge Symmetries"，in*The Constants of Physics*，ed. W. McCrea and M. J. Rees(London：Royal Society，1983)，p.51；reprinted in *Philosophical Transactions of the Royal Society of London* A 310 (1983)：261.

在我看来，惠勒和涅尔森不过是把终极理论的问题往后推了。惠勒的没有定律的世界也需要最基本的原定律来告诉我们，观测是如何把法则强加给自然的，量子力学本身便是那些原定律的一个。同样，涅尔森也需要某个原定律来解释，当我们改变测量的距离和能量尺度时，自然的外表会如何发生改变，为此，他必须假定所谓重正化群方程的有效性。在没有定律的世界里，我们当然不知道这些方程如何能够出现。我希望，所有离开基本自然定律的尝试，假如成功的话，最后都将引出一些原定律，告诉我们今天所谓的定律是如何产生的。

还有一种情形，我以为可能性更大，不过也更令人困惑。也许存在某个终极理论，那是一组简单的定律，所有解释的箭头从它发出来，但我们可能永远不会知道它是什么。例如，也许是因为人类还不够聪明，不足以发现和理解那个终极理论。我们可以训练小狗做各种灵巧 234 的事情，但我不相信有人能教会它用量子力学去计算原子的能级。我们人类有希望继续取得未来的理性进步的最好理由，是我们具有通过语言连接大脑的神奇能力，但这一点是不够的。威格纳曾警告过"我们无权期待我们的理性能树立完全理解非生命自然现象的完美概念。"[1]幸运的是，我们似乎直到今天还没有走到我们理性资源的尽头。不管怎么说，在物理学中，新一代的研究生都比老一代显得更聪明。

更紧迫的担心是，发现终极理论的努力可能会因缺少经费而中断。美国最近关于超级对撞机的争论已经向我们预示了这个问题。10年80亿美元的经费当然没有超出我们国家的能力，但是，如果还想到

1. E. P. Wigner, "The Limits of Science", *Proceedlings of the American Philosophical Society* 94(1950): 422.

未来更昂贵的加速器, 即使高能物理学家也会犹豫的。

　　除了我们希望用超级对撞机来回答的有关标准模型的问题而外, 还有一个更深层的与强力、弱电力和引力的统一有关的问题, 那是现有的任何加速器都不可能直接回答的问题。在真正基本的普朗克能量下才可能用实验来探索所有这些问题, 那比超导超级对撞机所能达到的能量高一亿亿倍; 而只有在普朗克能量下才能期待所有自然力的统一。而且, 这大概也是弦理论要求的激发第一个弦振动模式 —— 除了表现为寻常夸克、光子和其他标准模型粒子的最低模式而外的模式 —— 需要的能量。不幸的是, 这些能量看来是绝对超出了我们的能力。把全人类的一切经济力量都用上, 我们今天也不知道该如何制造一台把粒子加速到如此高能的机器。能量本身并不难达到 —— 普朗克能量大约等于一箱汽油的化学能。问题难在把那个能量集中到一个质子或电子。我们可以学着以今天截然不同的方式来做加速器, 例如用电离的气体帮着把能量从高能的激光束转移到单个的带电粒子。不过, 即使在这样的能量下, 粒子的反应率也小得可怜, 实验几乎是不可能的。更可能的是, 也许有一天理论或其他实验的突破会把我们从越来越高能的加速器解放出来。

　　我个人猜测, 存在一个终极理论, 我们也有能力发现它。也许, 超级对撞机的实验结果就能照亮理论家去完成最后的理论, 而不再需要研究普朗克能量下的粒子。我们也许甚至能在今天的弦理论中发现某个候选的终极理论。

　　如果我们能在自己的有生之年发现终极理论, 那是多么奇异的事情啊! 自然终极理论的发现将标志着人类理性历史的一个突变, 是自17世纪现代科学诞生以来最猛烈的突变。我们现在能想象它的样子吗?

尽管不难设想一个没有更深的原理来解释的终极理论, 但是很难想象一个不需要那样的解释的终极理论。不管终极理论是什么, 它在逻辑上当然不会不可避免的。即使最后证明终极理论是能用几个简单方程表达的弦理论, 即使我们能证明这是既能描写引力和其他力又没有数学矛盾的唯一可能的量子力学理论, 我们还是要问, 为什么会有引力那样的东西? 为什么自然会服从量子力学的法则? 为什么宇宙[236]不是仅仅包含那些遵照牛顿力学的法测不停飞旋的点粒子? 为什么存在天下万物? 雷赫德否定了"追求某个不证自明的先验基础是科学的可以信赖的目标", 也许代表了多数人的观点。[1]

另一方面, 惠勒曾经说过, 当我们走近终极理论时, 我们会惊讶它们为什么不从一开始就显而易见呢? 我想惠勒可能是对的, 不过那只是因为到我们发现那些定律显而易见的时候, 已经历了几百年的科学失败和成功。即使这样, 我想那个"为什么"的老问题, 虽然形式不那么强硬, 但仍然伴随着我们。哈佛的哲学家诺兹克(Robert Nozick)曾抓住这个问题, 他建议我们不要在纯逻辑的基础上导出终极理论, 而应该寻求使它比简单粗野的事实更令人满意的论证。[2]

在我看来, 沿着这样的路线, 我们最好能希望证明终极理论尽管

---

1. M. Redhead, "Explanation".
2. R. Nozick, *Philosophical Explanation*(Cambridge, Mass: Harvard University Press, 1981), chap. 2.

不是逻辑必然的，却是逻辑孤立的。就是说，也许到头来我们还是总可以想象跟真正的终极理论完全不同的其他理论(如牛顿力学统治的无聊的粒子世界)，但是我们发现的终极理论却是非常刚强的，任何微小的修正都将带来逻辑的荒谬。在一个逻辑孤立的理论，每一个自然常数都可以根据第一原理计算出来；任何常数值的微小改变都将破坏理论的和谐。终极理论就像一个精美的瓷器，要扭曲它就只能打碎它。在这种情形，尽管我们可能还不知道为什么终极理论是对的，我们却可以在纯数学和逻辑的基础上知道那个理论为什么不会是别的样子。

237

　　这不单是一种可能 —— 我们已经走在这条通往逻辑孤立的理论的路上了。已知的最基本的物理学原理是量子力学的法则，是我们所知的关于物质及其相互作用的其他一切事物的基础。量子力学不是逻辑必然的；它的前身牛顿力学似乎没有什么在逻辑上不可能的东西。不过，物理学家却没能成功地找到改变量子力学法则的任何路线，哪怕微小的改变也会引出像负概率那样的逻辑灾难。

　　但是量子力学本身不是完备的物理学理论。它没有告诉我们任何关于可能存在的粒子和力的任何东西。翻开任何一本量子力学的教科书，我们能看到许多奇怪的假想粒子和力的例子，多数都不像我们真实世界里存在的东西，但它们都完全符合量子力学的原理，可以用来教会学生使用那些原理。如果我们只考虑与狭义相对论一致的量子力学理论，可能的理论就不会很多。多数理论都将因为产生无穷大的能量或无穷大的反应率等无意义的东西而被逻辑排除出去。即使这样还会留下很多在逻辑上可能的理论，如关于强核力的量子色动力学，除了夸克和胶子，它没有宇宙的其他东西。但是，假如我们坚持理论应该把引力包括进来，那么大多数那样的理论又将被排除了。也许我们可以在数学上证明这些要求只留下唯一一个逻辑可能的量子力学理论，也许那就是一个关于弦的理论。如果真是那样，虽然可能还有很多其他逻辑可能的终极理论，但是只有一个描写了与我们自己的世界相关的事物 —— 尽管那关系还有些遥远。 238

但是为什么终极理论应该描写与我们世界有关的东西呢？在诺兹克所谓的**多生**(fecundity)原理中也许能找到解释。那个原理说，逻辑上能接受的所有宇宙在某种意义上都是存在的，每个宇宙有自己的一套基本定律。多生原理本身没有任何解释，但它至少具有一定的令人满意的和谐性；正如诺兹克讲的，多生原理说明了"所有可能的都是现实的，而它本身也是那些可能性中的一种"。

如果真像这个原理说的，那么将存在一个我们自己的量子力学的世界，存在永不停息地飞旋的粒子的牛顿世界，存在没有任何东西的世界，也存在我们难以想象的数不清的其他世界。这不仅是说，从宇宙的一个地方到另一个地方，从一个阶段到另一个阶段，或者从一个波函数到另一个波函数，所谓的自然常数在发生改变；正如我们看到的，它还包括了一个真正的基本理论(如量子宇宙学)所有可能发生的情况，但是仍然留下一个问题：为什么基本理论是那样的？另一方面，多生原理则认为存在着完全不同的宇宙，遵从完全不同的定律。但是，假如别的宇宙完全不能接近，完全不能认识，那么关于它们存在的说法，除了避免为什么它们不存在的问题而外，似乎没有任何结果。问题在于，我们想从逻辑来谈论一个对逻辑论证没有真正意义的问题：

什么是我们应该或不应该好奇的东西？

239 　　我们曾靠人择的理由帮助解释为什么我们宇宙的终极理论是那样的，多生原理从新的途径证明了它的作用。存在着许多可能的宇宙类型，它们的定律和历史使它们不利于智慧生命，但任何追问世界为什么那样的科学家却一定生活在别的某个宇宙中，那里是能够出现智慧生命的。这样，我们马上就可以排除牛顿物理学统治的宇宙（起码的一点，那样的世界里没有稳定的原子）或者什么也没有的宇宙。

　　从极端说，可能只有唯一一个逻辑孤立的理论，没有待定的常数，相应于某种能为终极理论感到惊奇的智慧生命。假如能证明这一点，我们差不多就能如愿地解释世界为什么是那样的。

　　发现这样的终极理论有什么结果呢？当然，确定的回答要等我们知道了终极理论以后。我们会发现，世界的主宰对我们来说就像牛顿理论对泰勒斯一样奇怪。但是有一点是肯定的：终极理论的发现不会终结科学事业。即使除了技术和医学需要研究的问题，还有大量纯科学的问题需要探求，因为科学家希望它们能有美好的结果。今天，单在物理学中就有湍流和高温超导的问题需要深刻而美好的解释。没人知道银河系是怎么形成的，遗传机制是怎么开始的，记忆是怎么储存在大脑的。所有这些问题似乎都不会受终极理论发现的影响。

240 　　另一方面，终极理论的发现所产生的影响也许会远远超出科学的边界。今天，许多人的思想都受着各种荒谬的错误概念的伤害，从不那么有害的占星术之类的迷信到最邪恶的某些意识形态。然而自然定律还是那样模糊，人们更容易希望某一天他们自己所喜欢的非理性的东西能在科学的结构里找到崇高的地位。想凭任何科学发现去清除人类所有的错误观念，是很荒唐的想法，但是自然的终极理论的发现至少会减小非理性想象存在的空间。

不过，如果发现了终极理论，我们又要遗憾自然越来越寻常，神奇的东西越来越少。这样的事情以前也发生过。在人类的大部分历史中，我们的世界地图都有着大量的空白，于是想象中充满了巨龙、黄金城和吃人者。知识的追寻主要是地理探险。当丁尼生的尤利西斯开始"像一颗沉落的恒星去追寻人类思想遥远的边界以外的知识"时，他的船来到了未知的大西洋，"走过落日，走出西沉的恒星的汪洋。"[1] 但是今天，地球的每一寸土地都画在地图上，所有的巨龙都飞走了。随着终极定律的发现，我们的白日梦也将很快醒来。还有无限多的科学问题和整个宇宙等着我们去探索，但是我想未来的科学家也许会嫉妒今天的物理学家，因为我们还走在发现终极定律的航线上。

---

1. Alfred Tennyson(1809~1892)是维多利亚时代的桂冠诗人。他的《尤利西斯》(Ulysses)是根据《神曲·地狱》第26节故事写成的。尤利西斯是荷马史诗的主角，特洛伊战争后在海上漂泊了10年，回到家乡。后来感到无聊，又想回西方冒险。这首诗写的就是他的最后一次探险。——译者

第 11 章
上帝又如何

　　"你知道，"波特说，听那声音似乎是假的，仿佛在一个完全沉默的地方待得太久以后，重新开始讲话，"这儿的天空很奇怪。每当我望着它，我常常感觉那不是什么高高在上的实在的东西，替我们遮挡它外面的事物。"

　　吉特说话时有点儿发抖："遮挡它外面的事物？"

　　"是的。"

　　"但那外面是什么呢？"

　　"没什么，我以为。只有黑，绝对的黑夜。"

　　　　　　　　　　　　　　　　　——鲍尔斯，《遮蔽的天空》[1]

241　　　"诸天诉说上帝的荣光；苍穹传扬他的技艺。"在大卫王或者别的哪位写这首诗的人眼里，[2]恒星一定是显然地证明了存在某个更加完美的秩序，那是跟我们地上枯燥的岩石和树木的世界迥然不同的秩序。自大卫的年代以来，日月星辰已经失去了特殊的地位；我们知道它们

1.《遮蔽的天空》(The Sheltering Sky)，原文印的作者是 Paul Bowles(1910～)，译者所知是 James Bowles(1917～)，两位都是美国现代小说家。小说写 3 个人离开纽约去北非探险，夫妇在撒哈拉死了，只留下他们的一个朋友。——译者

2.两句诗见《旧约·诗篇》，作者大卫(King David, 1060 B.C.～970 B.C.)是古以色列第二个国王，建立了统一的以色列王国，定都耶路撒冷。《圣经》说他是耶稣的祖先。据说《诗篇》里有许多诗都是他写的。——译者

不过是一些炽热的气体球，靠引力吸积在一起，靠来自星体核心的热核反应产生的热所维持的压力抵挡自身的坍缩。天上的星星跟我们周围地上的石头一样，并不曾告诉过什么上帝的荣光。

假如我们真能在自然里发现什么能让我们特别认识上帝之手的杰作的东西，那只能是自然的终极定律。知道了这些定律，我们手里就拥有了驾驭星体、石头和天下万物的法则。所以，霍金说自然律是"上帝的思想"也就理所当然了。[1]另一个物理学家米斯纳(Charles Misner)用类似的语言比较了物理学和化学的前景："为了回答'为什么有92种元素，它们是什么时候产生的'，有机化学家可能会说，'隔壁办公室的那人大概知道。'但是，物理学家在被问'为什么宇宙生来符合某些物理学定律，而不是别的定律'时，很可能回答'天知道。'"[1]爱因斯坦曾对他的助手斯特劳斯(Ernst Straus)说过，"真正使我感兴趣的是，上帝在创造世界时是否有过什么选择。"[2]在其他场合，他说物理学事业的目标"不但要明白自然如何运行，自然交易如何实现，还要尽可能接近那个近乎狂妄的乌托邦式的目标：为什么自然是这样而不是那样……可以说，我们从这里体会到上帝本身不可能以跟实际存在不同的方式安排这些联系……这就是科学经历的普罗米修斯精神……对我来说，科学奋斗总是有着神奇的魔力。"[3]爱因斯坦的宗教很模糊，所以我怀疑他说这话不过是一种比喻，正如他自己讲的，"可以说"。这样的隐喻对物理学家来说无疑是很自然的，因为物

1. C. W. Misner, in *Cosrmology, History, and Theology*, ed.W.Yourgrau and A.D.Breck(New York : Plenum Press,1977).
2. 爱因斯坦的话引自 Gerald Holton in The Advancement of Science,and Its Burdens (Cambridge: Cambridge University Press, 1986), p.91。
3. A. Einstein, contribution to *Festschrift für Aunel Stadola*(Zurich : Orell Füssli Verlag, 1929), p.126.

理学太基本了。神学家提利奇 (Paul Tillich) 曾经说过，在科学家中，似乎只有物理学家能用"上帝"这个字眼而不会带来麻烦。[1] 不管什么宗教，不管是不是相信它，都禁不住要借上帝的思想来隐喻自然的终极定律。

243　　我曾在一个奇异的地方，在华盛顿的雷伯恩国会办公大楼，遇到过这种事情。那是 1987 年，我在国会的科学、空间与技术会议上为超导超级对撞机 (SSC) 计划作证，我讲述了我们如何在基本粒子研究中发现更和谐、更普遍的定律，如何怀疑那不仅是偶然事件，相信在那些定律的背后还藏着一种美，反映了深深植根于宇宙结构的某种东西。在我讲完以后，其他听证者和国会议员们也发表了意见。接着，在两个议员之间展开了对话。两个都是众议院的共和党议员，来自伊利诺斯的法威尔 (Harris W.Fawell) 和来自宾夕法尼亚的里特尔 (Don Ritter)，他们一个是超级对撞机的一贯支持者，一个曾是冶金工程师，是国会里最顽固的反对者之一。[2]

法威尔先生　……非常感谢。谢谢您的证词。我想它很精彩。假如我要向所有的人解释为什么需要 SSC 的理由，我一定会像您那样说。那确实很有帮助。有时我真希望我们有一个能说明那一切的字眼儿，但那是不可能的事情。我想温伯格博士，您也许离它更近一些，虽然我没把握，但我想是的。您说您认为统治物质的规律并不完全是

1. P. Tillich 约 1960 年在北卡罗莱纳大学的一次谈话，引自 B. De Witt，"Decoherence Without Complexity and Without an Arrow of Time"，得克萨斯大学相对论中心重印，1992。
2. 引自未经编辑的听证会记录。国会议员不像证人，他们有权为《国会记录》编辑自己的谈话。

偶然事件，我记下了，这能让我们发现上帝吗？我肯定您没那么说过，但它当然应该能使我们更多地理解宇宙，不是吗？

里特尔先生　这位先生讲完了吗？假如先生能歇息片刻，我想说……

法威尔先生　我还没打算停下来。

里特尔先生　如果机器能做那事儿，我也会反过来支持它。

244

我完全有理由做一个旁观者，因为我认为议员们并不真想知道我对在SSC发现上帝的问题是怎么想的，还因为在我看来让他们知道我的想法对计划也不会有帮助。

有些人的上帝观很空泛、很顽固，不管在哪儿，他们最后一定总能找到上帝。我们听他们说"上帝是终极"、"上帝是我们善良的本性"，或者，"上帝是宇宙"。当然，"上帝"跟其他任何词语一样，可以被赋予我们喜欢的任何意义。假如你想说"上帝是能量"，那么你可以在煤堆里找到他。但是，如果词语对我们真有什么价值，我们应该尊重它们在历史上的用法，特别应该保持词语的不同个性，以免得跟其他词语的意思混淆起来。

在这个意义上，我认为，如果说"上帝"一词有用，它的意思应该是一个有心的主，是造物者和立法者，是自律然和宇宙乃至善恶标准的创立者，是关注我们行为的某个人格化的存在，总之，上帝是值得我们崇拜的东西。[1] 这就是那个在整个历史中对男人和女人至关紧要的上帝。科学家们有时用"上帝"来说某种非常抽象而没有确定意义的东西，很难把他跟自然定律区别开来。爱因斯坦曾经说过，他相信"斯宾诺莎的上帝，在存在物的有序与和谐里表现他自己，而不相信把他自己跟人类命运和行为联系起来的上帝"。[2] 但是，假如我们用"上帝"来替代"有序"或"和谐"，那么，除了也许能躲过无视上帝的责难，它对任何人还可能有别的意义吗？当然，任何人都能自由地以那种方式运用"上帝"一词，但在我看来，那即使没有什么错，也把上帝的概念弄得不那么重要了。

我们会在自然的终极定律里发现有心的上帝吗？提这样的问题似乎是荒谬的，不仅因为我们还不知道终极的定律，更因为我们甚至很难想象拥有一个不需要任何更深的原理来解释的终极原理。但是，不管问题多么幼稚，我们几乎不可能不问我们是否能在终极理论中发现我们最深层的问题的答案——一个有心的上帝劳作的影子。我想不会有那样的答案。

我们却在相反的方向经历整个科学的历史，走近冷冰冰的没有人情味的自然定律。在这个方向迈出的第一步，是揭开天国的神秘面纱。每个人都知道是哪些人物：提出地球不是宇宙中心的哥白尼，证明哥白尼可能正确的伽利略，[2] 猜想太阳不过是众多恒星里的一颗的布鲁诺，还有证明相同的引力和运动定律既适用于太阳系也适用于地球物体的牛顿。我想最关键的一点，是牛顿发现了统治月球绕地球运动和

---

1. 显然，在讨论这些事情时，我只是说自己的观点，而且在整个一章里，我没有一点儿专家的意思。
2. 爱因斯坦 1929 年 4 月 25 日接受《纽约时报》访问时的谈话。多谢派斯 (A. Pais) 提醒我引用它。

地球表面落体运动的同一个引力定律。[3]在我们的世纪，美国天文学 246
家哈勃走进了宇宙奥秘的更深处。通过测量仙女座星云的距离，他证
明并推测，这个星云与其他千百个相似的星云一样，不仅是我们银河
系的边缘部分，实际上它们本身也是同样光彩夺目的星系。现代宇宙
学甚至还在谈哥白尼原理：没有哪个真正的宇宙理论能使我们自己的
星系处于宇宙中任何特殊的地位。

生命也不再神秘了。李比希(Justus von Liebig)和其他有机化学家
在19世纪初证明，在实验室里合成与生命相关的尿酸已经不成问题。
最重要的还是达尔文和华莱士，他们证明了生命的神奇活力是如何通
过自然选择而不是在外来安排和引导下进化来的。在20世纪，随着
生物化学和分子生物学在解释生命行为方面的不断胜利，越来越多的
神秘面纱被揭开了。

生命奥秘的发现对宗教情感的影响比其他任何自然科学的发现
都大得多。不断引发最激烈和顽强反对的，是生物学和进化论中的还
原论，而不是物理学和天文学的发现，这也是不奇怪的。

即使从科学家那里，我们偶尔也能听到活力论的声音，他们相信
生命过程不能用物理和化学来解释。20世纪的生物学家(包括反还原
论的迈耶)一般都躲开活力论，但是到了1944年，薛定谔才在他那本
著名的小书《生命是什么》里提出"生命物质的结构我们已经懂得够
多了，现在可以准确地告诉大家为什么今天的物理学不能解释生命"。
他的理由是，决定生命组织的遗传密码过于稳定，不适合量子力学和 247
统计力学描写的持续涨落的世界。分子生物学家皮鲁兹(Max Perutz，

最重要的成果是发现血色素的结构)指出了薛定谔的错误：他忽略了诸如酶催化等化学过程所能产生的稳定性。[1]

　　对进化最可贵的学术批评也许来自加州大学法学院的约翰逊(Phillip Johnson)教授。[4]约翰逊承认发生过进化，也承认它有时是因为自然选择，但他又指出，没有"确凿的实验证据"说明进化不受某种神圣计划的引导。当然，谁也不能指望去证明没有超自然的角色把天平倾向于他所喜欢的突变。但是我们同样可以这样讲其他任何科学理论。尽管牛顿或爱因斯坦的运动定律在太阳系的应用取得了巨大成功，我们仍然可以假定某个彗星偶尔会受一个神秘力量的推动。很清楚，约翰逊提出这个问题不是为了思想的公平、开放，而是因为他出于宗教的理由更关心生命而不太关心彗星。但是，任何科学能进步的唯一途径是假定没有神圣力量的介入，并看在这个假定下能走多远。

　　约翰逊指出，自然主义的进化，"不涉及自然界以外的造物者干预和引导的进化"，实际上并没有为物种的起源带来很好的解释。我想他在这里错了，没有注意任何科学理论在解释我们看到的现象时都会遇到的问题。即使除了完全的错误，我们的计算和观测的基础总是超越了我们想检验的理论的有效性。牛顿引力理论或其他任何理论基础上的计算，从来没有与所有的观测达到过完美的一致。在今天的古248　生物学家和进化论生物学家的著作里，我们能看到在物理学中非常熟

---

1. M. F. Perutz，"Erwin Schrodinger's *What Is Life*? And Molecular Biology"，in *Schrödinger*: *Centenary*，*Celebration of a Polymath*，ed. C. W. Kilmeister(Cambridge：Cambridge University Press，1987)，p.234.

悉的情形；进化的自然主义理论，是生物学家工作的一个绝对成功的理论，不过它的解释工作还没有完成。在我看来，不论是生物学还是物理学，我们能不求助于神的干预而在解释世界的路上走得很远，真是了不起的重要发现。

另一方面，我想约翰逊是对的。他指出自然的进化论与人们普遍理解的宗教之间存在着不相容的地方，他批评了否认这一点的科学家和教育家。接着，他抱怨"自然进化只有在一种情形才可能跟'上帝'的存在相容，那就是我们所说的'上帝'仅仅意味着第一推动，它在建立了自然律、让自然机制发生作用后，就退出了进一步的活动。"

现代进化论与一个有心的上帝的信仰之间的不相容，在我看来不是逻辑的结果 —— 我们可以想象上帝带着倾向建立了自然律，启动了进化机制的作用，使你我最终能通过自然选择而出现 —— 而是真正的本质的不相容。毕竟，宗教不是来自思索具有无限先知的第一推动的头脑，而是产生于渴望有心的上帝的永久垂怜的心灵。

宗教保守派懂得，是否在普通中小学讲进化论的争论有多大的风险，而他们的自由派对头似乎没有意识到这一点。1983年，我刚来得克萨斯，应邀去参加州参议院的一个委员会的法规听证会，那法规禁 [249] 止在全州统一购买的中学教科书上讲进化论，除非它同时也强调创生论。一个委员问我，州政府怎么能支持讲授像进化论那样如此腐蚀宗教信仰的科学理论呢？我回答说，信无神论的人在讲生物学时会不恰当地更多强调进化，这当然是错误的；同样，如果为了保护宗教信仰而忽略进化，也是不符合第一修正案的。[1]问题并不简单是公立学校以哪种方式来关心科学理论的宗教意义。我的回答没能使参议员满意，因为他和我一样清楚在生物学中适当强调进化论会有什么样的结果。我离开委员会时，他还咕哝着，"不管怎么说上帝还在天堂。"也许是的，不过我们赢得了那场争论；得克萨斯的中学课本现在不但允许而且必须讲授现代进化论，而没有关于创生论的废话。不过，还有好多地方(特别是今天一些伊斯兰国家)在争论这个问题，说不准哪儿能赢。

　　我们常听人说科学与宗教没有冲突。例如，古尔德(Stephen Gould)在评论约翰逊的书时指出，科学与宗教没有发生冲突，因为"科学应对现实的存在，而宗教应对人类道德"。[2]我大体上同意古尔德的看法，不过我想他走得太远了；宗教的意义是宗教信仰者们实际信仰的内容决定的，如果说宗教与现实存在无关，世界上绝大多数宗教信仰者都会感到惊讶。

　　不过，古尔德的观点今天在科学家和宗教自由派中间很流行。在我看来，这意味着宗教从它曾经占据的位置上退却下来了。从前，似乎离开了山林水泽的仙女就说不清大自然。直到19世纪末，植物和动物的形态还被认为是造物主留下的有形的证据。自然界还有数不清的我们不能解释的事情，但是我们想自己知道统治它们行为方式的原理。今天，真正的奥秘应该向宇宙和基本粒子物理学去找寻。在那些认为

250

---

1. 美国宪法第一修正案1789年提出，1791年生效，内容如下："国会不得制定有关下列事项的法律：确立一种宗教或禁止信教自由；剥夺言论自由或出版自由；或剥夺人民和平集会及向政府要求申冤的权利。"1810年，杰菲逊总统在一封信中写过一段著名的话，后来常在最高法院的判决中引用："我以至高的敬意注意到全体美国人民宣布他们的立法机构不得'制定确立宗教或禁止宗教活动自由的法律'；因此在政教之间立起了一道分离墙"。——译者
2. S. Gould，"Impeaching a Self-Appointed Judge"，*Scientific American*，July 1992，p.118.

科学与宗教没有冲突的人们看来，宗教差不多完全从科学的领地退出来了。

根据这一历史经验来判断，我猜想，尽管我们能在自然的终极理论发现美，却找不出生命或智慧的特殊位置，当然也就更不可能找到道德的标准或价值的标准。因此，我们不会发现关注这些事情的任何神的影子。我们可以在其他地方寻找这些东西，但不是在自然律中。

我不得不承认，有时自然显现了太多的美，有的不是严格必要的。我办公室的窗外有一棵朴树，机灵的鸟儿常聚集在树上：蓝鸦、黄喉绿鹃，偶尔还会看见红衣凤头鸟，那是所有鸟儿中最可爱的。虽然我很清楚绚烂的羽毛是在争夺配偶的竞争中进化来的，但我还是不禁想象那些美都是为了我们的赏心悦目而产生的。不过，鸟儿和树木的上帝也该是那个带来先天缺陷和癌症的上帝。

几千年来，虔诚的人们一直在努力解决神正论的问题：一个被认为是好的上帝，竟然为世界带来那么多的苦难。他们通过各种假想的神圣计划找到了精巧的答案。我不想讨论那些答案，更不想添加我自己的回答。想起大屠杀，那些想证明上帝人道的企图就一点儿不值得同情了。假如真有一个特别关怀人类的上帝，那么他早就煞费苦心 251 地把自己的关怀隐藏起来了。在我看来，用祈祷去打扰那样一个上帝，即使没有亵渎，也是不礼貌的。

不是所有的科学家都会赞同我对终极定律的这种黯淡的看法。我不知道有谁明确地主张有神圣存在的科学证据，不过确实有几个科学家讨论过智慧生命在自然的特殊地位。当然，大家都知道，作为实际问题的生物学和心理学在用各自的方法做研究，而没有用基本粒子物理学的方法，但那并不意味着什么智慧生命的特殊地位；化学和流体动力学也是这样的。另一方面，假如我们在终极定律的所有解释箭头的汇聚点发现了智慧生命的某种特殊角色，我们同样可以说，建立这些定律的造物者正在以一定的方式特别地关注着我们。

　　惠勒很关心这样一个事实：照标准的量子力学的哥本哈根解释，我们不能说一个物理系统具有任何确定数值的位置、能量或动量，除非通过观测者的仪器来测量它们。在惠勒看来，一定智慧生命的需要是为了确定量子力学的意义。最近，惠勒走得更远了，他提出，智慧生命不但必然会出现，而且一定会渗透宇宙的每一个角落，为的是宇宙的任何一个物理状态的每一点信息最终都能被观测到。我以为，惠勒的结论似乎提供了一个很好的例子，说明过分执着实证论的教条——科学应该只关心可以观测的事物——是多么危险。包括我自己在内的其他物理学家则喜欢另一种实在论的观点来看待量子力学，我们关心的是既能描写原子和分子，同时也能描写实验室和观测者的波函数，而决定它们的定律在本质上并不依赖于是否存在任何的观测者。

　　还有的科学家重视另一个事实：某些基本常数似乎具有特别适合宇宙出现智慧生命的数值。现在还不清楚这个发现有什么意义，即使有，也未必就说明什么神圣的目的在发生作用。在几个现代宇宙学理论中，所谓的自然常数（如基本粒子的质量）实际上是从一个时间变到另一个时间，从一个地方变到另一个地方，甚至从宇宙波函数的一个项变到另一个项。假如真是那样，那么正如我们看到的，任何研究自然定律的科学家将必然生活在宇宙的某个区域，那里的自然常数具有适合智慧生命进化的数值。

我们来做一个类比，假设有一颗叫原地球的行星，各方面都跟我们自己的地球一样，不过那里的人类在发展物理学时却不懂得天文学。（例如，我们可以想象原地球的表面永远被云层覆盖着）。原地球上的学生也跟我们的一样，会在他们的物理学课本的背后找到自然常数表。表里列举了光速和电子的质量等等数据，另外还有一个"基本"常数，等于每分钟每平方厘米1.99卡（1卡约为4.187焦耳）能量，是从外面某个未知的源到达原地球表面的能量。在地球上，它叫太阳常数，因为我们知道它来自太阳，但是原地球上的人不可能知道这个能量来自哪里，也不知道它为什么具有那样一个特殊的数值。可能会有某个物理学家注意到，观测的常数值显然适合生命的出现。假如原地球表面每分钟每平方厘米接收的能量比2卡大或者小许多，海洋的水要么 253 会蒸发，要么会冻结，那样，原地球表面就没有液态的水或生命演化所需要的其他可能的替代物。那个物理学家也许会得出结论：1.99卡每分每平方厘米的常数值是上帝为人类精心安排好的。原地球上更多的怀疑的物理学家可能会争辩说，那样的常数值最终会有物理学终极定律来解释，它们正好具有生命需要的数值，不过是一个幸运的巧合。实际上，两种观点可能都是错的。当原地球上的人最终发现了天文学的时候，他们会明白他们的星球之所以每一分钟在每个平方厘米的表面接受1.99卡的能量，是因为它碰巧处在距离太阳约1.5亿千米的某个地方；而太阳在每1分钟发出的能量是5600亿亿亿亿卡。他们还将发现，距离太阳更近的行星太热，距离太阳更远的行星又太冷，都不适合生命的存在；无疑，他们还会发现，在绕着其他恒星的无数行星中，只有少数能够适合生命。当那些争辩的物理学家懂得了一些天文学，他们最终会明白，自己生在一个"太阳常数"接近2卡/（分·厘米²）的世界，只不过是因为没有能够生存的其他类型的世界。生在宇宙另一个地方的我们大概就像还没认识天文学的原地球的居民，不同的是，藏在我们视线之外的是宇宙的其他部分（而不是其他的行星）的人，我们还是看不见。

　　我还想更进一步说下去。随着我们发现的物理学原理越来越基本，它们与我们的关系似乎也越来越遥远。举个例子说，20世纪20年代初，人们认为基本粒子只有电子和质子，那时它们被看作我们和我们的世界的组成要素。中子发现之初，曾被理所当然地认为是电子和质子组成的。今天的情况大不相同了。我们说两个粒子是基本的，已经不再像过去那么肯定了，但我们懂得了一个重要的结果：粒子在寻常事物中出现，与粒子如何基本，没有一点儿关系。出现在粒子及其相互作用的现代标准模型里的那些场的所有粒子几乎都会迅速衰变，不可能会出现在寻常事物中间，因而一点儿也不影响人类生活。电子是我们日常世界的一个基本部分；所谓的 μ 子和 τ 子则几乎与我们的生活无关。不过，从它们在理论中表现的地位看，电子一点儿也不比 μ 子和 τ 子更基本。更一般地说，在任何事物对生命的重要性与对自然定律的重要性之间，谁也不曾发现过什么联系。

　　当然，不管怎么说，大多数人并不指望以任何方式从科学发现来认识上帝。波尔金霍恩（John Polkinghorne）曾雄辩地宣扬一种"处于人类言论领域"的神学 ——"科学也是在那个领域找到归宿的"——它将建立在如神的启示那样的宗教经历的基础上，正如科学建立在实验和观测的基础上一样。[1]觉得自己有过宗教经历的人不得不为自己判断那些经历的性质。但是世界上大多数宗教追随者并不依赖于自己的宗教经历,而是依赖于据说是别人经历过的启示。可能有人会说,这跟依赖于别人经验的理论物理学家没有多少不同,但是确实还存在一点非常重要的区别。千百万物理学家的思想已经融合成一个令人满意(尽管不太完备)的公认的对物理学实在的认识。相反,关于上帝或 255 别的什么从宗教启示滋生出来的东西却各自朝着不同的方向。千百年的神学分析也没能使我们更接近一个宗教启示的共同认识。

宗教经历与科学实验之间还有一点不同。宗教经历的教诲可以令人感到满足,而从科学考察得来的抽象的没有人情味的世界观却不可能那样。与科学不同的是,宗教经历能告诉我们生活的意义,告诉我们在关于罪孽与解脱的宇宙大戏里所扮演的角色,而且也为我们带来一点死后还能延续的希望。因为这些,我认为宗教经历的教诲似乎永远贴着妄想的标签。

1977年,我在《最初3分钟》里匆忙说过,"宇宙越显得可以理解,就越显得没有意义。"我并不是说科学告诉我们宇宙是没有意义的,而是说宇宙本身没有告诉我们任何意义。我又急忙补充说,"我们也有办法为自己的生活找一点意义,其中一个办法就是努力去认识宇宙。"但是麻烦也来了:那句话从此一直纠缠着我。[2]最近,莱特

---

1. J. Polkinghorne , *Reason and Reality* : *The Relation Between Science and Theology*(Philadelphia : Trinity Press International , 1991).
2. 最近的两个评论见S.Levinson,"Religious Language and the Public Square", *Havard Law Review* 105(1992):2061;M. Midgley, *Science as Salvation* : *A Modern Myth and Its Meaning*(London : Routledge , 1992)。

曼 (Alan Lightman) 和布拉维尔 (Roberta Brawer) 发表了对 27 个宇宙学家和物理学家的访问，在访问最后，他们向多数人问过对那句话有什么看法。[1] 不同的被访问者有不同的背景，其中有 10 个人同意我的话，但也有 13 个人反对我，因为他们不明白，为什么会有人盼望宇宙有意义。哈佛的天文学家盖勒 (Margaret Geller) 问，"它为什么该有意义呢？有什么意义呢？它不过是一个物理系统，意义在哪儿？我总为那话感到困惑。"普林斯顿的天体物理学家皮伯斯 (Jim Peebles) 指出，"我情愿相信我们是流浪儿。"（皮伯斯还猜想我经历过苦难的一天。）普林斯顿的另一个天体物理学家特纳 (Edwin Turner) 赞同我的说法，不过他不信我说那话是为了惹怒读者。我最喜欢的意见来自得克萨斯大学的天文学家同事沃科勒尔 (Gerard de Vaucouleurs)。他说，他认为我的话很"怀旧"。实际上，那真是怀旧的 —— 怀念一个洋溢着上帝荣光的天堂的世界。

大约一个半世纪前，阿诺德 (Matthews Arnold) 从大海的落潮看到了宗教信仰的退却，在水声里听到了"悲伤的乐音"。[2] 在自然定律中发现有心的造物者的蓝图，在蓝图里看到他为人类设计的特殊角色，应该是很奇妙的。我不信我们能那样，这也让我感到悲哀。我的一些科学同行告诉我，过去人们从有心的上帝那儿得到的精神满足，他们在自然的沉思里都感觉到了。其中一些人甚至真的有那样的体验。我

1. A. Lightman and R. Brawer, *Origins : The Lives and Worlds of Modern Cosmologists* (Cambridge, Mass. : Havard University Press, 1990).

2. 阿诺德 (1822 ~ 1888) 在 1853 年以前做诗人，然后做令他更出名的文学评论。他写的诗不多，但大都很好。如这里提到的《多佛海滩》(*Dover Beach*) 说，"信仰的大海，曾经汹涌澎湃，缠绕大地如闪光的腰带；但是今天，我只听到它落潮悲切的长叹 ……"原诗反映了宗教思想受进化论冲击以后的混乱状况，也反映了诗人自己和知识界许多人在那个转变年代的困惑和彷徨，是那时思想状态的"简明公式"。——译者

没有。而且，在我看来，像爱因斯坦那样把自然律与某种遥远的无心的上帝等同起来，也不会有什么帮助。我们越把上帝理解得精确，弄出一个似乎合理的概念，它就越没有意义。

在今天的物理学家当中，像我这样关心这种事情的人可能不太多了。午餐或喝茶时，我们偶尔也谈到跟宗教有关的事情，多数物理学家伙伴感到有点儿吃惊和可笑：现在还有把那种东西当真的人。许多物理学家在名义上还保留着父母的信仰，不过他们几乎并不在乎那些信仰的神学。确实，我认识两个笃信天主教的广义相对论专家，几个信守犹太教的理论物理学家，一个天生反基督的实验物理学家，一个献身穆斯林的理论物理学家，还有一个在英国教堂担任圣职的数学物理学家。一定还有许多热心宗教的物理学家，只是我不认识或者他们不想让别人知道。不过，据我个人的观察，我只能说，今天的大多数物理学家，即使有资格成为实践的无神论者，对宗教也没有足够的兴趣。

从某种意义说，在精神上，宗教自由者比正统的基督信徒和其他宗教保守者离科学家更远。至少，保守派像科学家一样会告诉你，他们相信什么是因为他们认为它是正确的，而不是因为它能带来幸福和快乐。今天的许多宗教自由者似乎认为不同的人可以相信不同的相互排斥的东西，只要那些信仰"对他们有用"，就没有哪个是错的。相信来生转世，相信地狱天堂，相信死后灵魂消失，都不能说是错的，只要信仰者能从他相信的东西获得一点心灵的慰藉。借松塔 (Susan Sontag) 的话说，我们的周围充满了"空洞的虔诚"。[1] 这令我想起听

---

1. S. Sontag, "Piety Without Content", in *Against Interpretation and Other Essays*(New York：Dell, 1961).

说过的一个关于罗素 (Bertrand Russell) 经历的故事，那是 1918 年，他因为反对战争被送进了监狱。看守照规矩问他信什么宗教，罗素回答说他是一个不可知论者。看守疑惑了片刻，然后明白了，说："我想是的。我们都崇拜同一个上帝，不是吗？"

有人问过泡利，他是不是认为一篇构想特别拙劣的物理学论文是错的。泡利回答说，这种说法太温和——那样的文章连错都谈不上。我也在想，宗教保守派在信仰上是错误的，但他们至少还没有忘记信仰某种东西真正意味着什么。而宗教自由者在我看来就连错误也说不上了。

常听人说，对宗教而言重要的不是神学——而是如何帮助我们生活。奇怪的是，不论上帝、荣耀和罪孽还是天堂和地狱，它们的存在和性质也都不重要！我曾想，人们没有在自己假想的宗教里发现神学的重要，是因为他们不愿意让自己承认他们根本不相信它。但是在整个历史和当今世界的许多地方，人们总是相信这样那样的神学，对他们来说，神学是非常重要的。

可能有人会为宗教自由主义的理性迟钝感到气馁，但是保守教条的宗教才是祸害的根源。当然，它也有过重大的道德和艺术的贡献。一方面是宗教的那些贡献，另一方面是历史上那些可怕的宗教战争、异教徒讨伐、宗教裁判所和犹太人大屠杀，宗教的功过不是这里可以评说的。不过，我还是想说明一点，把宗教迫害和圣战归结为宗教的扭曲，也无助于功过的评价。那样的假定在我看来是一种普遍的宗教态度的表现，怀着深切的崇敬却缺乏意义。世界许多大宗教教导说上帝需要我们特别的信仰和崇拜。一点儿也不奇怪，把这些教诲当真的某些人会认为这些神圣的要求是宽容、同情和理智等世俗品质所不能比拟的。

在亚洲和非洲，宗教狂热是一股看不见的团结的力量，而理智和忍耐即使在西方国家也是不可靠的。历史学家特雷弗·洛佩 (Trevor- 259 Roper) 说过，正是17世纪和18世纪科学精神的传播，才最终结束了欧洲的火刑。[1] 为了保留一个健全的世界，我们可能还需要依靠科学的影响。科学担此重任的不是它的确定性，而是不确定性。我们看到，对那些可以在实验室里直接研究的物质，科学家们都在不停地修改他们的思想，那么，宗教传统讲的、圣书写的关于超越人类经验的物质的那些言之凿凿的东西，我们还能当真吗？

当然，科学本身也给世界带来过悲哀，不过一般是带来相互残杀的工具，而不是动机。当科学的权威被用来为恐怖辩护时，科学真的被扭曲了，如纳粹种族主义和所谓的"人种改良学"。像波普尔讲的，"不论在十字军东征前还是之后，所有国家的敌对和侵略都是非理性主义的罪过，这是再清楚不过的了。我不知道有什么战争是为'科学的'目的而进行的，或者是由科学家挑起的。"[2]

遗憾的是，我想凭理性的论证不可能为科学推理模式带来什么有用的东西。休谟很久以前就发现，借助过去成功科学的经验相当于假

---

1. H. R. Trevor-Roper, *The European Witch-Craze of the Sixteenth and Seventeenth Centuries, and Other Essays*(New York: Harper&Row, 1969).
2. K. R. Popper, *The Open Society and Its Enemies*(Princeton, N.J.: Princeton University Press, 1966), p.244.（《开放的社会及其敌人》，陆衡等译，中国社会科学出版社，1999。）

定我们正在力图证明的推理模式是有效的。[1]同样，只要拒绝逻辑推理，一切逻辑论证都会失败。所以，假如我们没有在自然定律里找到我们需要的精神安慰，我们就不能简单拒绝这样的问题：为什么我们不在别的地方去寻找——在这样那样的精神典籍中去寻找，或者干脆直接走进信仰中？

信还是不信，并不是我们自己可以完全决定的。假如我想自己是中国皇帝的后裔，我大概会更幸福，更高贵，但是无论怎么想，我也不可能相信的，正如我不可能让自己的心停止跳动。不过，似乎许多人都能对他们相信的东西施加某种影响，都能选择相信他们认为能使自己快乐和幸福的东西。关于那些影响如何发生作用，据我所知，奥威尔 (George Orwell) 在小说《一九八四》里有过最有趣的描述。[2]主人公史密斯 (Winston Smith) 在日记里写道"自由是说2加2等于4的自由"。检查官奥布雷恩 (O' Brien) 认为这是挑衅，强迫史密斯改变自己的观点。折磨过后，史密斯也很乐意说2加2等于5，但那并不是奥布雷恩所期待的。不堪忍受的史密斯为了逃避痛苦，最后才想办法让自己暂时相信2加2确实等于5。那会儿，奥布雷恩满意了，对他的迫害也停止了。同样，面对我们自己和亲人的死亡的痛苦也会刺激我们相信能减轻痛苦的东西。如果我们能那样调整自己的信仰，又为什么不那样做呢？

我看不出有什么科学和逻辑的理由不让我们通过调整信仰来寻

---

1. 见《人性论》(Treatise on Human Nature(1739))。
2. 奥威尔是英国小说家 Eric Arthur Blair(1903~1950) 的笔名，《一九八四》写于1949年，幻想在未来高度集权社会里人的命运和对自由的追求。——译者

求安慰 —— 只有一个道德的理由，一个关乎荣誉的问题。有人因为
实在缺钱而想办法让自己相信一定能中彩，我们如何看这样的人呢？
也许有人嫉妒他那可怜的幻想，但是多数人会认为作为一个成熟而有
理性的人，他没能演好恰当的角色，实际地去看待事物。我们每一个
人都在成长中被迫学会了抵制对寻常事物妄想的诱惑，同样，我们人
类也不得不在成长中明白了我们并不是什么宇宙大戏里的明星。

不过，我从来不认为在面对死亡时科学能带来宗教那样的安慰。
据我所知，对这种伴随生命存在的挑战，"可尊敬的"比德(Bede)在
公元700年左右写的《英吉利教会史》里有过极好的表述。比德告诉
我们，诺森伯利亚王爱德文如何在公元627年召集了一个会，如何决
定在他的王国接受基督教，他还让国王的一个近臣讲了下面的话：

> 陛下，依臣下看，把今天世上的人生跟我们一无所知
> 的时间相比，它就像冬日的一只孤单的麻雀，在您和您的
> 领主、顾问们吃饭时，迅捷飞过您的餐厅。中央的炉火温
> 暖了大厅；屋外正飘着冬日的雨雪。麻雀迅速地从大厅的
> 一道门飞进来，又从另一道门飞出去。它飞进屋里，躲过
> 了风雪的寒冷；但是经过顷刻舒适以后，它又消失在它所
> 来的冬天的世界。人来到世间也是如此，稍纵即逝；在它
> 之前和以后发生的事情，我们一概不知。[1]

---

1. Bede, *A History of the English Church and People*, trans.Leo Sherley-Price and rev.R. E.
Latham(New York : Dorset Press, 1985), P.127.(享有"可尊敬的"荣誉的比德(约生于公元672
年)是英国历史上最早出现的大历史学家，《英吉利教会史》是他暮年用拉丁文写的，这里引用的
文字与商务版中文本所据英译本(第二卷第13章)略有差异。——译者)

　　像比德和爱德文那样，相信在餐厅的外面一定为我们存在着某种东西，几乎是不可抗拒的诱惑。抵制那诱惑而产生的荣耀不过是宗教慰藉的可怜替代物，但它本身也不是没有一点令人满足的地方。

第 12 章
落户埃利斯

> 妈妈，别让你的孩子长大做牛仔。
>
> 别让他们挎着吉他开着老卡车。
>
> 让他们做医生、律师或者其他。

—— Ed and Patsy Bruce

得克萨斯州的埃利斯县坐落在曾经是世界最大棉花产地的中心。[262]在县城瓦克萨哈奇，我们不难看到往日棉花繁荣的标志。小城的中心，最令人自豪的是庄严的 1895 年的红色花岗石县议会大楼，上面树立着高高的钟塔，几条大街从广场分开，街的两旁是维多利亚时代的房屋，看起来就像剑桥的布拉特大街迁移到西南来了。但它在今天穷多了。尽管在小麦和玉米地旁还种着些棉花，但价格已今非昔比。沿着 35 号州际公路向北，40 分钟可以到达拉斯，几个富有的达拉斯人来到瓦克萨哈奇，他们喜欢郊外的宁静，不过，达拉斯欣欣向荣的航空业和计算机工业还没有来到埃利斯县。到 1988 年，瓦克萨哈奇的失[263]业率停留在 7%。所以，那年 11 月 10 日，县议会楼前轰动了，听说世界上最大最贵的科学仪器，超导超级对撞机，选在埃利斯县落户。

超级对撞机的计划在 6 年前就开始了。那时，能源部有一个棘手的计划，所谓的ISABELLE，已经在长岛的布鲁克海文国家实验室做了。ISABELLE计划原打算作为已有的费米实验室加速器的后继者。费米实验室是美国在芝加哥以外的基本粒子物理学的主要实验研究机构。计划从1978年开始以后，就停滞了两年，因为用来聚焦中子束的超导磁体的设计遇到了麻烦。不过，ISABELLE还有其他更深层的问题：虽然它完成以后将是世界上最大的加速器，但是它可能还不足以回答粒子物理学迫切需要回答的问题：为什么联系弱力和电磁力的对称性会破缺？

　　在基本粒子的标准模型里，弱力和电磁力的描述基于这些力以精确的对称性进入理论的方程。但是，正如我们看到的，这种对称性没有出现在方程的解中 —— 也就是没有出现在粒子和力本身的性质中。允许这种对称破缺发生的任何形式的标准模型，都会有一些实验未曾发现的特征：一种新的叫希格斯粒子的弱相互作用粒子，或者一种新的额外的力。但是我们并不知道这些性质在自然界是否真的存在，这一点不确定的东西阻碍了我们超越标准模型的进步。

　　解决这个问题的唯一确定的方法是做大的实验，在实验中产生万亿伏特的能量，生成希格斯粒子或被额外强力束缚在一起的大质量粒子。为此目的，显然需要给一对碰撞的质子赋以40万亿伏特的能量，因为质子的能量在组成它的夸克和胶子间分配，一个质子的夸克和胶子跟另一个质子的夸克和胶子碰撞，大约只有1/40的能量用来产生新的粒子。而且，用40万亿伏特的质子束来轰击一个静态的目标还不够，因为那样一来，几乎所有的能量都将被打击质子的反冲所耗尽。为了可靠地解决弱电对称破缺的问题，我们需要两束20万亿伏特的质子流发生正面碰撞，这样，两个质子的动量相互抵消了，反冲不浪费一点儿能量。幸运的是，我们可以相信，能产生20万亿伏特强大质子束的加速器确实能解决弱电对称破缺的问题 —— 它要么发现希格斯粒子，要么发现新强力的证据。

1982年，实验和理论物理学家中间开始流行一种观点：ISABELLE计划该下马了，应该造更强大的新加速器，那样才能解决弱电对称破缺的问题。那年夏天，美国物理学会召开了一次非正式会议，第一次详细研究了能生成比ISABELLE能量高50倍的20万亿伏特质子束的加速器。翌年2月，能源部高能物理学顾问团的一个小组在斯坦利·沃茨基(Stanley Wojcicki)领导下，召开了一系列探讨下一代加速器的会议。小组在华盛顿与总统科学顾问凯沃斯(Jay Keyworth)会谈，从他那儿得到线索，政府似乎很看好这样一个宏大的新计划。

沃茨基小组于1983年6月29日至7月1日在维切斯特县哥伦比亚大学纳维斯回旋加速器实验室举行了会议。与会的物理学家一致赞同建造一台新的能产生10万亿~20万亿伏特能量质子碰撞束的加速器。会议决定本身不会引起多大注意，任何领域的科学家一般都可能推出一个新的研究计划。更重要的是，赞成与反对停止ISABELLE计划的票数为10比7。这是一个艰难的决定，遭到了布鲁克海文实验室主任萨缪斯(Nick Samios)的强烈反对(会后，萨缪斯说，"这是高能物理学有史以来做出的最令人失望的决定")[1]。这个决定不但使顾问小组对

---

1. 引自 *Science* 221(1983)：1040.

新加速器的支持戏剧化了，还使它成为一个政治难题 —— 能源部很难再向国会伸手要 ISABELLE 的经费；如果这个计划停下来，又没有新的计划，能源部就一个高能物理学的建设项目也没有了。

10 天以后，沃茨基小组的决定得到了它的"娘家"—— 能源部高能物理顾问团的一致认可。这样，建议的新加速器第一次有了它现在的名字：超导超级对撞机，或简称 SSC。8 月 11 日，能源部授权高能物理顾问团草拟实施 SSC 项目需要的研究和发展计划。1983 年 11 月 16 日，能源部长霍德尔 (Donald Hodel) 宣布停止 ISABELLE 计划，并向参议院拨款委员会要求授权将经费从 ISABELLE 转到 SSC。[1]

寻求弱电对称破缺的机制绝非超级对撞机的唯一动机。跟 CERN 和费米实验室的其他加速器一样，我们总希望一个新的加速器在提高到新的能量水平后，能够揭示一些新的有启发的现象。这种愿望差不多都实现了。例如，建在 CERN 的老的质子同步加速器没有明确的目标，不知道它会发现什么；当然没有人知道用它产生的中微子束进行的实验会发现中性流的弱力，这一发现在 1973 年证明了我们现在的弱力和电磁力的统一理论。今天的大加速器的前身是 20 世纪 30 年代初劳伦斯 (Ernst ' Lawrence) 的伯克利回旋加速器，当年是为了把质子加速到足够的高能，以打破原子核周围的静电斥力。劳伦斯并不知道质子进入原子核时会发生什么事情。有时候也可能预先知道某个特殊的发现。例如，50 年代在伯克利特别建造的质子加速器是为了有足够的能量 (不过 60 亿伏特) 来产生反质子，即所有普通原子核里都有的质子的反粒子伙伴。现在 CERN 运行的巨型电子−正电子对撞机原先是为了有足够的能量来产生大量的 Z 粒子，用它们来对标准模型进行急迫需要的实验检验。但是，即使新加速器是为了某个具体问题设计的，它最重要的发现往往是在意料之外。质子加速器当然也是这种情形；它确实产生了反质子，但它最大的贡献是产生了大量意想不到的强相互作用粒子。同样，人们从一开始就期待着超级对撞机的实验 267 能发现比弱电对称破缺的机制更重要的东西。

高能加速器如超级对撞机上的实验，甚至还能解决现代宇宙学面临的最重要问题：关于丢失的暗物质的问题。我们知道，星系的大部分质量，甚至星系团的大部分质量，都是看不见的，跟太阳那样的发光恒星的物质不一样。为了解释宇宙膨胀速率，普通宇宙学理论还需要更多的暗物质。这样的暗物质不可能是普通形式的原子；假如是的话，大量的中子、质子和电子将影响我们对宇宙膨胀最初几分钟产生的轻元素丰度的计算，于是计算结果将不再与观测一致。

那么，什么是暗物质呢？多年来，物理学家猜想过它可能由这样那样的奇异粒子构成，但至今还没有确定的结果。假如加速器能揭示一类新的长寿命粒子，那么，通过测量它的质量和相互作用，我们有可能计算自大爆炸以来留下了多少那样的粒子，从而确定它们是否能构成宇宙中所有的暗物质。

最近，这些观点通过宇宙背景探测卫星(COBE)的观测有了戏剧性的结果。那颗卫星上的灵敏的微波接收器发现了天空不同区域的辐射温度的细微差别，那辐射是宇宙在30万年的时候留下的。人们相信，温度的不均匀性来自那时不太均匀的物质分布的引力场的作用。[268]大爆炸30万年之后的那个时刻在宇宙历史上有着极重要的意义；宇宙那时第一次变得对辐射透明，而一般认为分布不均匀的物质也正好从那时开始在自身引力作用下坍缩，最终形成我们今天在夜空看到的星系。但是根据COBE的观测所推想的不均匀物质分布并不是年轻的星系；COBE只研究非常大尺度的不规则现象，今天一个星系的物质在宇宙30万年时所占据的空间要比那个尺度小得多。假如把COBE的观测结果外推到小得多的原生星系的尺度，然后计算在这些相对小尺度下的物质分布的不均匀程度，我们会遇到一个问题：星系尺度的非均匀性在宇宙30万年的时候会很微弱，不足以在自身引力作用下生成今天的星系。解决问题的途径之一是假定星系尺度的不均匀性在宇宙第一个30万年期间已经开始引力收缩了，这样，把COBE的观测外推到更小的星系尺度是没有意义的。但是，如果宇宙物质多数由寻常的电子、质子和中子组成，那条路就行不通。因为在宇宙变得对辐射透明以前，这样的寻常物质的非均匀性不可能经历任何显著的增长；初始的任何物质聚集都将在自身的辐射压力下破碎分裂。另一方面，由中性粒子组成的奇异暗物质可能会在更早的时间变成辐射透明的，从而引力收缩在距宇宙开端更近的时候就开始了，[2] 它将产生比从COBE外推的结果更强的非均匀性，也许强得足以生成今天的星系。假如超级对撞机产生了暗物质粒子，将证实这种星系起源的猜想，从而说明宇宙的早期历史。

在超级对撞机那样的大加速器上还可能发现很多其他的新东西：组成质子的夸克里的粒子，超对称理论所要求的已知粒子的超对称伙伴，与新的内部对称性相关的新类型的力，等等。我们不知道是否真的存在那些东西，即使存在，也不知道能否通过超级对撞机发现。这样，我们又有了一点保证，至少我们预先知道，超级对撞机有望做出一个极其重要的发现，那就是弱电对称破缺的机制。

能源部决定建造SSC后，还经过了多年的计划和设计。过去的经验告诉我们，像这样的工程，虽然得到了联邦政府的资助，但最好还是请民间机构来执行。于是，能源部把项目研究和起步阶段的管理委托给大学研究协会，那是由69所大学组成的一个非营利团体，曾管理过费米实验室。协会反过来又请大学和企业的科学家组成董事会，监督SSC的执行。我们从康乃尔的泰格纳(Maury Tigner)领导的伯克利中心设计小组接过了加速器设计的具体工作。到1986年4月，中心设计小组完成了他们的设计：10英尺(1英尺约为0.305米)宽的地下隧道形成一个83千米长的椭圆环部(相当于绕华盛顿一圈)，两束20万亿伏特的质子细流沿相反的方向运动。质子在3 840个磁铁(每个磁铁长17米)作用下保持它们的环行路线，磁体共用41 500吨铁，[270]19 400千米超导线，在200万升液氦中保持冷却。

1987年1月30日，白宫批准了这一计划。4月，能源部开始了选址工作，办法是让有兴趣的各州提出建议。到1987年9月2日截止时，收到了愿意接纳SSC的州的43个建议书(堆起来有3吨重)。国家科学和工程研究院指定的委员会把地址限定在7个"最具资格"的地方。1988年11月10日，部长宣布了能源部的决定：SSC将落户在得克萨斯州埃利斯县。

这个选择的部分理由深藏在得克萨斯乡村的地下。奥斯汀往北向德拉斯是8 000万年的老地层，著名的奥斯汀白垩是白垩纪时在海底沉积下来，覆盖了得克萨斯的大部分地区。白垩不透水，质地软，容易钻探，而且强度很大，没有必要再加固隧道边墙。对于超级对撞机的隧道挖掘，几乎很难再找到其他更好的材料了。

271　　　这时候，争取 SSC 资金的活动也刚开始。对这样一个项目来说，最关键的时刻是第一次建设拨款。那个时刻以前，计划只不过是研究和形成的问题，开始容易，终止也一样容易。计划一旦实施起来，要终止它就成了拙劣的政治行为，因为那样就意味着默许以前建设资金浪费了。1988 年 2 月，里根总统向国会要求 3.63 亿美元的建设资金，但国会只下拨了 1 亿美元，而且特别说明钱是用来做研究的，不是造机器的。

　　　SSC 计划在继续，仿佛它的未来已经有了保证。1989 年 1 月决定了一个执行管理小组，哈佛大学的施威特(Roy Schwitters)被选做SSC 实验室的主任。施威特是实验物理学家，一脸胡须，年纪并不大，那时 44 岁。他曾在费米实验室领导过万亿伏特对撞机(那是美国领先的高能机器)的实验大协作，表现了非凡的才能。1989 年 9 月 7 日，我们听到一个好消息：参众两院会议委员会同意在 1990 年财政年度为SSC 拨款 2.25 亿美元，其中的 1.35 亿美元用来造机器。SSC 计划终于超越了加速器的研究和开发。

　　　斗争还没有结束。SSC 每年都向国会要钱，支持或反对它的争论每年都发生。[3] 只有天真到家的物理学家才会惊讶，那些争论竟然几乎跟弱电对称破缺和自然的终极理论无关。但是，也只有玩世不恭的物理学家才不为这样的事情感到一丝悲哀。

　　影响政治家支持或反对SSC的最重要的一个因素是它的直接经济效益。国会里最坚决的反对者雷特(Don Ritter)议员把SSC计划比作议员们为了捞取政治好处而追求的"猪肉桶"计划，称它是"夸克桶"计划。[1]在SSC选址之前，希望计划能在家门口落户的那些州都支持它。1987年，我在参议院委员会为SSC辩护时，一个议员对我说，[272]这时几乎有100个议员支持SSC，不过地址选定以后，支持者可能只会剩下两个。支持固然减少了些，但那位参议员的估计也过于悲观了，因为遍及全国的公司都在接受SSC不同部门的合同；不过我想那也反映了大众对这一计划的内在重要性的一定认识。

　　多数SSC的反对者都拿急需减少联邦赤字作理由。参议院里SSC的最大反对者、阿肯色州的邦佩斯(Dale Bumpers)参议员就反复提出这个问题。我理解赤字问题，但是我不理解为什么自然科学的前沿研究成了减少赤字的对象。我们可以看到许多其他计划，如空间站计划、海狼潜艇计划，它们的花费比SSC大得多，而实在价值却小得多。难道继续那些项目是为了保留多数人的饭碗吗？把那些项目的钱花在SSC也能提供同样多的就业机会。说句牢骚话，空间站和海狼潜艇得到了航天和国防部门的太多的政治保护，才没有被取消，而SSC则是象征性减少赤字的最方便的开刀对象。

　　围绕SSC还有一个论战不休的问题，关于所谓大科学与小科学的争论。有些科学家喜欢传统的更温和的科学作风，一个教授带着一个研究生在大学的某个地下室里做实验 —— 他们当然是反对SSC的。

---

1. D. Ritter，*Perspetives*，summer 1988，p.33.("猪肉桶"(pork barrel)在美国口语里说的是政治捐款；"夸克桶"(quark barrel)是作者生造的双关语。——译者)

273　今天多数在大型加速器实验室工作的科学家也喜欢那样的作风。不过，以前的成功经验告诉我们，现在的问题不是卢瑟福当年的绳索和封蜡可以说明的。我想今天还有飞行员怀念过去开放的驾驶舱，可是那样的飞机是飞不过大西洋的。

　　像SSC这样的"大科学"计划，反对者还来自另一些科学家，他们宁愿看到把钱花在其他研究（如他们自己的）上面。不过我想他们是在迷惑自己。国会削减SSC需要的预算后，多余的钱投向了水计划，而不是其他学科。许多这样的水计划才真是"猪肉"的，它们把钱从SSC拿走了。

　　SSC也激起了其他人的反对，他们怀疑里根总统建造SSC的决定跟他的"星球大战"反导弹系统和空间站是完全一致的：对任何新技术宏大计划的没有头脑的狂热。另一方面，在我看来任何SSC的反对却源于同样的对任何新技术宏大计划的没有头脑的厌恶。专栏作家们喜欢把SSC跟空间站相提并论，作为大科学的可怕典型。他们忽略了这样的事实：空间站根本不是一个科学计划。关于大科学与小科学的争论，是避免考虑个别计划价值的好办法。

　　SSC也得到了政治方面的重要支持，那些人把它看作一个工业温床，能刺激各种关键技术的进步：低温技术、磁设计技术、在线计算技术，等等。SSC还代表着智力资源，能帮助我们的国家保持一支杰出的科学家骨干力量。没有了SSC，我们将失去一代高能物理学家，他们只好到欧洲或日本去做研究。即使对这些物理学家的发现漠不关

274　心的人，也会认为高能物理学家群体代表着一个科学天才的人才库，

为我们的国家做出过巨大的贡献，如过去的曼哈顿计划，今天的同样伟大的超级计算机计划。

这些都是国会支持SSC的很好而重要的理由，但是没有触及物理学家的心。我们对一个完整的SSC的迫切渴望源于我们的一点认识：没有它，我们就不可能继续我们寻找自然终极理论的理性历险。

1991年晚秋，我回到埃利斯来看SSC落户的地方。这里跟得克萨斯的很多地方一样，地势像起伏的小波浪，无数的小溪在流淌，溪边长满了亭亭的三叶杨。在这个季节没有美丽的风光，多数庄稼都收割了，为了种冬天的小麦而开出的田地还满是泥泞。只有零星的一些因为下雨耽误了收割的田地，还盛开着雪白的棉花。老鹰在天空翱翔，盼着能抓一只偷穗的耗子。这不是牛仔的家乡。我在田野看到一群安格斯黑牛和一匹孤单的白马。不过市场的牲畜大多来自远在埃利斯北部和东部的农场。去未来的SSC园区，需要经过从农场到市场的漂亮的州级公路，然后走上简陋的乡村小道，跟100年前棉农走的那条尘埃小道没有什么不同。

当我经过等着拆迁的农家木板房，我知道已经走进了得克萨斯为SSC园区征购的土地。向北1英里（1英里约为1.609千米）左右的地方，我可以看到一个巨大的新建筑，那是磁铁设计大楼。一片橡树林外是一个高耸的钻塔，是从海湾的油田买来为SSC钻试验孔的，孔宽16英尺（约4.88米），深265米，直达奥斯汀白垩的底层。我捡起一块钻出的白垩，想起了赫胥黎。

看着那大楼和钻塔，我知道项目经费可能要停了。我能想象，什么时候试验钻孔可能被填充，磁铁大楼空空如也；只有几个农夫能依稀记得，一个伟大的科学试验室曾经落户在小小的埃利斯。也许我还生活在赫胥黎的维多利亚式的乐观主义下，我不能相信会发生那样的事情，也不相信自然终极理论的研究会被我们的时代抛弃。

谁也不知道一个加速器能否让我们迈出通向终极理论的最后一步。在大科学仪器的历史进程中，我们今天有布鲁克海文、CERN、DESY、费米实验室、KEK和SLAC加速器，过去有劳伦斯的回旋加速器、汤姆逊的阴极射线管，更早的还能追溯到夫琅和费的光谱仪和伽利略的望远镜。我不知道SSC的那些机器是不是这一历程的必然延续。不管自然的终极定律能否在我们的时代发现，我们都在继续一个伟大的传统事业 —— 检验大自然，一次又一次地问它为什么是那样的。

新版后记
超级对撞机：一年后

得克萨斯，奥斯汀

1993 年 10 月

1993年本书快出版时，[1]众议院投票决定终止超级对撞机计划。尽 [277] 管这个计划在过去的多次投票后都保留了下来，但这一次，直到我写这些文字的时候，它似乎真的被取消了。政治学家和科学史家们在这些年里一定能找些事情来分析这个决定，不过现在似乎也可以来评价一下，这是怎么发生的，为什么会发生。

1993年6月24日，众议院决定从1992年的能源和水的拨款议案中取消对超级对撞机的资助。这没有减少能源和水的拨款，也没有增加其他科学领域的投入；超级对撞机的钱成了能源和水的其他项目的钱。现在，只有参议院的支持能挽救这个实验室。

那年夏天，美国各地的物理学家都走出他们的办公室和实验室，来华盛顿为超级对撞机游说。1993年9月29日和30日，关于超级对撞机是否留下的争论，达到了戏剧性的高潮。我听着争论，看着议员们在台上争吵希格斯粒子的存在，拿着我的这本书当权威，我真有一种飘飘然的感觉。最后，9月30日，参议院以57票对42票通过了超级对撞机 [278]

---

1. 本书第一版1992年由纽约Pantheon Books公司出版。这篇后记是为兰登书屋Vintage Books的1994年版写的。——译者

所需要的行政总预算(总计6.4亿美元)。决定得到了两院会议委员会的支持。但是，10月19日，众议院以近2比1的投票否决了委员会的报告，将能源和水拨款议案驳回委员会，指示取消超级对撞机的资助。委员会现在达成一致，同意终止计划。

　　为什么发生这样的事情呢？当然，超级对撞机计划没有遭遇任何技术的阻碍。本书写完的一年里，一条15英里（约24.14千米）长的隧道已经在埃利斯地下的奥斯汀白垩地层中打通了。房子修好了，直线加速器的部分设备也安装到位了，那是用来启动通过超级对撞机的质子的一系列加速器的第一个。低能推进器的570米隧道工程做完了，它用来把直线加速器的质子加速到120亿电子伏特的能量，然后转移到中级能量推进器(从今天的标准看，这也是低能的，不过在我开始做物理研究时，120亿电子伏特的能量已经超越了世界上任何实验室的能力)。在路易斯安那、得克萨斯和弗吉尼亚，生产磁铁的工厂一座座地建立起来了，那些磁铁将用来引导和聚焦质子以一定路线通过3个推进器和54英里（约86.91千米）长的主环线。我1991年参观过的磁铁研制实验室已经跟别的大楼连起来了 —— 一个磁铁检验实验室，一个加速系统检验楼，还有一座存放大规模液氦制冷机和压缩机用来冷却主环线内的超导磁铁的大楼。来自24个不同国家上千个物理学博士联合开展的一个实验计划暂时批准了，另外一个计划也快批下来了。

　　基本粒子物理学的发现也没有任何能够削弱超级对撞机理由的东西。我们在为了超越标准模型而进行的奋斗中，我们依然很执着。没有了超级对撞机，我们最大的希望是欧洲的物理学家的类似加速器能赶在前头。

　　超级对撞机计划的麻烦，部分是因为不相干的政治变故的影响。克林顿总统继续行政支持超级对撞机，不过在这个计划上，他不像里根总统和得克萨斯的布什总统在计划开始时有那么大的政治风险。也许，更重要的是，许多国会议员（特别是新议员）现在觉得，有必要通过反对某些事情来表现他们谨慎的财政态度。超级对撞机只占财政预算的40/3000，但是它已经变成了一个方便的政治符号。

　　关于超级对撞机，最争论不休的问题出于优先性的考虑。这是一个严肃问题。我们还有一些没有房子、没有食物的公民，把钱花在其他事情上面是很不容易的。但是有些国会议员意识到，从长远看，我们社会从支持基础科学得到的东西将超过同样用这些经费做的任何立竿见影的好事。另一方面，许多强烈质疑超级对撞机优先性的国会议员，却常支持其他远远没有价值的计划。其他宏大计划（如空间站计划）在这一年通过了，不是因为有多大的内在价值，更多是因为许多国会议员的委托人要为这些计划承担经济风险。假如超级对撞机再多花一倍的钱，[280]多提供一倍的工作，它的状况可能会好一点儿。

　　反对超级对撞机的人还指责计划管理混乱，经费失控。实际上，超级对撞机计划中没有管理的问题，几乎所有超支都是政府资助的拖延造成的。1993年8月，我在能源部和自然资源委员会的听证会上已经说过很多了。对这些指责的最好回答，是能源部长奥里莱（O'Leary）在8月会上的一句话：超级对撞机花了20%的钱，做了20%的事情。

　　有的国会议员指出，虽然超级对撞机有很大科学价值，但我们眼下还负担不起。但是，这么大的计划不管从什么时候开始，在完成计划的过程中，都会有那么一段经济状况不好的时间。我们该做什么？难道开始一个计划就是为了在经济萧条时终止它吗？现在，20亿美元的钱已经花了，1万个劳力也投进了超级对撞机；以后，科学家和外国政府参与这样的一遇到经济恶化就被取消的计划还能指望什么呢？当然，假如科学改变了，或者技术有了保证，任何计划都需要重新考虑。实际上，出头取消ISABELLE的正是高能物理学家，因为物理学目标的改变，这个最后的大型加速器已经不再合适了。但是，建造超级对撞机的理由还没有改变。随着超级对撞机的取消，在它身上所做的一切都过去以后，美国似乎想跟任何与基本粒子物理学有关的计划永久告别了。

281　　　回想那个夏天的争论，我也得到一丝安慰。我看到国会还有些议员，除了因政治和经济的动机支持超级对撞机以外，也确实对它所做的科学感兴趣。其中一个是路易斯安那的琼斯顿(Bennett Johnston)参议员，在参议院超级对撞机的争论中，他领导着支持的一边。他家乡所在的州能从磁铁制造得到很大经济利益，但是除此以外，正如他自己在参议院会上的雄辩讲话中说的，他还是一个狂热的科学爱好者。在其他议员那里，如纽约的莫尼翰(Moynihan)、内布拉斯加的克莱(Kerrey)、曼哈顿的纳勒(Nadler)、密苏里的格法特(Gephardt)和总统科学顾问吉布森(Jack Gibbson)，我们也能听到科学带来的理性的兴奋。1993年5月，我和物理学家小组会见了一些国会新议员。其他人解释了我们一定能从超级对撞机的制造获得有价值的技术经验，然后我说，尽管我不太懂政治，但是我想不应该忘记有许多投票者除了任何技术应用外还真正对科学的基本问题感兴趣。加利福尼亚的一个议员说，他只同意我说的一点：我不太懂政治。不久，一个马里兰的议员走进来，听了一会儿我们关于技术副产物的讨论后指出，我们不要忘了，许多议员对科学的基本问题也感兴趣。我感到高兴。

超级对撞机的争论也引起了不太令人愉快的反应。几百年来，科学与社会的关系一直由一种默许的契约维系着。科学家一般想做出普遍的、美妙的或基本的发现，不管它们是否能为社会带来什么具体的好处。本身不是科学家的人会发现这样的科学令人激动，但是社会跟加利福尼亚州的那个议员一样，一般更愿意支持纯科学中有望产生应用的工作。这样的期待一般说来是正确的。并不是任何科学工作都一定能偶然发现有用的东西。实际上，只有当我们从知识的前缘往后退，才有希望真正发现新的也可能有用的东西，无线电波、电子和放射性物质就是那样成为有用的东西的。但是为了做出这些发现，我们必须具备某种能把我们引向其他应用的技术的和理智的鉴赏力。

但是那契约现在似乎正在破裂。不仅一些国会议员失去了对纯科学的信心，因为经费的争斗，应用领域的一些科学家也转过来反对我们这些寻求自然定律的人。超级对撞机在国会遭遇的麻烦不过是纯科学失去人心的一点表现。另外，在最近的一个参议院会议上，有人争取要国家科学基金会把60％的资金投向社会需要的项目。我不是说钱不应该好好用，不过令人惊骇的是，有些参议员想从纯科学的研究中拿走那些钱。在超级对撞机的争论中涌现出一些问题，这些问题比机器本身重要得多，在未来的几十年将一直伴随着我们。

注释

第1章　[1]　(第6页)我原来以为，亚里士多德会说抛体将沿直线运动，直到初始冲量耗尽才直往下落。但在他的著作里，我没能找到这样的话。得克萨斯大学的亚里士多德专家使我相信，亚里士多德从没讲过这样与观察矛盾的话，那是中世纪对亚里士多德观点的误会。

第2章　[1]　(第20页)精确的颜色随铜的化合物的不同而有所变化，因为原子状态的能量还受周围原子的影响。

　　　　　　[2]　(第24页)根据开普勒定律，行星轨道是以太阳为一个焦点的椭圆；每颗行星的速度都在环绕太阳的运动中发生着改变，改变的方式是，行星与太阳的连线在相等时间内扫过相同的面积；行星的运行周期的平方正比于椭圆轨道的最大半径的立方。牛顿的引力定律说，宇宙间的每个粒子都在吸引每一个其他的粒子，力的大小正比于两个粒子的质量的乘积，而反比于它们之间的距离的平方，它还规定了一个物体如何在任何给定物体的影响下运动。

　　　　　　[3]　(第25页)许多理论家正在探索是否能进行这些涉及强核力的计算，他们考虑把时空描述写成不同的点构成的晶格，同时利用计算机跟踪每一点的场的大小。用这种办法从量子色动力学原理导出原子核的性质，有希望然而没把握。甚至直到今天我们也没能计算构成原子核的质子和中子的质量。

　　　　　　[4]　(第25页)我的朋友，得克萨斯大学法学院的Phillip Bobbitt教授也是信奉哲学的，他曾经告诉我，"一个小孩问我为什么苹果会落到地上，我说'那是因为引力，孩子'，我其实什么也没解释。物理学所展现的物理世界的数学描述不是解释……"假如引力的全部内容不过是说重物有落向地球的倾向，那么我同意他的说法。另一方面，如果我们通过引力懂得了牛顿和爱因斯坦理

论所描写的那些现象,包括潮汐、行星和星系的运动,那么苹果下落是因为引力的回答,在我看来就是一个解释。不管怎么说,科学家就是这样说"解释"的。

[5]　(第27页)最稳定的元素是那些电子数正好填充全部壳层的元素;它们是惰性气体氦(2个电子)、氖(10个电子)、氩(18个电子),等等。(这些气体之所以被称作惰性的,是因为它们性质太稳定,不大参与化学反应)钙有20个电子,所以在满壳层的氩原子外有2个电子,是很容易失去的。氧有8个电子,离氖的满电子壳层还差2个电子,所以它很乐意"捡"2个电子来填充自己壳层的空隙。碳有6个电子,即可以看作多余4个电子的氦,也可以看作失去了4个电子的氖,所以它能失去4个电子,也可以得到4个电子。(碳的这种双重特性使碳原子能相互紧密地束缚在一起,金刚石就是一个例子。)

[6]　(第27页)如果原子带着正电荷或负电荷,它会不断得到或失去电子,最后成为中性的。

[7]　(第35页)为了定义熵,我们想象某个系统的温度从绝对零度非常缓慢地升高。当系统接收每一份新热能时,熵的增加等于那份能量除以热量来源的绝对温度。

[8]　(第35页)应该注意,如果系统与环境交换能量,那么它的熵是可以减少的。地球上生命的出现就代表着熵的减少,热力学允许这个过程是因为地球从太阳吸收能量,又向太空释放能量。

[9]　(第37页)热力学用于黑洞不是因为黑洞包含着大量原子,而是因为它们包含着巨大数量的量子引力理论的基本质量单位,即所谓的普朗克质量,大约等于1克的10万分之一。如果黑洞质量小于10万分之一克,热力学就不能用了。

[10]　(第40页)有时人们认为人与其他动物的区别是语言造成的,人类只不过是在开始说话的时候才变得有意识。不过,计算机也

用语言，却似乎没有意识；我们古老的暹罗猫虽然从不讲话（只有有限的一点儿面部表情），但还是以别的方式表现出类似人类意识的迹象。

[11] （第44页）为了公正，我要补充一点。贾汉认为，他的工作是量子力学的哥本哈根诠释的合理推广，而不算什么异乎寻常的纲领。实在论者关于量子力学的"多历史"解释能帮助我们避免--这类混乱。

[12] （第44页）广义相对论在很大程度上依赖于以下原理：引力场对很小的自由落体除了决定它下落以外没有其他的影响。地球在太阳系里自由下落，因此，除了潮汐以外，我们地球上的人感觉不到日月或其他物体的引力场；而潮汐的产生是因为地球不是太小。（这通俗的补充似乎把应该讲的原理藏起来了。那个原理是等效原理，而潮汐来自引力场的差异，小物体没有引力差。——译者）

第3章

[1] （第47页）在一篇文章里，我称这种观点是"客观还原论"；见S.Weinberg，"Newtonianism，Reductionism，and the Art of Congress Testimony"，Nature 330（1987）：433～437.我不知道这个词是否令科学哲学家感兴趣，不过它至少被一个生物化学家用过了——J. D. Robinson曾用它来回答哲学家H.Kincaid对还原论的攻击。见J. D. Robinson，"Aims and Achievements of the Reductionist Approach in Biochemistry/Molecular Biology/Cell Biology：A Response to Kincaid"，Philosophy of Science，待刊。

[2] （第48页）就我的理解，迈耶区别了3类还原论：本构的还原论（或本体论的还原论，或分析），这是通过探究事物的基本构成来研究客体的方法；理论的还原论，以一个包容更多的理论来解释整个理论；解释的还原论，说的是，"仅凭理论的最终要素的知识就足以解释一个复杂的系统"。我反对这种划分的主要理由是，那些类型与我说的没多大关系（尽管我想理论的还原论离我不太远）。3个类型的还原论是通过科学家实际做的、已经做的和能够

做的事情来定义的；而我讲的是大自然本身。例如，即使物理学家不能用电子、原子核和电力的量子力学来解释DNA那样的复杂分子的性质，即使化学还能保留它自己的语言和概念来处理这些问题，仍然不会有什么自治的化学原理，独立存在而不依赖于更深层的物理学原理。

[3] （第53页）我这里说"直接"，是因为事实上物理学每个分支都能得到其他分支的许多间接的帮助。其中部分是方法上的相互影响，如凝聚态物理学家从粒子物理学得到了他们主要的数学方法（所谓重正化群方法），粒子物理学家从凝聚态物理学认识了自发性对称破缺的现象。在1987年的国会听证会上，Robert Schrieffer（他 与 John Bardeen 和 Leon Cooper John 一 起 是 我 们现代超导理论的奠基者）在支持超级对撞机计划的讲话里强调，他自己在超导方面的工作就源于他在基本粒子物理学介子理论的经历。（在最近一篇文章中，"Bardeen Sehrieffer and Supercon-ductivity"，*Physics Today*,April 1992, P.46，Schrieffer提到，他1957年的超导体的量子力学波函数的猜想是在朝永振一郎20年前的场论的激发下产生的。）当然，物理学的不同分支也可能以其他方式相互帮助。例如，假如造不出带超导线圈的磁体，为达到超级对撞机所要求的能量，那计划将付出无法想象的代价；而在一些高能粒子加速器中作为副产品发出的同步辐射已经在医药和材料研究中显现出巨大的价值。

第4章

[1] （第60页）准确地说，海森伯表中的数是所谓的跃迁振幅，它的平方即跃迁概率。海森伯从霍尔戈兰回到哥廷根后，听说数学家早就知道了他在表中做的数学运算；这样的表就是数学家熟悉的矩阵，从代表电子速度的表生成代表其平方的表的运算，即矩阵的乘法。这个例子表现了数学家的一种奇异才能，他们早就运用了与真实世界相关的结构。

[2] （第63页）当然，任何有限体积的空间都有无限多个点，所以不可能真把代表波的数都列出来。不过为直观起见（而且在许多

数值计算里），我们可以想象空间由数目很大然而有限的点组成，空间体积也同样大而有限。

[3] （第63页）它们实际是一系列复数，就是说，一般包含着字母 i(-1的平方根)所代表的量，也包含着普通的数，有正的，也有负的。复数中正比于 i 的部分叫它的虚部，另一部分为实部。我在正文里忽略了这一点，因为尽管它很重要，但对我要讲的量子力学观点不会真的产生影响。

[4] （第63页）实际上，波包在电子打击原子以前就开始破裂了。最后人们认识到，这归因于量子力学的概率解释。照那种解释，波包不代表确定速度的电子，而是代表具有不同可能速度分布的电子。

[5] （第64页）准确一点说，因为光的波长等于普朗克常数除以光子动量，任何粒子的位置的不确定性不可能小于普朗克常数除以它动量的不确定性。对于像台球那样的寻常事物，我们注意不到这种不确定性，因为普朗克常数太小了。在物理学家熟悉的单位系统（分别以厘米、克、秒作为长度、质量、时间的基本单位）里，普朗克常数为 6.626×10^{-27}（小数点后跟着26个0）。普朗克常数那么小，滚过桌面的台球的波长比原子核还小，所以同时精确测量球的位置和动量不会有什么困难。

[6] （第64页）这段话可能引起误会：在确定动量的状态，电子位置似乎在波函数值最小和最大的点之间交替，波函数值最小的地方电子不大可能出现，波函数值最大的地方电子最可能出现。这种理解是错误的，原因是前面注释里提到的事实：波函数是复数。每个波函数值有两个部分，即它的实部和虚部。这两个部分是不同步的：当一个大时，另一个就小。电子在某个特殊小区域的概率正比于那个位置的波函数值的两个部分的平方之和，在动量确定的状态下，这个和是严格的常数。

[7] （第65页）我有幸见过玻尔，尽管那时他已走近他科学生涯的尽

头，而我才刚刚开始。我做研究生的第一年来到哥本哈根他的
研究所，他是我的主人。不过我们谈话都很简短，我从他那儿
没听到什么名言 —— 他说话是出了名的含糊，意思很难明白。
我还记得，在音乐学校的一次聚会上，他最后跟我太太讲话时，
我太太脸上那惊愕的表情。她一点儿也没听懂这位大人物说了
些什么。

[8]　(第65页)后来，玻尔在远离物理学的其他问题上也强调互补性
的重要。有故事说，在德国有人问玻尔，与真理(*wahrheit*)互补
的性质是什么，考虑一会儿后，他回答是清晰(*klarheit*)。在写
这一章的时候，我确实体会了这个词的分量。

[9]　(第65页)严格说来，不同构形的概率是由波函数值的实部和虚
部的平方和决定的。

[10]　(第66页)现实世界的粒子当然不会仅限于两个位置，但有的物
理系统实际上可以认为只有两个构形。电子的自旋就是这样一
个真实的两态系统。(系统的自旋或角动量是系统旋转快慢、质
量大小和质量离旋转轴远近的量度。它的方向沿着旋转轴。)在
经典力学中，陀螺或行星的旋转可以有任意数值和任何方向。
但在量子力学中，如果测量一个电子绕任何方向(如北方)的自
旋的总数(一般通过测量它与那个方向的磁场的相互作用的能
量)，我们只能得到两个结果：关于那个方向的自旋要么是顺时
针的，要么是逆时针的，而自旋的大小总是相同的：电子绕任
何方向的自旋量等于普朗克常数除以4π，大约是地球自转的
百万亿亿亿亿亿亿亿分之一。[1]

[11]　(第66页)两个概率的总和必然是1(即100％)，所以波函数在
这里和那里的值的平方和一定等于1。这令人想起一幅非常有用
的几何图形。画一个直角三角形，水平边长等于这里的波函数

---

1. 作者为了避免数学，一连用了10个millionth(百万分之一)来表示这个
数，我不知道谁能看得清楚。如果用数字，就一目了然了：10^{-62}，小数点
后面跟61个0。可见，离开了数学，通俗也难得。—— 译者

值，竖直边长等于那里的波函数值。(当然，水平与竖直不过说的是任何两个相互垂直的方向，同样还可以说东西方向与南北方向。)我们都知道一个美妙的事实：直角三角形斜边的平方等于两个直角边的平方和。如我们看到的，那个和在这儿为1，所以斜边长为1。(我没说是1米还是1英尺，因为概率并不以平方米或平方英尺为单位。那就是纯粹的数1。)反过来说，如果我们有一个指向二维的某个方向的单位长度的箭头(换句话讲，一个二维的单位向量)，则它在水平和竖直方向(或任何其他两个垂直方向)投影的两个数，其平方和一定等于1。这样，不说具体的这里和那里的值，也可以用一个长度为1的箭头(我们那个三角形的斜边)来代表一个量子态，它在任何方向的投影就是系统构形的波函数在相应方向的值。这样的箭头被称为态矢。狄拉克用态矢发展了一种抽象的量子力学形式，它比波函数的描述方法更优越，因为谈论态矢可以不考虑任何特殊的构形。

[12]　(第67页)当然，多数动力学系统都比我们虚构的粒子复杂。例如，我们考虑两个那样的粒子。这样存在4种可能的构形，粒子1和粒子2分别在这里和这里，这里和那里，那里和这里，那里和那里。于是，这个两粒子系统的状态波函数有4个值，需要16个常数来描述它随时间的演化。注意，在这儿仍然只有一个描写两个粒子联合状态的波函数。一般情形都是如此；我们没有分别描写每个电子或其他粒子的分立的波函数，任何系统，不论包含多少粒子，都只有一个波函数。

[13]　(第67页)我说这些态具有确定的动量，意思并不很严格。因为只有两个可能的位置，走态很接近这里一个峰那里一个谷的光滑的波，相应的粒子有不等于零的动量；停态像一个扁平的波，波长远大于从这里到那里的距离，相应的粒子是静止的。这是数学上所谓傅立叶分析的粗略说法。(严格地讲，我们应该以这里和那里的波函数值的和或差除以两者的平方根作为停和走的波函数值，这样才能满足前面注释里讲的条件：两个值的平方和一定等于1。)

[14] （第69页）物理学家有时用"量子混沌"来指会在经典物理学中出现混沌的量子系统的性质，但量子系统本身是从不混沌的。

[15] （第73页）世界的两个历史通过一个叫作"脱散"(decoherence)[1]的过程以后，就不再有相互作用。关于这种现象如何发生的研究，后来吸引了很多理论家的注意，包括盖尔曼(Murray Gell-Mann)和哈特尔(James Hartle)以及独立的德威特(Bryce De Witt)。

[16] （第78页）波尔琴斯基后来小小修正了这个理论的解释，在新的解释中，超光速的通讯仍然是禁止的，但对应于不同测量结果的"不同世界"还可以继续彼此交流下去。

第5章

[1] （第80页）也就是说，轨道不是完全闭合的：行星从离太阳最近的一点（叫近日点）向离太阳最远的一点运行，然后回到最近的点，将绕过太阳360°多一点儿。这样，轨道方向的缓慢改变通常叫作近日点的进动。

[2] （第85页）我应该提一下，爱因斯坦还根据他预言的光的引力红移提出了广义相对论的第三个检验。我们知道，从地球表面抛出的物体在向上飞行脱离地球引力的过程中会减小速度，同样，从恒星或行星表面发出的光线在飞向太空时也会失去能量。对光来说，能量的损失表现为波长的增加，从而在可见光的情形，它会向光谱的红端移动。对来自太阳表面的光线，广义相对论预言波长的增大比例为百万分之二点一二。他建议检验太阳光的光谱，看那些谱线与正常谱线相比是否以那个比例向红端移动了。天文学家寻找过这个效应，但开始没能发现，这似乎令某些物理学家感到忧虑。1917年的诺贝尔委员会报告注意了 C. E. St. John 在威尔逊山的测量没有发现红移，因而得

---

1. 两个波发生干涉，并维持恒定的相位关系，叫相干(coherence)，前缀 de- 意思就是解除它后面的关系或行为。在这里，"脱散"是借用一个现成的词。——译者

出结论说，"不论在其他方面有多少价值，爱因斯坦的相对论似乎不能享有诺贝尔奖。"1919年的诺贝尔委员会报告还是以红移为理由来评价广义相对论。然而，那时多数物理学家（包括爱因斯坦自己）似乎都不太关心红移问题。今天我们可以看到，20世纪20年代的技术不可能精确测量太阳的引力红移。例如，理论预言的百万分之二的引力红移可能会被太阳表面发光气体对流产生的移动（大家熟悉的多普勒效应，与广义相对论无关）所掩盖。假如这些气体以600米／秒的速度（这在太阳表面不是不可能的）向着观测者涌过来，引力红移将完全被抵消。近些年来，通过对来自太阳圆盘边缘（那里的对流几乎与视线成直角）的光的研究，才可能揭示出预言大小的引力红移。实际上，引力红移的第一次精确测量没有用太阳光，而是用的 γ 射线（波长很短的光），让它在哈佛Jefferson物理实验室的22.6米塔楼里上下往返。1960年，R. V. Pound和G.A.Rebka的实验发现 γ 射线的波长改变在10％的实验不确定性内符合广义相对论，几年后，精度提高到了1％。

[3] （第86页）小颗粒在液体中的运动就是有名的布朗运动。它是液体分子撞击颗粒而引发的。借助爱因斯坦的布朗运动理论，通过观测这个运动可以计算分子的某些性质，还能使化学家和物理学家相信分子是实实在在的东西。（顺便提一下，爱因斯坦关于布朗运动的那篇论文是他所有论文中被引用最多的，超过了他的相对论原始论文。—— 译者）

[4] （第88页）例如，假设我们拿一个贯通整个空间的大参照系，沿着从得克萨斯向着地心方向以每秒9.81米／秒的加速度落下。在这个参照系里，我们得克萨斯的人感觉不到引力场，因为在这个地方它是自由下落的参照系；但我们在澳大利亚的朋友们却能感觉两倍的引力场，因为在那个地方，参照系是在加速离开而不是趋近地心。

[5] （第92页）对通过超距作用建立的牛顿理论来说，是这样的；但对后来（由拉普拉斯和其他人）重新建立的作为场论的牛顿理

论，这就不对了。但即使在场论形式的牛顿理论中，还是很容易在场方程里添加一个新项，那将以另一种方式改变力对距离的依赖关系。具体说，平方反比律可能会被一个公式所取代，在一定距离外，那个公式也给出近似的平方反比律的行为，但超过那个距离，力将以指数形式迅速衰减。在广义相对论里是不可能有这种修正的。

[6] （第93页）严格地说，这只适用于缓慢运动的小物体。对于高速运动的物体，引力还跟物体的动量有关。这也是为什么太阳引力场能够偏转光线，光线没有质量，但是有动量。

[7] （第94页）波恩、海森伯和约当实际上只考虑了一个简化的电磁场，忽略了光极化产生的复杂现象。过后不久，狄拉克考虑了这些复杂性；接着，费米提出了完整的电磁的量子场论。

[8] （第97页）严格地说，兰姆测量的是氢原子两个状态的能量移动之差，根据旧的狄拉克理论，在没有光子发射和再吸收时，两个状态的能量应该是一样的。尽管兰姆没能测量两个原子状态的精确能量，他还是能够探知两者存在一定的微小差别，从而证明某种东西以不同的量改变了两个状态的能量。

[9] （第101页）量子电动力学还有更严重的问题。1954年，盖尔曼和 Francis Low 证明，电子的有效电荷随测量过程的能量增加很慢，他们提出（苏联物理学家朗道以前也曾猜想过），有效电荷可能在某个极高能量下已经变得无穷大了。更近的计算表明，这种灾难在纯粹的光子和电子而不涉及其他事物的量子电动力学里的确是要发生的。然而无穷大出现的能量却是太高了（比观测到的整个宇宙的质量包含的能量还高得多），所以，在达到那个能量以前，不能忽略电子和光子以外的自然的其他类型的粒子。如果说量子电动力学还有什么数学的协调问题，那个问题已经跟我们关于一切粒子和力的量子理论的协调性问题融合在一起了。

[10] （第105页）这话不完全对，因为我在1967年的布鲁塞尔索尔维会议上的讲话中提到过那篇文章。但是ISI只考虑期刊上发表的论文，我的讲话是发表在会议文集里的。

[11] （第106页）更准确地说，在ISI考察所覆盖的时期（1945～1988）内，引用最多的100篇文章里，那是唯一一篇基本粒子物理学（或者还包括除生物物理、化学物理和结晶学外的任何其他物理学）的文章。（因为第二次世界大战，在1938～1945年间大概没有被频繁引用的基本粒子物理学论文。）

[12] （第111页）几年前我正在牛津，有机会问当年领导牛津铋原子实验的桑德斯（Pat Sanders），我问他的小组是否找出原来的实验在哪儿出了问题。他告诉我，他们没有找到问题，而且不幸的是永远也找不到了，因为牛津的实验室把原来的装置拆了，有的装进了现在那个得到正确结果的新装置。事情就是那样。

[13] （第112页）这是在Roberto Peccei和Helen Quinn提出的对称性原理基础上发现的。

[14] （第112页）M. Dine，W. Fischler，M. Srednicki和J. E. Kim分别提出了这样的修正。

[15] （第113页）宇宙背景射电噪声是彭齐亚斯（Arno Penzias）和威尔逊（Robert Wilson）发现的。我在《最初3分钟：宇宙起源的现代观点》（*The First Three Minutes：a Modern View of the Origin of the Universe*，New York：Basic Books，1977）里详细讲过这个发现。

[16] （第115页）我必须说明，"战争的艺术"（art of war）作为孙子、Jomini和克劳塞维茨[1]的著作的译名，"艺术"一词是与"科

---

1. 克劳塞维茨（Karl von Clausewitz，1780～1831）是德国军事家，他的著作的中译本叫《战争论》（商务版）。——译者

学"相对立的,跟"技术"与"知识"的对立差不多,但跟"主观"与"客观"或"灵感"与"规矩"的对立不同。"艺术"一词在那些作者是用来强调,他们在写战争的艺术,因为他们想帮助那些将赢得战争的人,不过他们还是想以科学系统的方式表达出来。南方联盟的朗斯特里特将军说的"战争的艺术"跟我这里说的意思差不多,他说,麦克莱伦和李都是"科学的主人,却不懂战争的艺术。"(James Longstreet, *From Manassas to Appomattox*, Philadelphia: Lippincott, 1896, p. 288.)后来写"战争的艺术"的史学家如 Charles Oman 和 Cyril Falls 说明了并没有什么战争的系统法则。对这些了解更多的读者会明白,也不存在什么高明的关于科学的法则。

第 6 章

[1] (第122页)例如,在一定能量状态下,任何系统波函数的振动频率等于能量除以一个自然常数(普朗克常数)。假如两个观测者把表错开1秒钟,这个系统在他们看来是几乎一样的;但是,假如两人都在指针指向正午12点时观察系统,他们会看到振动的相位是不同的;因为两人的表走得不一样,他们其实是在不同的时刻观察系统,所以当一个看到波峰时,另一个可能看到波谷。具体说来,相位的差等于在每秒钟内出现的周期(或周期的部分)数;换句话讲,等于振动的频率,从而也就等于能量除以普朗克常数。在今天的量子力学里,我们将任何系统的能量定义为系统波函数在给定时钟的时间下错开1秒钟的相位的改变(周期数或部分周期数)。出现普朗克常数只是因为能量在历史上是以卡、千瓦时或电子伏特等量子力学到来之前使用的单位来测量的;普朗克常数只是提供了在那些旧单位系统与能量的自然量子力学单位之间转换的一个因子,在新的自然单位下,能量就是每1秒钟的振动周期。可以证明,以这种方式定义的能量具有寻常能量的一切性质,包括能量守恒;实际上,自然定律在时钟调节方式改变下的不变性,正是能量那样的东西存在的原因。同样的道理,任意系统在任一特殊方向的动量分量定义为当测量位置的点在那个方向移动1厘米时波函数的相位改变,当然还需要乘以普朗克常数。另外,当测量方向的参照系

沿着某个方向旋转1周时，系统波函数的相位也会改变，我们把这个相位改变与普朗克常数的乘积定义为系统沿那个方向的总自旋。从这样的观点看，动量和自旋之所以那样是因为当我们测量位置和方向的参照系在空间改变时，自然定律具有相应的对称性。(在列举电子的那些性质时，我没有包括位置，因为位置和动量是互补的两个性质；我们可以用位置或动量，但不能同时用它们来描述电子的状态)。

[2]　(第124页)引力子还没有在实验中发现，但这并不奇怪；计算表明单个引力子的相互作用非常微弱，在已做过的任何实验里都不可能检测出它们来。不过，引力子的存在现在没有特别可以怀疑的。

[3]　(第127页)严格说来，构成这些粒子族的只有左手状态的电子、中微子和上下夸克。(所谓左手，意思是粒子是左旋的：伸出你的左手来，拇指沿着旋转轴指向粒子运动的方向，其余手指握起的方向就是粒子自旋的方向。)左手和右手状态组成的族的区别源于这样的事实：弱核力没有左右对称性。(弱相互作用下的左右不对称是理论家李政道和杨振宁在1956年提出的。证实这一点的有吴健雄和她在华盛顿国家标准局的合作小组的原子核的 β 衰变实验，R. L. Garwin，L. Lederman和M. Weinrich，以及 J. Friedman和V. Telegdi的 π 介子衰变实验。)我们还不知道为什么只有左手的电子、中微子和夸克才构成这些粒子族；任何想超越我们的基本粒子标准模型的理论都要面对这个挑战。

[4]　(第128页)1918年，数学家外尔提出广义相对论在位置和方向的依赖于时空的改变下的对称性，应该以一种在度量(或"规范")距离和时间的方式的改变(也是跟时空相关的)下的对称性来补偿。这种对称性后来被物理学家抛弃了(尽管它的各种形式还不时在一些猜想的理论中出现)，但它在数学上很像电动力学方程的内在对称性，那对称性从而也叫规范不变性。后来，杨振宁和米尔斯(R. L. Mills)在1954年(为了解释强核力)提出一种更复杂的局域内在对称性，也叫规范对称性。

[5] (第133页)在狄拉克的理论中，电子是永恒不变的；电子和正电子产生的过程被解释为一个负能量的电子转移到了正能量状态，在负能电子的海洋留下一个空穴，就是我们看到的正电子；电子与正电子的湮灭被解释为一个电子落进了那种空穴。在原子核的 β 衰变中，电子从电子场的能量和电荷中产生出来，不需要产生正电子。

[6] (第133页)20世纪70年代初，狄拉克和我参加了佛罗里达的一个会议，我借这个机会问他，有些粒子(如 π 介子或 W 粒子)具有跟电子不同的自旋，没有稳定的负能量状态，然而却有各自的反粒子，该如何解释这个事实呢。狄拉克说，他从不认为这些粒子是重要的。

[7] (第133页)这是海森伯的回忆，Valentine Telegdi 和 Victor Weisskopf 在海森堡文集的评论中引用过，见 *Physics Today*，July 1991，p.58。数学家 Andrew Gleason 也同样表达过可能的数学形式是有限的看法。

[8] (第134页)哈代一生都在鼓吹他的纯数学研究不可能有实际应用。但是，黄克孙(Kerson Huang)和我在麻省理工学院(MIT)研究物质在极高温度下的行为时，正好在哈代和 Ramanujan 的数论文章里找到了我们需要的公式。

[9] (第134页)这种弯曲空间的其他主要建设者是波里亚(Janos Bolyai)和罗巴切夫斯基(Nicolai Ivanovitch Loachevski)。高斯、波里亚和罗巴切夫斯基的工作对未来的数学是十分重要的，因为他们不但描述了地球表面那样的弯曲 —— 嵌在更高维的没有弯曲的空间里的弯曲，而且用曲面固有的弯曲来描写它，不需要考虑它是如何嵌在更高维的空间的。

[10] (第134页)欧几里得的第五个假设的一种表达形式是，通过直线外任何给定的一点，能而且只能画一条与给定直线平行的直线。在高斯、波里亚和罗巴切夫斯基的新几何里，可以画出许

多那样的直线。

[11] (第136页)因为这个理由,这种对称性叫作同位旋对称。(这是 1936年G. Breit和E. Feeberg以及B. Cassen和E. U. Condon分 别独立根据Tuve等人的实验提出的。)同位旋对称性跟弱电理 论中弱力和电磁力背后的对称性在数学上是一样的,但在物理 上却大不相同。一个区别是,不同的粒子属于不同的族:质子 和中子属于同位旋对称性,左手的电子、中微子以及左手的上 下夸克属于弱电对称性。另外,弱电对称性表达了自然定律在 与空间和时间位置相关的变换下所具有的不变性;而核物理的 方程只有在所有时间和地方以相同方式互换质子和中子时才可 能保持不变。最后,同位旋对称只是近似的,今天我们从现代 强核力理论知道,它不过是小夸克质量情形的一个偶然结果; 弱电对称性却是精确的,是弱电理论的基本原理。

[12] (第136页)形成群的任何变换的集合应该满足以下3个条件:如 果两个变换使某个事物不变,它们的"积"也一样("积"定义 为施行一个变换后再施行另一个);如果一个变换使事物不变, 它的逆变换(让原来的变换还原)也一样;而且,总存在一个不 改变任何事物的变换,那就是所谓的单位变换,因为它就像任 何数乘以1那样。

[13] (第137页)大体说来,有3类无限多的单纯李群:一类是我们熟 悉的二维、三维和高维的旋转群,另外两类变换多少也像旋转, 叫酉群(或幺正群)和辛群。除了它们,还有5个例外的李群,不 属于任何一类。

[14] (第137页)伽罗瓦理论中涉及的群是方程的解的置换的集合。

第7章 [1] (第146页)两个哲学家朋友向我指出,这一章的标题"反对哲 学"有点儿夸张,因为我并没在一般意义讨论反对哲学,只是 反对了像实证论和相对主义那样的哲学对科学的恶劣影响。他们猜想我用这样的标题是响应了费耶阿本德的那本《反对方法》(*Against Method*)。实际上这个标题来自两篇有名的法律评论文章标题的启发：Owen Fiss，"Against Settlement"和Louise Weinberg，"Against Comity"。不过，我想"反对实证论和相对主义"不该算是一个好标题。

[2]　(第147页)其他很多一线的科学家对哲学家们的作品也有同样的反应。例如，我在第三章的注释里引用过生物化学家 J. D. Robinson对哲学家 H. Kincaid的回答，他指出"生物学家无疑犯了可怕的哲学错误。他们应该热烈欢呼哲学家们广泛的注意。然而，如果哲学家们能认识生物学家在想什么和做什么，那些关心会更有帮助的。"

[3]　(第152页)这个理论的基础是古斯(Alan Guth)的所谓暴涨宇宙学。

[4]　(第156页)我的朋友萨穆布尔斯基(我在第5章中提起过他)年轻时认识考夫曼。他证实了我对考夫曼的印象：一个为自己的哲学所束缚的固执的人。

[5]　(第159页)不过，我想我们还是从S-矩阵学到了一些有益的东西。量子场论之所以那样，是因为只有那样才能保证理论的可观测量(特别是S-矩阵)具有合理的物理学意义。1981年，我在伯克利辐射实验室有过一次谈话，我知道丘要来，所以题外说了些实证论对S-矩阵影响的好话。过后，丘走过来对我说，他感谢我的评说，不过他现在也做量子场论的研究了。

[6]　(第160页)据我所知这幅图景是G.'t Hooft和L.Susskind独立提出的。更早的时候，H. Fritzsch，M. Gell-Mann和H. Leutwyler也提出过一种夸克束缚的形式。

[7]　(第161页)夸克存在的问题在1974年后才变得引人注目。那年，Burton Richter和丁肇中(Samuel Ting)领导的一个小组发现了

它们，分别称作 ψ 和 J 的粒子。这个粒子的性质清楚地表明它包含着一个新的重夸克及其反夸克，尽管这两个夸克不可能独立产生出来。(更早的时候，Sheldon Glashow，John Iliopoulos 和 Luciano：Maiani 就提出过存在这类重夸克，通过它来避免弱相互作用理论中的某些问题。Mary Gaillard 和 Ben Lee 从理论上估计了它的质量。这个 J-ψ 粒子是 Thomas Appelquist 和 David Politzer 预言的。)

[8]　(第165页)在更早的作品(20多年前)里，费耶阿本德也表达过类似的观点，不过后来他改变了思想。特拉维克谨慎地避免了这一点；她为物理学家的存在电子的思想表示同情，承认在她的工作中假设物理学家的存在是很恰当的。

[9]　(第167页)在 *Reflections on Gender and Science*(New Haven：Yale University Press.1985)一书中，凯勒(Evelyn Fox Keller)也承认这一点。(凯勒引用了我的一段老话作为科学家的态度："自然定律和算术法则一样客观，一样独立于人类的评价。我们不想它那样出现，但是它那样来了。")最近，针对一种严厉的科学进步的社会学新解释，伦敦大学遗传学家琼斯(J. S. Jones)指出，"科学社会学与科学研究的关系，就像色情文学与性科学的关系：它更廉价、更容易 —— 因为它只受想象力的限制 —— 也更让人娱乐。"(见书评：*The Mendelian Revolution：The Emergence of Hereditarian Concepts in Modern Science and Society*, by Peter J. Bowler,*Nature* 342(1989)：352)。

第 8 章　[1]　(第171页)也可能中微子甚至光子都有质量，只不过质量太小，现在还没被探测到，但这些质量应该跟电子、W粒子和Z粒子的质量大不相同，假如这些粒子的对称性在大自然表现出来，我们是不会那样期待的。

[2]　(第171页)举例来说，假如一个方程说明上夸克质量与下夸克质量之比，加下夸克质量与上夸克质量之比等于2.5，那方程关

于两个夸克显然是对称的。它有两个解：一个解的上夸克质量是下夸克的2倍，另一个解的下夸克质量是上夸克的2倍。没有质量相等的解，否则两个比都等于1，和为2，而不是2.5。

[3]　(第173页)这个磁场方向决定于可能出现的杂散(stray)磁场，如地球的磁场；重要的是，不论杂散场多么微弱，磁铁里生成的磁场的强度都是一样的。没有任何外加的强磁场时，磁铁内部不同"区域"(即所谓"磁畴")的磁性方向是不同的，那些在各个磁畴里自发出现的磁场总体上相互抵消了。把冷却的磁铁放在外加强磁场中，磁畴将沿一定方向排列起来，即使取消外场，磁化仍将保持下去。

[4]　(第173页)这个对称没有完全被打破，还有残留的未破缺的对称(所谓的电磁规范不变性)，它决定了光子质量必须为零。在超导体中，残余对称也被打破了。实际上，超导体正是那样的——在本质上不过就是电磁规范不变性被破坏了的一样东西。

[5]　(第176页)新力能使任何"感觉"它的粒子的场相乘，从而改变真空值，即使单个场的真空值都是零，它也能打破弱电对称性。(我们熟悉概率的一个特性：即使单个量的平均值等于零，几个那样的量的乘积也可能具有非零的平均值。例如，海浪相对于平均海平面的平均高度按照定义等于零，但是海浪高度的平方——即浪高与自身的乘积——却有非零的平均值。)这种新力如果只作用于那些假想的重粒子(因为太重，我们还没能发现它们)，就可能逃过我们的追寻。

[6]　(第176页)这些理论是斯坦福的苏斯金(Leonard Susskind)和我独立发展起来的。为了区别理论需要的新型外来强力与我们熟悉的在质子中束缚夸克的强"色"力，那种新的力被称为"特色"力，是苏斯金起的名字。"特色"思想的麻烦在于，它解释不了夸克、电子等粒子的质量。它也可能费尽苦心地得出那些质量，避免与实验的矛盾，但是那样一来，理论就太"巴洛克"，

太造作，难得被人当真。[1]

[7] (第176页)统一强相互作用与弱电相互作用的理论通常叫大统一理论。这类理论的一些特例分别是Jogesh Pati和Abdus Salam，Howard Georgi和Sheldon Glashow，以及H.Georgi提出的；后来还有许多人提出各自的理论。

[8] (第177页)更准确地说，预言的只是那些强度之比。1974年预言出现时，乍看起来似乎是错误的；预言的比值是0.22，但中微子散射实验表明它应该是0.35。20世纪70年代中期以来，实验的比值一直在减小，现在很接近希望的0.22了。但是，测量与理论计算的数值都很精确，我们能看到两者还存在百分之几的偏差。我们以后会看到，真有那样的理论(被赋予所谓超对称性的理论)，能以很自然的方式消除那一点残余的偏差。

[9] (第181页)超对称性是韦斯(Julius Wess)和朱米诺(Bruno Zumino)1974年当作一种迷人的可能性引进物理学的，不过它解决等级问题的潜在能力却激发了后来很多人对超对称的兴趣。(超对称的各种形式很早就出现在Yu. A. Gol'fand和E. P. Likhtman以及D. V. Volkov和V. P. Akulov的论文里，不过这些文章没有讨论它的物理学意义，很少有人注意。韦斯和朱米诺的兴趣至少部分来自P. Ramond，A. Neveu和J. H. Schwara以及J. -L. Gervais和B. Sakita等1971年关于弦理论的工作。)

[10] (第181页)超对称性出现之前，人们通常认为任何对称性都不可能禁止那些质量。原始的标准模型的方程里没有夸克、电子、光子、W粒子、Z粒子和胶子等粒子的质量，是与那些粒子有自旋的事实分不开的。(我们熟悉的光极化现象就是光子自旋的直接结果。)但是，一个场为了能有打破弱电对称的非零的真空

---

1. "特色"的原文*technicolor*。那个力是为了技术的(techno-)需要而特别引进来的，所以我们叫它"特色"力。(中文文献常称它为"人工色"，这里的译法更多是为了突出一点语言的趣味。)这里的"巴洛克"(baroque)也就是艺术风格的巴洛克，以追求浮华为特征。——译者

值，就不能有任何自旋；否则它的真空值也将打破真空关于方向的对称性，这是跟我们的经验相矛盾的。超对称性通过在无自旋场（其真空值打破弱电对称）与各种自旋场（它们受弱电对称约束而在场方程中不具任何质量）之间建立一种联系，把问题解决了。超对称理论也有自己的问题：已知粒子的超对称伙伴还没有发现，因此它们一定很重，那么超对称本身一定是破缺的对称。打破超对称的机制有许多有趣的建议，其中有的还涉及引力，不过现在所有问题都还没有结果。

[11] （第181页）以引进外加（特色）力为基础的新版标准模型可以避免等级问题，因为在所有描写远低于普朗克能量的物理的方程中，都不出现质量。标准模型里W粒子、Z粒子和其他基本粒子的质量都将与特色力强度随能量的变化方式联系起来。特色力与强力和弱电力在某个接近普朗克能量的极高能量下具有相同的内禀强度。随着能量的减小，力的强度十分缓慢地增强，因而特色力还不足以打破任何对称性，直到最后能量减小到远远小于普朗克能量。我们感觉非常合理的是，特色力不需要任何精细的理论常数调整，它随能量减小而增强的速度比普通色力稍快，所以能给出某些结果，如标准模型里W粒子、Z粒子的观测质量；而单凭普通色力的作用只能给出千分之一的质量。

[12] （第181页）超对称性要求所有已知的夸克和光子，等等都应该有不同自旋的"超对称伙伴"。虽然那样的伙伴我们一个也没见过，理论家却急着为它们起了名字：夸克、电子、中微子等粒子的超伙伴（零自旋）分别叫超夸克、超电子、超中微子；而光子、W粒子、Z粒子和胶子的超伙伴（半自旋）分别叫光微子、W微子、Z微子和胶微子。我曾建议把这些"行话"叫做"言子"(languino)，而盖尔曼提出一个更好的词儿："超语言"(slanguage)。最近，日内瓦CERN实验室的Z粒子衰变实验为超对称思想带来了重要的推动力。前面讲过，如今这些实验是非常精确的，可以发现1974年预言的力的强度比值与实际比值之间的很小的偏差（约5%）。有趣的是，计算表明，超对称性要求的超夸克、胶微子和所有其他新粒子将改变相互作用强度

随能量变化的方式，这正好把理论与实验带入和谐。

第 9 章

[1]　（第189页）只要加入后来所谓的超对称性，有些问题就可以避免，因此这些理论也常被称作超弦理论。

[2]　（第189页）尽管这个不讨人喜欢的粒子是作为闭弦的振动模式出现的，但仅考虑开弦也不可能躲避它，因为碰撞的开弦总要结合起来形成闭弦。

[3]　（第191页）弦理论当然可以看作一个仅仅关于对应于弦振动模式的粒子的理论，但是因为任何弦理论都有无限多的粒子种类，它们跟通常的量子场论有不同的行为。例如，在量子场论中，单独一种粒子（如光子）的发射和吸收会产生无穷大的能量转移；在恰当构筑的弦理论中，这样的无穷大将被理论中的其他类型的无限多的粒子的发射和吸收所抵消。

[4]　（第191页）共形对称基于这样的事实：一组弦在空间运动时会在时空扫过一个二维曲面，曲面的每一点有一个标明时间的坐标和一个标明沿某根弦的位置的坐标。跟任何其他曲面的几何一样，弦扫过的二维曲面的几何也通过任意邻近两点间的坐标距离来描写。共形不变性原理说的是，如果我们改变距离的度量方式（例如，把一点和任意与之相邻的另一点之间的距离都乘以某个以任意方式依赖于第一个点的因子），决定弦的方程仍然保持原来的形式。共形对称之所以需要，是因为假如没有它，弦在时间方向的振动（根据理论的一种形式）将导致负的概率或真空的不稳定性。有了共形对称，这些类时振动才可能通过一个对称变换从理论中清除出去，从而避免灾难的结果。

[5]　（第194页）"人存原理"一词来自Brandon Carter，见 *Confrontation of Cosmological Theories with Observation*, ed. M. S. Longair(Dordrecht: Reidel, 1974)。也 见 B. Carter, " The Anthropic Principle and Its Implications for Biological Evolution ", *in The*

Constants of Physics, ed. W. McCrea abd M. J. Rees(London：Royal Society，1983)，p.137；Reprinted in *Philosophical Transactions of the Royal Society of London* A 310(1983)：347。关于人存原理不同表述的完整评论，见 J. D. Barrow and F. J. Tipler，*The Anthropic Cosmological Principle*(Oxford：Clarendon Press，1986)；J. Gribbin and M.Rees，*Cosmic Coincidences*：*Dark Matter*，*Mankind*，*and Anthropic Cosmology*(New York：Bantam Books，1989)，chap.10；J. Leslie，*Universes*(London：Routledge，1989)。

[6]　(第194页)实际上，氧的能级也必然具有一定的特殊性质才能避免所有的碳都被"熬成"氧。

[7]　(第195页)那几个物理学家是 M. Livio，D. Hollowell，A. Weiss 和 J. W. Truran。他们发现能量提高了约60 000伏特。不过，碳的这种不稳定状态的能量与稳定的最低能量状态之间的差是7 644 000伏特，跟它相比，那一点能量增大显然是微不足道的。但是，不必调整理论，碳核的不稳定态能量也可能在这样的精度内等于铍核和氦核的能量，因为在很好的近似下，碳核与铍核的相关状态是松散地束缚在一起的包括3个或2个氦核的核分子。(关于这一点，我感谢我在得克萨斯大学的同事 Vadim Kaplunovsky。)

[8]　(第196页)严格地说，虫洞出现在所谓的欧几里得路径积分的量子引力的数学方法里。它与实际的物理学过程有什么关系，我们还不清楚。

[9]　(第196页)柯尔曼接着(像 Baum 和霍金以前那样)还讨论了这些常数可能在某些特殊的数值具有无限大的尖峰，从而它们很可能取得那些值。但是这个结论所依赖的量子宇宙学的数学形式(欧几里得路径积分)还存在着和谐性的疑问。这样的问题很难确定，因为我们是在量子的背景下处理引力问题，而我们目前的理论却并不充分。

[10]　（第197页）为了再次说明科学的历史会有多复杂，我还要讲一件事情。在爱因斯坦1917年的宇宙学研究之后不久，他的朋友德西特(Wilhelm de Sitter)指出，经过宇宙学常数修正的爱因斯坦引力场方程具有不同形式的解，表面看来也是静态的，但是不包含物质(或者说，物质可以忽略)。这很令爱因斯坦失望，因为在他的解中，宇宙学常数联系着平均的宇宙物质密度，是与他所谓的马赫学说相一致的。另外，爱因斯坦(有物质)的解其实是不稳定的；任何微小的扰动都将使它最终成为德西特的解。我还要说，德西特模型只是表面静态的；尽管在德西特用的坐标系里时空几何不随时间发生变化，但任何微小的检验粒子在他的宇宙中都会飞快地彼此分离。这样问题就更复杂了。实际上，当斯里菲尔的观测在20世纪20年代初传到英国时，爱丁顿首先解释它所用的是有静态解的那个带宇宙学常数的爱因斯坦方程的德西特解，而不是没有静态解的原始的爱因斯坦理论！

[11]　（第199页）我们甚至不能指望发现某种机制——真空态的能量可以通过这样的机制失去能量，衰变到较低能量的状态，从而降低总的宇宙学常数，最终停留在零宇宙学常数的状态；因为弦理论中的这样一些可能的真空态已经有了巨大的负的宇宙学常数。

[12]　（第200页）较高或较低的密度都会引发这样的问题：为什么宇宙膨胀持续了几十亿年但还在减速？

第10章　[1]　（第205页）例如，惠勒1983年1月25日在美国物理教师协会和美国物理学会正式联席会议上的奥斯特演讲，J. A. Wheeler, " On Recognizing ' Law Without Law ' ", *American Journal of Physics* 51(1983)：398；J. A. Wheeler, " Beyond the Black Hole ", in *Some Strangeness in the Proportion*：*A Centennial Symposium to Celebrate the Achievements of Albert Einstein*, ed. H. Woolf(Reading, Mass.：Addison-Wesley, 1980), p.341.

第 11 章

[1] （第214页）霍金的话见他的《时间简史》；最近我还见过两本新书也在题目里用了相同的说法：J. Trefil, *Reading the Mind of God*(New York：Scribner，1989)和 P. Davis, *The Mind of God：Basis for a Rational World* (New York：Simon & Schuster，1992)。

[2] （第217页）伽利略关于运动的研究表明，我们地球上的人不可能感觉到地球围绕太阳运动。而且，他发现众多卫星围绕木星运动提供了一个小太阳系的例子。最大的证据来自金星的相的发现；假如金星和太阳都在围绕地球运动，金星是不会那样的。

[3] （第218页）月亮绕着地球旋转，而没有沿着直线飞向外面的太空，实际上需要一个在每一秒钟内指向地球的大小约每秒1/10英寸(1英寸约为0.0254米)的速度分量。牛顿的理论说明，这个加速度只有剑桥下落的苹果的加速度的1/3 600，因为月亮离地球中心比剑桥远60倍，而引力产生的加速度随距离的平方反比例地减小。

[4] （第219页）我第一次听说约翰逊教授是一个朋友给了我一篇他的文章，"Evolution as Dagma", in *First Things：A Monthly Journal of Religion and Public Life*，October 1990，pp.15～22。他最近还出版了一本书，*Darwin on Trial*(Washington，D.c.：Regney Gateway，1991)，据《科学》杂志(253(1991)：379)的一个故事，他正忙着巡回演讲，普及他的观点和著作。

第十二章

[1] （第237页）：ISABELLE隧道现在被用做相对论重离子加速器，用来研究重原子核的碰撞，目的是认识核物质，而不是基本粒子物理学的基本原理。这个重离子加速器有望在1997年完成。

[2] （第239页）这里说的是星系尺度的不均匀性，不是从COBE观测外推的更大尺度的不均匀性。这些尺度也太大了，在宇宙膨胀开始的30万年的时间里，光波都不可能穿过它们，因而它们(不管是不是暗物质组成的)不可能在那个时间里有任何显著的增长。

[3]　(第241页)在决定落户埃利斯县以后，新的争论又发生了：来自
　　　亚利桑那、科罗拉多和伊利诺伊等州的失望的议员们指控得克
　　　萨斯州是靠不正当的政治压力赢得SSC的。据说，能源部宣布
　　　选择得克萨斯刚好在得克萨斯的乔治·布什(George Bush)当
　　　选总统后的两天。部长赫灵顿(Herrington)在宣布SSC的选址
　　　决定以后说，能源部评估7个"最具资格"地址的专门委员会
　　　没有受过政治压力的影响；到选举那天他本人才知道他们的情
　　　况；专门委员会认为得克萨斯显然是最卓越的；那时他才知道
　　　里根总统和当选总统布什的最后竞选结果。我相信选址过程本
　　　可以快一些，决定应该在总统大选之前公布，但是，那样的话，
　　　又会有人说那个时候公布是为了影响得克萨斯的选票。另一方
　　　面，即使地址的选择与布什的选举无关，能源部也当然一直就
　　　知道得克萨斯在国会里的力量和他们对SSC的热情，从而希望
　　　把地址定在那里会增大国会资助SSC的机会。如果那样，就谈
　　　不上什么丑闻了；政府机构做这样的打算不是第一次，也不是
　　　最后一次。不管怎么说，我可以证明，这类打算一点儿也没有
　　　影响国家科学委员会对7个资格地区的选择，我也在那个委员
　　　会里服务。我们的委员会从一开始就认定得克萨斯是最有力的
　　　竞争者之一，这部分是因为它独特优越的地质条件，另一个重
　　　要的因素是在其他几个资格地区能听到当地反对SSC的声音，
　　　包括伊利诺伊的费米试验室。在埃利斯县，几乎每个人都高兴
　　　地欢迎SSC。

名词索引

注：索引中的页码为书中边码，即原版书的页码。

B

C

F

G

H

I

J

K

L

M

N

O

P

T

U

V

X

Z

人名索引

A

B

H

I

J

N

O

P

译后记

译者
2002 年 7 月 30 日
从香格里拉到丽江

从小小的《最初3分钟》(最近有了修订本)到大大的《引力论和宇宙论》，我跟温伯格的书似乎很有缘，总在无意间邂逅，有过2本"3分钟"和3本"引力论"。可惜今天的读者没有那样的运气。我还曾一口气看完他的《亚原子粒子的发现》—— 因为那时忽然想要自己"一天读完一本书"，这偶然成了第一本。跟它一起进入这个"读书计划"的还有康德的《任何一种能够作为科学出现的未来形而上学导论》(能记住这个长长的书名应该高兴，对这本小书来说，记住名字就大约等于知道了内容)。我的物理学和哲学的梦早就随着那个读书计划的夭折而破灭了。10多年以后能有机会引着读者来分享温伯格的另一个梦，我自己也仿佛回到旧梦里"还原"了。

黑格尔在美学讲演录中说，"从一般情况讲，我们现在对艺术是不利的。"同样，不论在美国还是中国，今天这个时代好像也不喜欢温伯格的那个梦。(最后一章写的超导超级对撞机的命运很好证明了这一点。)不过，温伯格是一个"纯粹"的物理学家，近些年来不停地为还原主义传统的物理学摇旗呐喊。因为他发现，许多社会学家、哲学家和文化批评家对科学的态度存在着follies ——"愚昧"和"荒唐"？—— 对某些"政治科学家"来说，我想也许是"邪恶"(那个词的老用法）。有的人怀疑他，但爱科学的人喜欢他。最近，《纽约时报》评论他"也许是世界上最权威的终极理论的倡导者。"而《美国科学家》杂志把"梦"列为科学家必读的100种图书之一。

温伯格10多年来的散文最近也结集出版了，那本书的题目可以说就是这个"梦"的文化背景："直面科学和它的文化敌人 (Facing up：Science and its cultural adversaries)。"所以，本书写的是与物理学有关的哲学和信仰，不是系统或点滴的物理学常识。作者自己说这本书写的是"一点希望"，理论物理学家对终极理论的希望。我们看惯了实验加公式的物理学，忘了物理学家还有浪漫 —— 至少做理论物理学的科学家是浪漫的。我们从文字、色彩和旋律欣赏艺术的浪漫，而逻辑和数学也能表现物理学的浪漫和激情。费曼曾赞美数学的欧拉公式 ($e^{i\pi}+1=0$) 蕴涵的美，科学里最常用的几个符号走到一起了，实数与虚数在这里融合了。这是一行别样的小诗，包容的却是几千年的数学思想史。物理学的美当然也是这样。于是，1993年科学家也开始有诗人的奖：刘易斯·托玛斯奖 (Lewis Thomas Prize)，奖励那些把科学的美和哲学带给普通读者的科学家。1999年12月13日，温伯格赢得了这个奖，因为在《最初3分钟》和《终极理论之梦》里，"他以充满激情的文字，清澈地表现了基础物理学的思想、历史、解释能力和美学渊源"。

这是一个物理学家在哲学边缘做的梦。没有哲学的头脑不会做那样的梦，信奉现实主义哲学的人也梦不到那个梦。不过，作者却说自己是"反对哲学"的，他在那本新书的最后一页说，"关于哲学家们谈论的大多数东西，除了数学的逻辑以外，我不相信还真能证明什么。"

这是我第一次听物理学家"反对哲学"，是很现实的反对，因为还有离不开哲学的时候，还有"永远的例外"："一些哲学家的工作能帮助我们避免另一些哲学家的错误。"我一直以为，哲学是物理学的家，出门久了的物理学和物理学家最后总会回来，带回一些东西，也取走一些东西；带回新的，取走旧的；等下次回来，它又成了新的。也许，未来的哲学需要到物理学来寻找归宿 —— 那也是一种还原吧？

　　关于还原论，我想起一个笑话。老师带学生走进实验室，指着一排玻璃瓶说，那是一个人的所有组成物质：10加仑水，7条肥皂的脂肪，9 000支铅笔的碳，2 200根火柴的磷，还有能粉刷2个鸡棚的石灰 …… 最后学生问，那人呢？老师说，那是哲学家回答的问题。还原的荒唐在于超越了一定的界限，当然那个界限也许是人类理性永远的地平线。不过，物理学家要"还原"的东西还是物理学所管领的。温伯格(还有惠藤、格罗斯等人)的还原论有着更单纯的内容，就像他自己说的，"还原论不是研究纲领的指南，而是对自然本身的态度。它多少不过是一种感觉：科学原理之所以那样是因为更深层的原理(以及某种情形的历史事件)，而所有那些原理又能追溯到一组简单连通的定律。在科学历史的今天，接近那些定律的最佳途径似乎就是通过基本粒子物理学，不过那只是历史的巧合，而且是可以改变的。"

　　在处处洋溢复杂性的世界里，物理学家为什么还要说还原，是太顽固还是太天真？当我们从都市的繁华喧嚣走近香格里拉的青青草地和盈盈湖水的时候，会明白那是为什么 —— 谁都想离它更近，伴随它更久 —— 物理学走近这里，就还原了，到家了 —— "回家"是不要理由的。

重印后记

李泳
2003 年 12 月 20 日，成都

　　中国科学院自然科学史研究所郝刘祥先生对第一次印刷的文本提出了中肯的批评，并对照原文逐句校勘，同时拿出自己修正的译法。中山大学关洪先生、南开大学张宗扬先生指出了几个名词的问题，东北大学姜延玺先生指出了几处排印错误。我为那些错误向读者表示道歉，向关心本书的所有老师们表示感谢。借重印机会，我对全文重新做了校订，所发现的新旧大小错误都改正了，当然一定还有我没能意识到的问题。我还要特别感谢郝先生，没有他的及时批评，我多半不会注意或发觉其中的一些问题。也希望更多的读者对新的文本提出批评。

温伯格自述小传

我 1933 年出生在纽约市，父亲弗雷德里克，母亲伊娃。小时候对科学的兴趣来自父亲的鼓励，十五六岁的时候，我就喜欢理论物理学了。

1954 年，我从康乃尔大学毕业，在哥本哈根的理论物理研究所(现在的尼尔斯·玻尔研究所)做了一年的研究生。在 David Frisch 和 Gunnar Källén 的帮助下开始做物理学研究，然后回到美国，在普林斯顿读完了研究生。我的博士论文(导师是 Sam Treiman)是关于重正化理论对弱相互作用过程中的强相互作用效应的应用。

1957 年获得博士学位以后，我到了哥伦比亚大学。接着，1959~1966 年我在伯克利。这个时期的研究题目很多，如费曼图的高能行为、第二类弱作用流、对称破缺、散射理论、μ 子物理等。这些题目是在不同情况下选择的，因为我正在自学一些物理。1961~1962

两年间，我的兴趣活跃在天体物理学；我写了几篇关于宇宙中微子数量的文章，然后准备写一本书，就是1971年出版的那本《引力论与宇宙论》。1965年下半年，我开始做流代数的研究，把它用于自发对称破缺概念的强相互作用。

1966年到1969年离开伯克利期间，我在哈佛做Loeb讲师，然后在MIT做访问教授。1969年，我接受了MIT物理系的教授职位，那时的讲座教授是韦斯科夫 (Viki Weisskopf)。正是1967年我在MIT访问的时候，我在对称破缺、流代数和重正化理论的研究转向了弱相互作用和电磁相互作用的统一。1973年，施温格离开了哈佛，我接受了那里的Higgins物理学教授席位，同时也担任Smithsonian天文台的高级科学家职位。

20世纪70年代的工作主要跟弱作用与电磁作用的统一理论有关，那时一个相关的强相互作用理论 (就是大家知道的量子色动力学) 正在兴起，我也考虑了如何把所有的相互作用都统一起来。

1982年，我来到奥斯汀的得克萨斯大学物理学与天文学系，做Josey Regental科学教授。

在康乃尔做研究生时，我认识了路易丝，我们1954年结婚。她现在是法律教授。我们的女儿伊丽莎白1963年生于伯克利。

图书在版编目（CIP）数据

终极理论之梦 /（美）斯蒂芬·温伯格著；李泳译. — 长沙：湖南科学技术出版社，2018.1
（2024.5 重印）
（第一推动丛书. 物理系列）
ISBN 978-7-5357-9507-6

Ⅰ. ①终… Ⅱ. ①斯… ②李… Ⅲ. ①物理学哲学—研究 Ⅳ. ① O4-02

中国版本图书馆 CIP 数据核字（2017）第 223914 号

湖南科学技术出版社通过博达著作权代理公司独家获得本书中文简体版中国大陆出版发行权
著作权合同登记号 18-2015-130

ZHONGJILILUN ZHI MENG
终极理论之梦

著者
[美] 斯蒂芬·温伯格
译者
李泳
出版人
潘晓山
责任编辑
陈刚 吴炜 戴涛 李蓓
装帧设计
邵年 李叶 李星霖 赵宛青
出版发行
湖南科学技术出版社
社址
长沙市芙蓉中路一段416号
泊富国际金融中心
网址
http://www.hnstp.com
湖南科学技术出版社
天猫旗舰店网址
http://hnkjcbs.tmall.com
邮购联系
本社直销科 0731-84375808

印刷
长沙鸿和印务有限公司
厂址
长沙市望城区普瑞西路858号
邮编
410200
版次
2018 年 1 月第 1 版
印次
2024 年 5 月第 8 次印刷
开本
880mm × 1230mm 1/32
印张
10.5
字数
220 千字
书号
ISBN 978-7-5357-9507-6
定价
49.00 元